新世纪高职高专数控技术应用类课程规划教材

数控机床电气调试与维修

■主 编 关 薇

大连理工大学出版社

图书在版编目(CIP)数据

数控机床电气调试与维修 / 关薇主编. － 大连 ：
大连理工大学出版社，2016.3(2024.12 重印)
ISBN 978-7-5685-0336-5

Ⅰ.①数… Ⅱ.①关… Ⅲ.①数控机床－调试方法②
数控机床－机械维修 Ⅳ.①TG659

中国版本图书馆 CIP 数据核字(2016)第 048814 号

大连理工大学出版社出版
地址：大连市软件园路 80 号　邮政编码：116023
营销中心：0411-84707410　84708842　邮购及零售：0411-84706041
E-mail：dutp@dutp.cn　URL：https://www.dutp.cn
大连朕鑫印刷物资有限公司印刷　　　　大连理工大学出版社发行

幅面尺寸：185mm×260mm　　印张：19.5　　字数：475 千字
2016 年 3 月第 1 版　　2024 年 12 月第 3 次印刷

责任编辑：李　红　　　　　　　责任校对：杨　娅
封面设计：赵伟越

ISBN 978-7-5685-0336-5　　　　　定　价：42.00 元

前　言

　　《数控机床电气调试与维修》针对高职高专院校特点,考虑理论实践一体化教学组织的需要,根据项目课程的要求和特点来开发教材。为了保证项目课程的实施,教材改变以往纯理论知识介绍的内容编排,根据实际岗位需求,以能力培养为目标设计课程内容,把专业课程的理论内容、实习教学内容有机地组合,以学生够用、适用、会用为原则进行统筹安排,充分体现在教学过程中理论与实践相结合的教学目标。教材编写方面遵从高职学生的认知规律,在结构安排和表达方式上,强调由浅入深、循序渐进,注重基本技能实际应用和学生自主学习,并通过大量生动的案例和图文并茂的表现形式,使学生能够较轻地松掌握所学内容。

　　本教材主要讲述了数控机床控制系统调试的相关知识和技能,内容安排由浅入深,表格丰富,图文并茂,通俗易懂。采用项目驱动的方式组织内容,将教、学、做有机地结合在一起,全书分为8个项目,内容包括 FANUC 0i-D/Mate D 数控系统连接调试、SINUMERIK 802D SL 数控系统连接调试及数控机床故障分析与排除,每个项目中均由 3～6 个具体工作任务组成。本教材以目前最流行的 FANUC 0i-D/Mate D 系统和 SINUMERIK 802D SL 系统的数控机床电气装调为主线进行编写:项目 1～5 主要介绍了 FANUC 数控系统硬件连接、系统调试基本操作、进给伺服系统调试、模拟主轴连接与调试及串行数字主轴连接与调试等内容;项目 6～7 介绍了 SINUMERIK 802D SL 硬件连接与调试基础、系统参数设置与PLC 调试等内容。项目 8 对数控机床典型故障进行分析,提高学习者排除数控机床故障的能力。每个项目包含多个任务,每个任务包含任务介绍、必备知识、任务训练、任务小结及拓展提高等内容,各任务之后还留有一些习题,便于学生课后复习掌握。

新世纪

本教材可作为高等职业院校数控设备应用与维护、数控技术、机电一体化等专业的教材,也可作为企业从事数控机床维修、操作的各类技术人员和中高级技术工人的参考书。本教材由大连职业技术学院关薇主编,在编写本教材的过程中,编者查阅和参考了其他一些资料和文献,从中得到了很多帮助和启示,在此表示衷心感谢。

由于编者水平有限,书中难免存在错误和疏漏之处,恳请各位专家和学习者批评指正。

编　者

2016 年 3 月

所有意见和建议请发往:dutpgz@163.com

欢迎访问教材服务网站:http://www.dutpbook.com

联系电话:0411-84707492　84706104

目　录

项目1
数控机床电气系统认知与连接

知识点

1. 数控机床电气系统的组成。
2. FANUC 0i-Mate D 数控装置的接口作用及与外围部件的连接。
3. 数控机床上常用的电源装置。

技能点

1. 能够识读数控机床电气图(重点是电源部分)。
2. 能够使用万用表进行电源故障排查。
3. 能够识别数控机床电气部件,并说明主要功能。

任务1　数控机床电气系统认知

一　任务介绍

【任务环境】

本任务需要配置 FANUC 0i-Mate D 数控系统的实训装置。

【任务目标】

培养学生识别数控机床主要电气部件的能力。

【任务导入】

数控机床的控制采用数字信号进行输入,为了使机床精度得到提高,需要有数字信号的发出装置,即数控装置。为了接收数控装置发出的数字信号,采用伺服放大器及伺服电动机(合称伺服系统)。为了检测数控机床指令位置和实际位置的一致性,一般数控机床都具有检测反馈装置,我们把数控装置、伺服系统及检测反馈装置统称为数控系统。

二　必备知识

1.数控机床的组成

数控机床一般由输入/输出装置、数控装置、伺服系统、测量装置和机床本体(组成机床本体的各机械部件)组成。数控机床组成示意图如图1-1所示。

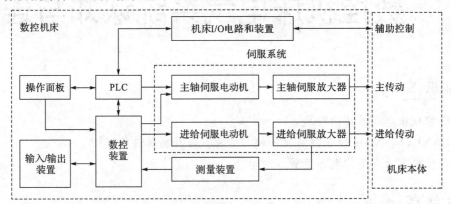

图1-1　数控机床组成示意图

(1)输入/输出装置

①操作面板

操作面板是操作人员与数控装置进行信息交流的工具,其组成为按钮站、状态灯、按键阵列、显示器。如图1-2所示为FANUC的一款数控机床的操作面板。

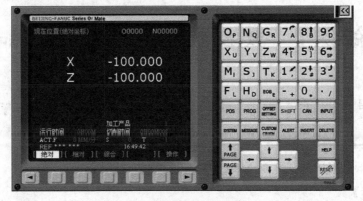

图1-2　操作面板实物图

②控制介质

人与数控机床之间建立某种联系的中间媒介物就是控制介质,又称为信息载体。常用的控制介质有穿孔带、穿孔卡、磁盘和磁带。

③人机交互设备

数控机床在加工运行时,通常都需要操作人员对数控系统进行状态干预,对输入的加工程序进行编辑、修改和调试,对数控机床运行状态进行显示等,也就是说,数控机床要具有人机联系的功能。具有人机联系功能的设备统称为人机交互设备,常用的人机交互设备有键盘、显示器、光电阅读机等。

（2）数控（CNC）装置

数控装置是数控机床的中枢,主要包括用于 CNC 控制的 CPU、电源、轴控制、主轴接口、LCD/MDI 接口、I/O LINK 接口、PMC 控制功能、高速 DI、RS-232C、存储卡接口、以太网等。数控装置结构如图 1-3 所示。

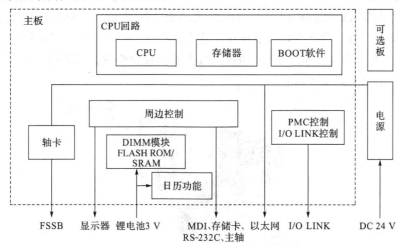

图 1-3　数控装置结构

数控装置的作用是根据输入的零件加工程序进行相应的处理(如运动轨迹处理、机床输入/输出处理等),然后输出控制命令到相应的执行部件(伺服单元、驱动装置和 PLC 等),所有这些工作是由 CNC 装置内硬件和软件协调配合、合理组织来实现的,使整个系统有条不紊地进行工作。CNC 装置是数控系统的核心。

①CPU

CPU 即中央处理器,负责整个系统的运算和中断控制等。

②轴卡

目前,数控技术广泛采用全数字伺服交流同步电动机控制,全数字伺服的运算以及脉宽调制功能均以软件的形式打包写入 CNC 系统内(写入 FLASH ROM),以支撑伺服软件运算的硬件环境 DSP(Digital Signal Process,数字信号处理器)以及硬件电路的组成,这就是所谓的轴控制卡,即轴卡。

③周边控制

包含 CPU 外围电路、数字主轴电路、模拟主轴电路、RS-232C 数据输入/输出电路、MDI 接口电路、高速输入信号等,LCD/MDI 用于显示及手动数据输入,如各坐标轴当前位置显示、程序的显示及输入、机床参数的设定及显示、报警显示等。

④内置 PMC、I/O LINK

PMC 即 PLC,内置 PMC 是 PMC 与 CNC 集成在一起的,控制机床中除了各轴插补、主轴定位以外的辅助动作,同时还负责机床和 CNC 之间的全部工作,保证机床动作正常、可靠地执行。

⑤系统电源

数控装置电源主要给 SRAM 供电,存储器用的电池电压不足时,即当电压降到 2.6 V 以下时会出现电池报警(额定值为 3 V)。存储器用电池的电压不足时,界面上的「BAT」会一闪一闪地显示。当电池报警灯亮时,要尽早更换新的锂电池,并注意在系统通电时更换。当显示这个报警时,通常可在两周或三周内更换完成。更换完的电池究竟能使用多久,因系统配置而异。

(3)伺服系统

伺服系统由伺服放大器和伺服电动机组成,如图1-4所示。伺服系统的作用是把来自数控装置的位置控制移动指令转变成机床工作部件的运动,使工作台按规定轨迹移动或精确定位,加工出符合图样要求的工件,即伺服放大器把数控装置送来的微弱指令信号放大成能驱动伺服电动机的大功率信号。

图 1-4 伺服系统

常用的伺服电动机有步进电动机、直流伺服电动机和交流伺服电动机。交流伺服电动机根据不同工作原理可以分为交流同步伺服电动机(永磁式交流伺服电动机)和交流异步伺服电动机(感应式交流伺服电动机),其中交流同步伺服电动机应用在半闭环或全闭环进给伺服系统。根据接收的指令不同,伺服驱动有脉冲式和模拟式,其中模拟式伺服驱动方式按驱动电动机的电源种类,可分为直流伺服驱动和交流伺服驱动。步进电动机采用脉冲式驱动方式,交、直流伺服电动机采用模拟式驱动方式。

(4)可编程控制器、机床I/O电路和装置

FANUC数控系统可编程控制器一般称为PMC,它能实现机床的顺序控制,如主轴旋转、换刀、机床操作面板的控制等,目前大多数数控机床采用内置型可编程控制器。内置型可编程控制器用于完成与逻辑运算有关的顺序动作的I/O控制,而I/O模块则是用来进行I/O控制的执行部件,由继电器、电磁阀、行程开关、接触器等组成的输入/输出元件通过I/O转接板输入到I/O模块中。如图1-5所示为数控机床PMC电路图。

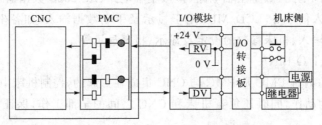

图 1-5 数控机床 PMC 电路

(5)测量装置

数控机床伺服系统常用的位置检测装置分类见表1-1。按检测信号的类型分,有数字

式和模拟式;按检测量的测量基准分,有绝对式和增量式;按运动类型不同分,有直线型和回转型。

表 1-1 位置检测装置分类

	数字式		模拟式	
	绝对式	增量式	绝对式	增量式
回转型	增量式光电脉冲编码器 圆光栅	绝对式光电脉冲编码器	旋转变压器 圆形感应同步器 圆形磁尺	多极旋转变压器 三速圆形感应同步器
直线型	计量光栅 激光干涉仪	编码尺 多通道透射光栅	直线型感应同步器 磁尺	三速直线型感应同步器 绝对值式磁尺

如图 1-6 所示为数控机床测量反馈示意图,反馈系统的作用是通过测量装置将机床移动的实际位置、速度参数检测出来,然后转换成电信号,并反馈到 CNC 装置中,使 CNC 能随时判断机床的实际位置、速度是否与指令一致,并发出相应指令,纠正所产生的误差。数控机床常用的检测装置如图 1-7 所示,主要有伺服电动机内装编码器、独立编码器及光栅尺等。

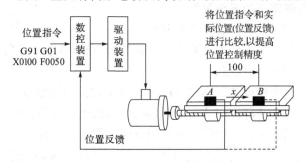

图 1-6　数控机床测量反馈示意图

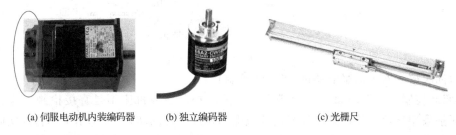

(a) 伺服电动机内装编码器　　(b) 独立编码器　　(c) 光栅尺

图 1-7　数控机床常用的检测装置

(6)机床本体

数控机床的机械部件包括主运动部件和进给运动执行部件,如工作台、拖板及其传动部件及床身、立柱等支承部件,如图 1-8 所示。此外,还有冷却、润滑、转位和夹紧等辅助装置。对于加工中心类的数控机床,还有存放刀具的刀库、交换刀具的机械手等部件。数控机床是高精度和高生产率的自动化加工机床,与普通机床相比,应具有更好的抗震性和刚度,要求相对运动面的摩擦因数小,进给传动部分之间的间隙小,所以其设计要求比通用机床的设计要求更严格。加工制造要求精密,并采用加强刚性、减小热变形、提高精度的设计措施。辅助控制装置包括刀库的转位换刀、液压泵、冷却泵等控制接口电路。

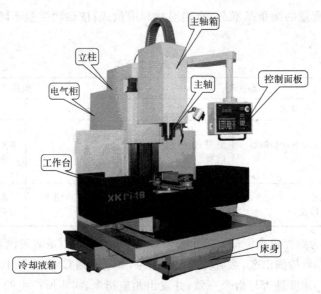

图 1-8　数控机床的机械部件

2. 数控机床进给轴常见的三种配置

(1)步进驱动器＋步进电动机(开环控制)

开环控制系统的特征是系统中没有检测反馈装置,指令信息单方向传送,并且指令发出后不再反馈回来,故称为开环控制。

受步进电动机的步距精度和工作频率以及传动机构的传动精度的影响,开环系统的速度和精度都较低。但由于开环控制结构简单、调试方便、维修容易、成本较低,因此仍被广泛地应用于经济型数控机床上。典型的开环数控系统如图 1-9 所示。

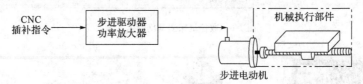

图 1-9　典型的开环数控系统

(2)伺服放大器＋伺服电动机(半闭环控制)

半闭环控制系统框图如图 1-10 所示。半闭环控制数控机床不是直接检测工作台的位移量,而是采用转角位移检测元件测出伺服电动机或丝杠的转角,推算出工作台的实际位移量,反馈到计算机中进行位置比较,用比较的差值进行控制。半闭环的检测元件一般安装在伺服电动机的输出轴或丝杠的端部,反馈环内没有包含工作台,故称为半闭环控制。

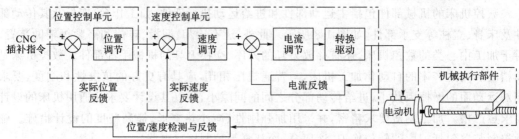

图 1-10　半闭环控制系统框图

半闭环控制精度较全闭环控制精度差,但稳定性好,成本较低,调试维修也较容易,兼顾了开环控制和全闭环控制两者的特点,因此应用比较普遍。

（3）伺服放大器＋伺服电动机＋光栅尺（全闭环控制）

全闭环控制系统框图如图1-11所示。利用安装在工作台上的检测元件将工作台实际位移量反馈到计算机中,与所要求的位置指令进行比较,用比较的差值进行控制,直到差值消除为止。可见,全闭环控制系统可以消除机械传动部件的各种误差和工件加工过程中产生的干扰的影响,从而使加工精度大大提高。速度检测元件的作用是将伺服电动机的实际转速变换成电信号送到速度控制电路中,进行反馈校正,保证电动机转速保持恒定不变。常用的速度检测元件是测速电动机。

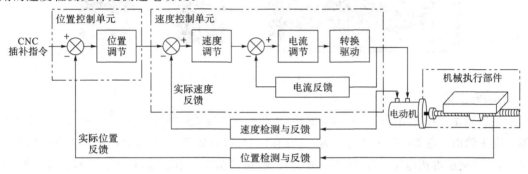

图1-11　全闭环控制系统框图

全闭环控制的特点是加工精度高,移动速度快。这类数控机床采用直流伺服电动机或交流伺服电动机作为驱动元件,电动机的控制电路比较复杂,检测元件价格昂贵。因此调试和维修比较复杂,成本高。

3.数控机床主轴的常见电气配置

数控机床的主轴大多采用无级变速。目前,根据主轴速度控制信号的不同可分为模拟量控制的主轴、数字信号控制的主轴及电主轴三类。模拟量控制的主轴的驱动装置采用变频器实现主轴电动机控制,有通用变频器控制通用电动机和专用变频器控制专用电动机两种形式。目前大部分的经济型机床均采用数控系统模拟量输出＋变频器＋感应异步电动机的形式,性价比很高,这时也可以将模拟主轴称为变频主轴。串行主轴驱动装置一般由各数控公司自行研制并生产,如西门子公司的611系列、日本FANUC公司的α系列等,一般用于全功能数控车床、数控铣床和加工中心等。

（1）变频器＋感应异步电动机＋编码器（模拟主轴）

这种配置一般会采用传送带传动,经过传送带一级降速,提高主轴低速时的输出转矩。电动机可以是普通的异步电动机,也可以是变频器专用的变频电动机。如图1-12所示为模拟主轴实物配置示意图。

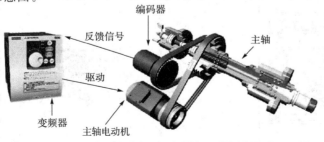

图1-12　模拟主轴实物配置示意图

（2）主轴伺服放大器＋交流伺服主轴电动机＋编码器（串行数字主轴）

这种配置方式主要应用于中、高档数控车床、数控铣床及加工中心上，如图 1-13 所示。串行数字主轴可以实现主轴准停、刚性攻螺纹、主轴 C 轴进给功能等。

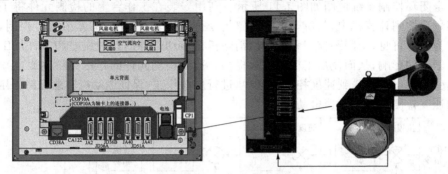

图 1-13　串行数字主轴实物配置示意图

（3）电主轴

电主轴是主轴电动机的一种结构形式，驱动器可以是变频器或主轴伺服，也可以不要驱动器。电主轴由于电动机和主轴合二为一，没有传动机构（如图 1-14 所示），因此结构得到大大简化，并且精度得到提高，但是抗冲击能力较弱，而且功率还不能做得太大，一般在 10 kW 以下。由于结构上的优势，电主轴主要向高速方向发展，一般转速在 10 000 r/min 以上。

图 1-14　电主轴示意图

安装电主轴的机床主要用于精加工和高速加工，例如高速精密加工中心。另外，在雕刻机和有色金属以及非金属材料加工机床上应用较多，这些机床由于只对主轴高转速有要求，因此往往不用主轴驱动器。

三　任务训练

任务 1　根据图片，说明表 1-2 中各个部件的名称，并对其功能进行简单的描述。

表 1-2　　　　　　　　　　　　　数控机床常用功能部件

实物	名称及功能	实物	名称及功能

续表

实物	名称及功能	实物	名称及功能

任务 2　认识数控车床的电气组成及连接。

(1)认识 FANUC 0i-Mate D 数控装置与主轴变频器、主轴电动机及其相互的连接。

(2)认识 FANUC 0i-Mate D 数控装置与进给伺服驱动器、进给伺服电动机及其相互的连接。

(3)认识 FANUC 0i-Mate D 数控装置与 I/O 模块的连接。

(4)打开机床电气控制柜,识别数控机床的电气元件,包括电源、断路开关、接触器、继电器、开关电源、制动电阻等。

四　任务小结

1. 数控概念

数控(Numerical Control,简称 NC)技术是指用数字、文字和符号组成的数字指令来实现一台或多台机械设备动作控制的技术。数控一般采用通用或专用计算机实现数字程序控制,因此数控也称为计算机数控(Computerized Numerical Control,简称 CNC)。国外一般都称为 CNC,很少再用 NC 这个概念了。

2. 数控机床进给轴及主轴的电气部件组成

(1)进给轴配置一般为开环伺服系统、半闭环伺服系统和全闭环伺服系统。

(2)主轴配置一般为模拟主轴、串行数字伺服主轴和电主轴。

3. 数控机床的组成

一台完整的数控机床主要由控制介质、数控装置、伺服系统、检测反馈系统、机床本体及辅助装置组成。

五　拓展提高——编码器在数控机床中的应用

1. 位移测量

编码器在数控机床中用于工作台或刀架的直线位移测量。有两种安装方式:一是和伺服电动机同轴连接在一起(称为内装式编码器),伺服电动机和滚珠丝杠连接,编码器在进给传动链的前端,如图 1-15 所示;二是编码器连接在滚珠丝杠末端(称为外装式编码器),如图 1-16 所示。由于后者包含的进给传动链误差比前者多,因此在半闭环伺服系统中,后者的位置控制精度比前者高。由于增量式光电编码器每转过一个分辨角就发出一个脉冲信号,因此,根据脉冲的数量、传动比及滚珠丝杠螺距即可得出移动部件的直线位移。如某带光电编码器的伺服电动机与滚珠丝杠直接相连(传动比为 1∶1),光电编码器为 1 024 r/脉冲,丝杠螺距为 8 mm/r,在数控系统伺服中断时间内脉冲数为 1 024 脉冲,则在该时间段里,工作台移动的距离为 $\frac{1}{1\ 024}$ r/脉冲×8 mm/r×1 024 脉冲=8 mm。

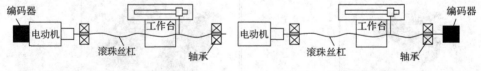

图 1-15　内装式编码器位移测量　　　　图 1-16　外装式编码器位移测量

2. 主轴控制

(1)主轴旋转与坐标轴进给的同步控制

在螺纹加工中,为了保证切削螺纹的螺距,必须有固定的起刀点和退刀点。安装在主轴上的光电脉冲编码器在切削螺纹时主要解决两个问题:一是通过对编码器输出脉冲进行计数,保证主轴每转一周,刀具准确地移动一个螺距(导程);二是一般的螺纹加工要经过几次切削才能完成,每次重复切削,开始进刀的位置必须相同。为了保证重复切削螺纹不乱扣,数控系统在接收光电编码器中的一转脉冲后才开始计算螺纹切削量。

（2）恒线速切削控制

用车床和磨床进行端面或锥形面切削时，为了保证加工面粗糙度 Ra 保持一定的值，要求刀具与工件接触点的线速度为恒值。随着刀具的径向进给及切削直径的逐渐减小或增大，应不断提高或降低主轴转速，保持 $v=2\pi Dn$ 为常值。式中，v 是切削线速度；D 为工件的切削直径，随刀具进给不断变化；n 为主轴转速。D 由坐标轴的位移检测装置，如光电编码器检测获得。上述数据经软件处理后即得主轴转速 n，转换成速度控制信号后传送至主轴驱动装置。

（3）主轴定向准停控制

采用编码器可实现主轴准停功能，如图 1-17 所示。通过安装在主轴上的位置编码器，主轴定向位置可在 $0°\sim360°$ 范围内任意设定。

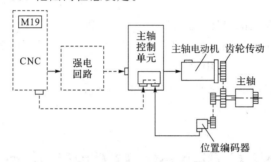

图 1-17　采用外接编码器实现主轴准停功能

3. 测速

光电编码器输出脉冲的频率与其转速成正比，因此光电编码器可代替测速发电机的模拟测速而成为数字测速装置。当利用光电编码器的脉冲信号进行速度反馈时，若伺服驱动装置为模拟式的，则脉冲信号需经过频率-电压转换器（F/V），被转换成与频率成正比的电压信号；若伺服驱动装置为数字式的，则可直接进行数字测速反馈。

4. 零标志脉冲用于回参考点控制

当数控机床采用增量式位置检测装置时，在接通电源后要完成回参考点的操作。这是因为机床断电后，系统就失去了对各坐标轴位置的"记忆"，所以在接通电源后，必须让各坐标轴回到机床某一固定点上，这一固定点就是机床坐标系的原点或零点，也称机床参考点。参考点位置是否正确与检测装置中的零标志脉冲有相当大的关系。如图 1-18 所示为回参考点的一种实现方式。机床在回参考点时，坐标轴先以快速 v_1 向零点方向运动，当挡块碰到零点开关（减速开关）后，再以慢速 v_2 趋近零点，当编码器产生零标志信号后，坐标轴即在机床零点停止。

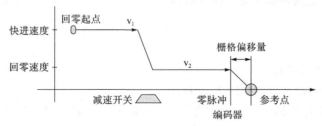

图 1-18　回参考点的一种实现方式

课后练习

1.填空

（1）交流伺服电动机根据不同的工作原理可以分为_____和_____，其中_____电动机应用在全闭环或半闭环进给伺服系统中。

（2）数控机床组成主要包括输入/输出装置、_____、_____、_____及检测反馈系统。

（3）伺服系统由_____和_____组成，它将来自数控装置的_____进行转换和放大。

（4）目前数控机床常用的检测装置有_____和_____。

（5）半闭环数控机床的检测反馈元件一般安装在_____中，全闭环数控机床的检测反馈元件一般安装在_____中。

2.画出数控机床组成框图，说明各部分的主要功能。

任务2　FANUC 0i-Mate D CNC 接口及硬件连接

一　任务介绍

【任务环境】

本任务需要配置 FANUC 0i-Mate D 数控系统的实训装置。

【任务目标】

通过对 FANUC 0i-Mate D CNC 硬件接口的学习，使学生了解 FANUC 数控系统的硬件组成，掌握数控装置每个接口的作用及与外围部件的连接。

【任务导入】

数控装置（CNC）是数控机床的核心，数控机床根据功能和性能要求配置不同的数控系统，首先我们要了解一下国内市场上常见的 FANUC 数控系统有哪些，应用范围有何不同，数控装置与各组件之间是如何进行连接的。

二　必备知识

1. FANUC 系统的命名

FANUC 系统的命名规则如图 1-19 所示。

目前国内市场上常见的 FANUC 数控系统是 FANUC 0i 系列，此系列目前推出了 FANUC 0i-A、FANUC 0i-B、FANUC 0i-C、FANUC 0i-D 四大产品系列，这四大系列在硬件与软件设计上有较大区别，性能依次提高，但操作和编程方法类似。每一系列又分为基本型

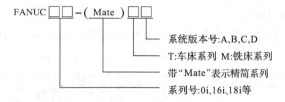

图 1-19　FANUC 系统的命名规则

和精简型两种规格,前者直接表示,后者在型号中加"Mate"。如 FANUC 0i-TD/FANUC 0i-Mate D,FANUC 0i-TD 是两个通道,CNC 轴数为 8、2 主轴,联动轴数为 4;FANUC 0i-Mate D 是一个通道,CNC 轴数为 3、1 主轴,联动轴数为 3。

另外还有 FANUC 16i/18i/21i 系列,其中 FANUC 16i 和 FANUC 18i 系列属于中档数控系统,主要用于 5 轴以上的加工中心、龙门镗铣床、龙门式加工中心。16i 系列 CNC 控制轴数最多为 8 轴,同时控制轴数为 6 轴;18i 系列控制轴数最多为 6 轴,同时控制轴数为 5 轴;21i 系列控制轴数最多为 5 轴,同时控制轴数为 4 轴。

FANUC 30i/31i/32i 系列是多通道数控系统,用于医疗器械、大规模集成电路芯片、模具加工等。30i 系列为十个通道,CNC 控制轴数为 32 轴、8 主轴,联动轴数为 24 轴;31i 系列为四个通道,CNC 控制轴数为 20 轴、6 主轴,联动轴数为 4;32i 系列为两个通道,CNC 控制轴数为 9 轴、2 主轴,联动轴数为 4 轴。

FANUC 15i 系列是 FANUC 公司的全功能系统,软件功能丰富,可扩充联动轴数多。

2. FANUC 0i-Mate D 数控装置的接口类型和接口功能

(1)数控装置的接口类型

FANUC 0i-D 系统的数控装置控制器可以分为 0i-D 系列和 0i-Mate D 系列两种类型,其接口类型主要有紧凑式机箱接口和分离式机箱接口两种。所谓紧凑式,就是数控装置与显示器是一体的,如图 1-20(a)所示;分离式结构的系统部分与显示器是分离的,如图 1-20(b)所示。

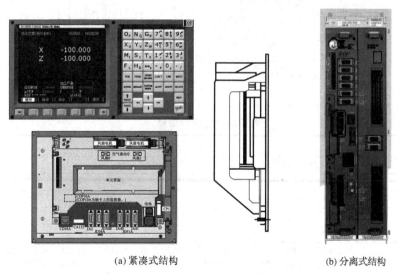

(a) 紧凑式结构　　(b) 分离式结构

图 1-20　数控装置的接口类型

（2）数控装置的接口功能

FANUC 0i-Mate D 数控装置接口分布示意图如图 1-21 所示，具体接口功能见表 1-3。

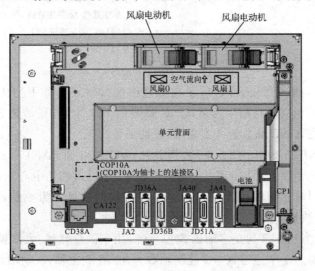

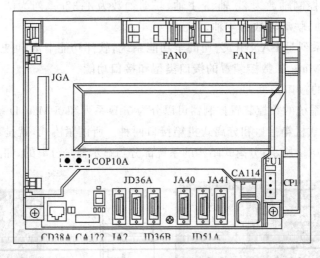

图 1-21　FANUC 0i-Mate D 数控装置装置接口分布示意图

表 1-3　　　　　数控装置的接口功能

端口号	功能
COP10A	伺服 FSSB 总线接口，与进给伺服放大器 COP10B 连接
JA2	数控系统 MDI 键盘接口，紧凑式机箱结构 CNC 已连接
JD36A/B	RS-232C 串行接口 1/2
JA40	模拟量主轴速度输出接口/高速 DI 点输入口
JD51A	I/O LINK 总线接口，通常与 I/O 模块 JD1B 相连
JA41	串行主轴/主轴编码器反馈接口，如果主轴配置是 FANUC 串行主轴，则通过此接口与主轴伺服放大器 JA7B 相连；若主轴配置是模拟主轴，则此接口与主轴的独立编码器相连
CP1	系统电源 DC 24 V 外部输入
CA122	系统操作软键接口，紧凑式机箱结构 CNC 已连接
CD38A	以太网口，FANUC 0i-Mate D 系统没有此接口

3. FANUC 0i-D/Mate D 系列数控装置的系统配置

目前 FANUC 系统常用的伺服放大器有 αi 系列伺服放大器和 βi 系列伺服放大器,分别驱动 FANUC 伺服电动机 αi 系列和 βi 系列两种。αi 系列伺服电动机属于高性能电动机,主要有 αiI 系列伺服主轴电动机和 αiS 高性能伺服电动机。βi 系列伺服电动机属于经济型电动机,主要有 βiI 系列伺服主轴电动机和 βiS 系列普通数控机床的高速小惯量伺服电动机。FANUC 0i-D/Mate D 系列数控装置的系统配置见表 1-4。

表 1-4　　　　　　　　FANUC 0i-D/Mate D 系列数控装置的系统配置

CNC 控制器型号		适用机床	伺服放大器	电动机
0i-D 最多 8 轴	0i-MD	加工中心、铣床等	αi 系列伺服放大器	αiI、αiS 系列
			βi 系列伺服放大器	βiI、βiS 系列
	0i-TD	车床	αi 系列伺服放大器	αiI、αiS 系列
			βi 系列伺服放大器	βiI、βiS 系列
0i-Mate D 最多 4 轴	0i-Mate MD	加工中心、铣床等	βi 系列伺服放大器	βiS 系列
	0i-Mate TD	车床	βi 系列伺服放大器	βiS 系列

4. FANUC 0i-D/Mate D 系列数控装置与主要部件的连接

FANUC 0i-D/Mate D 系列数控装置通过 FSSB(FANUC Serial Servo Bus)连接进给伺服放大器、主轴接口连接主轴驱动装置、I/O LINK 口连接 PMC 的 I/O 模块等,连接示意图如图 1-22 所示。

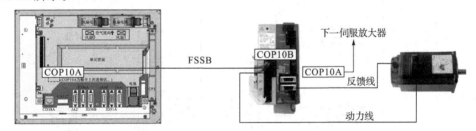

图 1-22　CNC 与伺服放大器实物连接示意图

(1)CNC 与进给伺服放大器的连接

FSSB 总线采用光缆通信,在硬件连接方面,遵循 A 出 B 进的规律,即 COP10A 为总线输出,COP10B 为总线输入,需要注意的是光缆在任何情况下都不能硬折,以免损坏。若 CNC 与多个进给伺服放大器相连,CNC 的 COP10A 接口与第一个伺服放大的 COP10B 接口相连,第一个伺服放大器的 COP10A 接口再与第二个伺服放大器的 COP10B 接口相连,依此类推,连接示意图如图 1-23 所示,控制功能模块连接如图 1-24 所示。

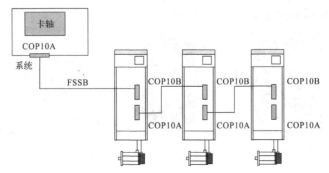

图 1-23　CNC 与伺服放大器连接示意图

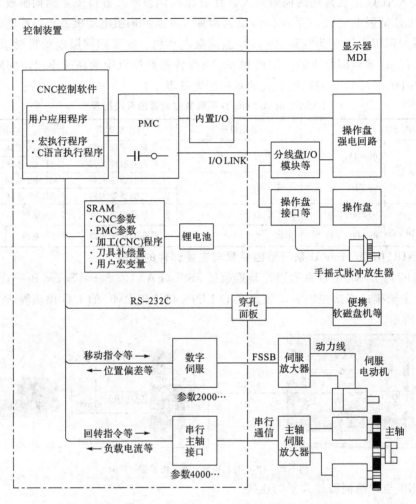

图 1-24　FANUC 0i-D 数控系统基本的控制功能模块

（2）CNC 与模拟主轴的连接

　　模拟主轴的控制对象是 CNC 的 JA40 接口输出 DC 0～10 V 的电压给变频器模拟信号输入端，从而控制主轴电动机的转速。主轴外接编码器的反馈电缆接到 CNC 的 JA41 接口，连接实物及示意图如图 1-25 和图 1-26 所示。

图 1-25　模拟主轴硬件连接实物图

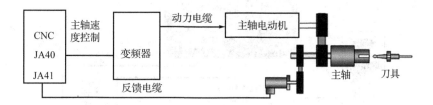

图 1-26 模拟主轴硬件连接示意图

（3）CNC 与串行主轴的连接

串行主轴是 CNC 的 JA41 连接到主轴伺服放大器的 JA7B 接口，主轴伺服电动机的动力线及反馈线接到主轴伺服放大器上，如图 1-27 所示。若双主轴，则主轴伺服放大器的 JA7A 连接下一个主轴伺服放大器的 JA7B 接口上。若主轴外带编码器或外接一转检测信号（接近开关）连接到主轴伺服放大器上，示意图如图 1-28 所示。

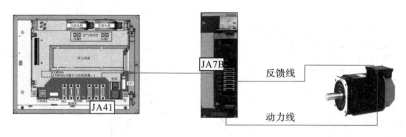

图 1-27 CNC 与串行主轴连接实物图

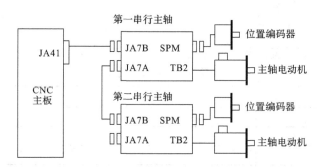

图 1-28 CNC 与串行主轴硬件连接示意图

（4）CNC 与 I/O 模块、机床操作面板的连接

CNC 通过 JD51A 接口与数控系统 I/O 模块 JD1B 连接，机床操作面板与 I/O 模块上的输入/输出接口相连接，机床侧的输入/输出信号通过 I/O 转接板与 I/O 模块的输入/输出接口相连接，一般手摇脉冲发生器与 I/O 模块的 JA3 接口相连。CNC 与 I/O 模块、机床操作面板连接实物图及示意图如图 1-29 和图 1-30 所示。

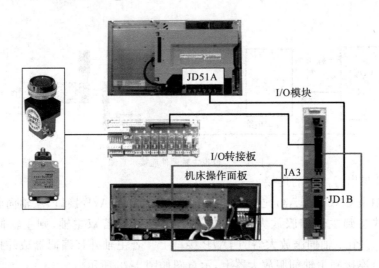

图 1-29 CNC 与 I/O 模块、机床操作面板连接实物图

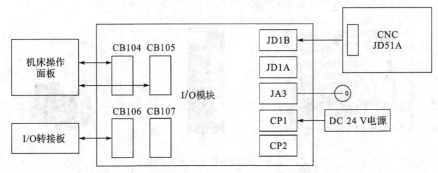

图 1-30 CNC 与 I/O 模块、机床操作面板连接示意图

三 任务训练

任务 1 填出实训装置的数控系统配置,具体见表 1-5 和表 1-6。

表 1-5   实验设备主要配置清单

品　名	规　格	订货号

表 1-6   机床相关部件技术指标

项目名称	数值	单位	项目名称	数值	单位
模拟主轴/串行数字伺服主轴			X 轴伺服放大器(型号)		
驱动部件型号			X 轴伺服电动机(型号)		
驱动部件功率		kW	X 轴丝杠螺距		mm
主轴电动机的额定功率		kW	Z 轴伺服放大器(型号)		
主轴电动机的额定电压		V	Z 轴伺服电动机(型号)		
主轴电动机的额定转速		r/min	Z 轴丝杠螺距		mm

任务 2　完成如图 1-31 所示数控系统及机床主要部件的连接示意图。

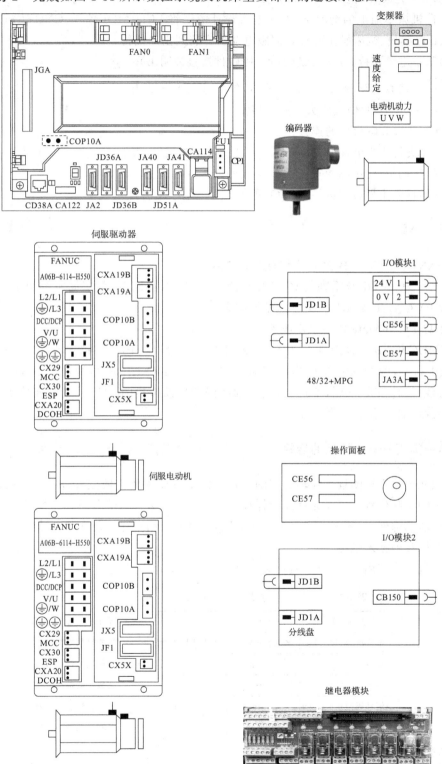

图 1-31　数控系统及机床主要部件的连接示意图

任务3　完成实训装置的实物连接。

(1)在机床不通电的情况下,按照电气设计图纸将 LCD/MDI 单元、CNC 主机箱、伺服放大器、I/O 模块、机床操作面板和伺服电动机安装到正确位置。

(2)基本电缆连接。(详细说明请参照硬件连接说明书)

注意　连接时请按照 A→B 的原则,例如:JD1A→JD1B

(3)CNC 与主轴/伺服放大器的连接。

(4)CNC 与 I/O 模块的连接。

I/O 模块共计两个,模块 1 有 48 入/32 出及手摇接口,模块 2 有 24 入/16 出。

(5)操作面板、继电器模块与 I/O 模块的连接。

手摇脉冲发生器接在第一个 I/O 模块。

四　任务小结

1. FANUC 0i-Mate D 数控装置的内部结构

FANUC 0i-Mate D 系列的 CNC 控制器由主 CPU、存储器、数字伺服控制卡、主板、显卡、内置 PMC、LCD 显示器、MDI 键盘等构成。

2. FANUC 0i-Mate D 接口及连接

FANUC 0i-Mate D 接口主要有:直流 24 V 电源接口[CP1],模拟主轴接口/高速 DI 输入接口[JA40],两个 RS-232C 串行接口[JD36A/B],I/O LINK 总线接口[JD51A],伺服 FSSB 总线接口[COP10A],串行主轴、主轴编码器反馈接口[JA41]。主要连接的部件有:伺服放大器、变频器、I/O 模块等。

五　拓展提高——光栅尺的连接

直线光栅尺用于测量直线轴的移动位置。由于直接测量机械位置,因此能够最准确地反映机床的实际位置。直线光栅尺由标尺光栅和光栅读数头两部分组成。标尺光栅一般固定在机床活动部件上,光栅读数头装在机床固定部件上,指示光栅装在光栅读数头中。

1. 光栅尺的技术规格

对于机床上使用的光栅尺,通常关注以下技术规格,具体见表 1-7。

表 1-7　　　　　常见光栅尺规格表

技术参数	LS 487	LS 477	
增量信号	∿ 1-V_{pp}	⊓ TTL×5	→ 光栅尺型号 → 光栅尺信号类型
栅距	20 μm	20 μm	→ 光栅尺原始信号周期(栅距)
内部细分倍数 *	—	5 倍	→ 读数头的倍频数
信号周期	20 μm	4 μm	→ 经过倍频后的信号周期
测量步距	0.5 μm	1 μm	→ 光栅尺的最小测量距离

(1)光栅尺按照测量方法分类

光栅尺按照测量方法可以分为增量式光栅尺、绝对式光栅尺和距离码式光栅尺。

增量式光栅尺的位置信息是通过对当前位置进行增量计算得到的。

绝对式光栅尺的位置信息记录在光栅尺上一条绝对位置编码线上。

距离码式光栅尺不需要外部电源,通过检测到的固定算法确定的参考点来确定机床零点坐标。

(2)光栅尺的信号

光栅尺的信号分为串行信号、正弦波信号和方波信号。

①串行信号是指符合 FANUC 系统传输协议的信号。

采用该信号的光栅尺传输信号为串行数据,故可靠性与稳定性比较高。

②正弦波信号也称为 $1\text{-}V_{pp}$ 信号。A06B-6061-C201 可扩展信号通常为两相相位差为 $90°$ 电子角的信号。

③方波信号:又称为 TTL 接口输出信号。A02B-0303-C205 可扩展系统接收的方波信号为 2 路方波信号 A 相、B 相及其反相信号 $\overline{A}$ 相和 $\overline{B}$ 相。其中,两路信号的相位差为 $90°$。

注意 正弦波信号的光栅尺与方波信号的光栅尺,需要选择不同的分离式检测单元。

2. 光栅尺的电气连接

光栅尺的反馈电缆连接到 FANUC 系统的分离检测单元端口 JF101、JF102……分离式检测单元通过 FSSB 总线与伺服放大器相连接,具体连接图如图 1-32 所示。

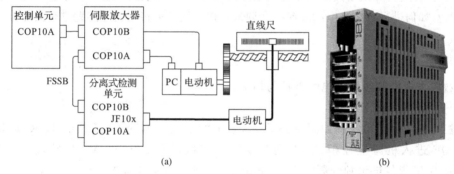

(a)　　　　　　　　(b)

图 1-32 光栅尺的连接及 FANUC 系统分离检测单元

课后练习

1. 填空

(1)FSSB 总线是连接 CNC 与_____之间的光纤通信回路。

(2)I/O LINK 总线是连接 CNC 与_____之间的串行通信回路。

(3)FANUC 系统的 CNC 模块的工作电源是_____V。

(4)数控车床采用变频主轴时,主轴编码器的作用是_____。

(5)CNC 系统中,一般都具有_____和_____插补功能。

2. 请解释 FANUC 0i-Mate D 系列控制器的主要构成。

3. 请解释 FANUC 0i-Mate TD 系列各接口的功能。

任务 3　数控机床电源线路连接

一　任务介绍

【任务环境】

本任务需要配置 FANUC 0i-D/Mate D 数控系统的实训装置、数控实训装置配电盘、万用表、常用电工工具一套。

【任务目标】

通过对数控机床电源电路的学习,能够分析并排除数控机床强电回路的常见故障。

【任务导入】

在上一任务中重点学习了数控机床 CNC 与伺服系统及 I/O 模块之间的电气连接,我们知道电气装置要运行,必须给其加上相应的电源,数控机床哪些装置需要何种电源? 如何实现电路保护的? 如何进行各部分电源的连接和调试? 在本任务中将对这些问题进行具体分析。

二　必备知识

1. 数控车床电源线路的电气连接与功能

（1）主回路电源

数控车床主回路电源图如图 1-33 所示,总电源由外部电网 L1、L2、L3 输入,通过电源总开关 QF 进入机床电控柜,TC1 伺服变压器将机床动力电 U、V、W 转换成三相 AC 200 V,R、S、T 提供进给轴伺服放大器,并由 KM1 进行控制和保护。

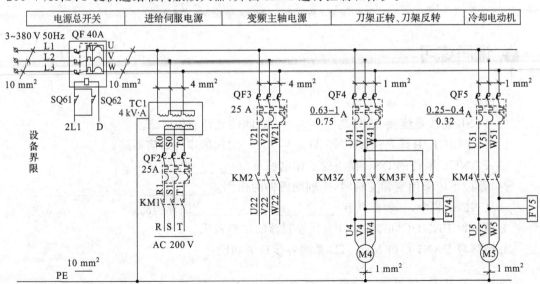

图 1-33　数控车床主回路电源图

主轴变频器的供电通过断路器 QF3 和交流接触器 KM2 供给三相 AC 380 V 电源。刀架电动机和冷却电动机的主电路则是三相异步电动机的正、反转和长动主电路,图中 FV 为浪涌吸收。

(2)控制回路电源

如图 1-34 所示为数控机床控制电源电路图,通过控制变压器 TC2 输出 AC 220 V 和 AC 110 V,其中 AC 110 V 给交流接触器线圈供电,通过开关电源 GS1 输出 DC 24 V,给 CNC、I/O 模块及操作面板 I/O 供电,GS2 和 GS3 分别给 I/O 模块的输出、直流电磁阀及中间继电器控制回路供电。

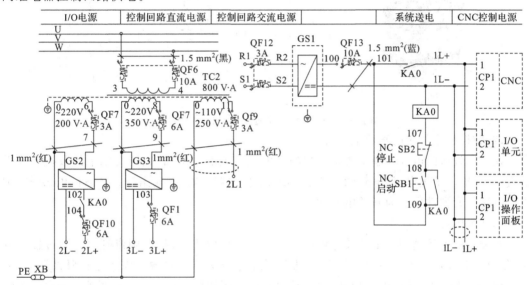

图 1-34　数控机床控制电源图

2.数控机床上常用的电源装置

(1)数控机床变压器

数控机床变压器适用于 50~60 Hz,电压为 500 V 的电路中。一般有单相和三相变压器两种。

①单相变压器

单相变压器通常常用作机床控制电路或局部照明灯及指示灯的电源,如图 1-35 和图 1-36 为单相压器的外形、在电气图中的图形及文字符号。

图 1-35　单相变压器外形

图 1-36　单相变压器的图形及文字符号

②三相变压器

三相变压器在数控机床中主要是给伺服放大器提供动力电,下面重点介绍一下三相伺服变压器。三相绕组接线有星形连接和三角形连接两种方式,如图 1-37 所示。三相伺服变压器的图形及文字符号如图 1-38 所示。

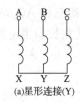

(a)星形连接(Y)　　　　(b)三角形连接(△)　　　　(c)三角形连接(△)

图 1-37　变压器三相绕组连接方式图

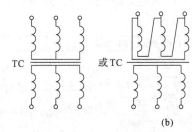

(a)　　　　　　　　　　　　　　　　(b)

图 1-38　三相伺服变压器实物图、图形及文字符号

(2)数控机床常用的直流电装置

在生产设备的电气控制中常常需要稳定的直流电源。例如:数控机床中的数控装置需要直流 24 V 电源供电,如电磁阀的线圈,可编程控制器的输入/输出等。在数控机床中提供直流电源的元器件主要为开关电源和整流桥块。

①开关电源

开关电源就是利用电子开关器件(如晶体管、场效应管、可控硅闸流管等),通过控制电路,使电子开关器件不停地"接通"和"关断",让电子开关器件对输入电压进行脉冲调制,从而实现 DC/AC、AC/DC 电压变换,以及输出电压可调和自动稳压。直流开关电源是一种将 220 V 工频交流电转换成稳压输出的直流电压的装置,它需要经过变压、整流、滤波、稳压四个环节才能完成。开关电源因为内部电路工作在高频开关状态,所以自身消耗的能量很低,电源效率可达 80%,比普通线性直流稳压电源的电源效率提高近一倍。

开关电源的外形图如图 1-39 所示,图 1-40 为开关电源的电气图形及文字符号。

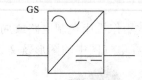

图 1-39　开关电源的外形图　　　图 1-40　开关电源的电气图形及文字符号

②整流桥块

整流桥块的作用就是能够通过二极管的单向导通的特性将电平在零点上下浮动的交流电转换为单向的直流电。可以用整流二极管将交流电转换为直流电,包括半波整流、全波整流以及桥式整流等。通常电源中采用的整流桥块,有单颗集成式的和四颗二极管实现的,也就是将整流管封在一个壳内了。整流桥块一般分全桥和半桥,其工作原理如图 1-41 所示,全桥是将连接好的桥式整流电路的四个二极管封在一起,输入电压和输出电压数值上的关系为 $U_o=0.9U_i$。半桥是将两个二极管桥式整流的一半封在一起,用两个半桥可组成一个桥式整流电路,输入电压和输出电压数值上的关系为 $U_o=0.45U_i$。图 1-42 是 KBPC 系列

的整流桥块外形及图形文字符号,整流桥模块有着体积小、重量轻、结构紧凑、外接线简单、便于维护和安装等优点。

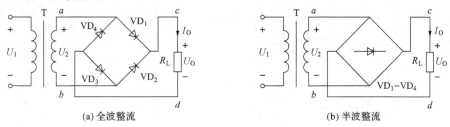

图 1-41 整流桥块的工作原理

(a) 全波整流　　　　　　　　　　(b) 半波整流

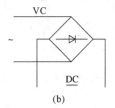

(a)　　　　　　　　　　(b)

图 1-42 整流桥块外形图及图形文字符号

在整流桥块上排列方向特殊的那个引脚是直流输出的正极,和它对角的是直流输出的负极,其余两个引脚就是交流电压的输入端。

3. 使用万用表测量电路

合格的维修工具是进行数控机床维修的必备条件,数控机床是精密设备,它对各方面的要求比普通机床高,不同故障,所需的维修工具也不尽相同。常用的维修工具主要有:万用表、数字转速表、示波器、相序表等。

(1)电路的几种状态

①短路是指电源的两端不经过任何电气设备,直接被导线连通的电路。短路时,电路内会出现非常大的电流,叫作短路电流。当电路发生短路时,短路电流可能增大到远远超过导线所允许的电流限度,致使导线剧烈升温,甚至烧毁电气设备,引起火灾。

②断路就是电路某个地方断开,电路中没有电流存在,从而使电路不能工作。

③通路是指电流流过电源、开关、用电器、导线,组成闭合电路。

(2)万用表的使用

万用表是一种多量程和测量各种电量的便携式电气测量仪表。万用表按其读数方式可以分为数字式和模拟式两种,模拟式万用表也称为机械指针式万用表。模拟式万用表除用于测量强电回路之外,还可用于判断二极管、三极管、晶闸管、电解电容等元器件的好坏,测量集成电路引脚的静态电阻值。数字式万用表可用来测量电压、电流和电阻的值,还可以用来测量三极管的放大倍数和电容的值。图 1-43 为数字式和模拟式万用表外形图。

①电压分段测量法

维修实践中,根据故障情况不必逐点测量,而是要多跨几个标号测试点。

用万用表的交流 750 V 电压挡进行测量,如图 1-44 所示,按下启动按钮 SB1,KM1 不吸合。测量步骤如下:

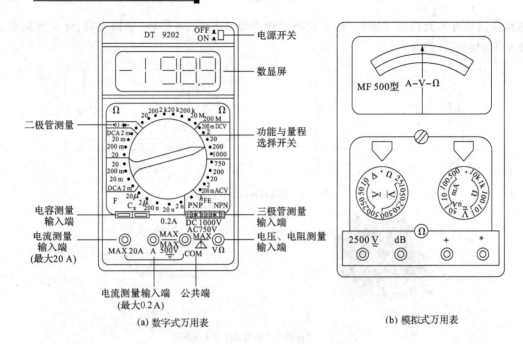

图 1-43　数字式和模拟式万用表外形图

按住 SB1,先测 0－1 两点之间的电压,若为 0,查 FU;若为 380,则进行下一步。

测 1－2 两点之间的电压,若为 380 V,说明 FR 常闭点接触不良;若为 0,则进行下一步。

测 2－3 两点之间的电压,若为 380 V,说明 SB2 常闭点接触不良;若为 0,则进行下一步。

测 3－4 两点之间的电压,若为 380 V,说明 SB1 常开点接触不良;若为 0,则进行下一步。

测 4－5 两点之间的电压,若为 380 V,说明 KM2 常闭点接触不良;若为 0,则进行下一步。

测 5－6 两点之间的电压,若为 380 V,说明 SQ 触点接触不良;若为 0,则进行下一步。

测 6－0 两点之间的电压,若为 380 V,说明 KM1 线圈故障。

②电阻分段测量法

按住 SB1,先测 0－1 两点之间的电阻,基为 0,查下 U,若为 ∞,则进行下一步。

断开电源,把万用表的转换开关置于适当的电阻挡,电路如图 1-45 所示,按下 SB1,KM1 不吸合。测量步骤如下:

测 1－2 两点之间的电阻,若为 ∞,说明 FR 常闭点接触不良;若为 0,则进行下一步。

测 2－3 两点之间的电阻,若为 ∞,说明 SB2 常闭点接触不良;若为 0,则进行下一步。

测 3－4 两点之间的电阻,若为 ∞,说明 SB1 常开点接触不良;若为 0,则进行下一步。

测 4－5 两点之间的电阻,若为 ∞,说明 KM2 常闭点接触不良;若为 0,则进行下一步。

测 5－6 两点之间的电阻,若为 ∞,说明 SQ 触点接触不良;若为 0,则进行下一步。

测 6－0 两点之间的电阻,若为 ∞,说明 KM1 线圈故障。

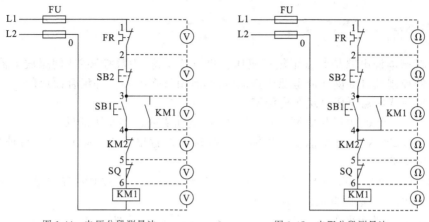

图 1-44　电压分段测量法　　　　　　　图 1-45　电阻分段测量法

③短接法

机床设备常见故障为断路故障。若手边没有万用表时,检查故障点时用一根绝缘良好的导线,将所怀疑的断路部位短接,若电路接通,则说明该处断路。

注意　短接法带电操作,注意安全;其次,短接法只适用于压降极小的导线和触点之类的断路故障。对于压降较大的电器,不可采用,否则会出现短路故障。

三　任务训练

任务 1　根据实训装置的电气原理图,在配电盘上完成电源部分的接线。

1.根据实训装置电源部分的图纸,将断路器、变压器、开关电源等各个元件按要求进行连接。

2.连接检查完毕后,断开所有断路器,接入 AC 380 V 电源。

3.进行分级送电,先给变压器送电,检查变压器的输出端;再给开关电源送电,检查开关电源的输出端。

4.当测量电压与电气原理图不一致时,查找原因排除故障。

任务 2　根据给出的数控装置送电图(如图 1-46 所示),分析 CNC 未得电的原因。

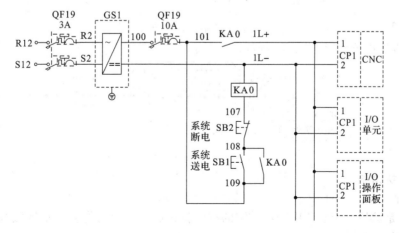

图 1-46　数控装置送电图

四 任务小结

数控机床电源电路是为整个数控机床提供电源支持,为数控装置、伺服放大器、I/O 接口及其他的控制端口提供交流电源或直流电源,且由许多电器元件组合而成的。

1. 数控机床所需电压等级及电源装置

三相 AC 380 V:可以从电网上直接获得,给电动机或三相变压器供电。

三相 AC 200 V:三相伺服变压器输入三相 380 V、输出三相 200 V,给进给轴伺服放大器提供所需电源。

单相 AC 220 V/AC 110 V:单相控制变压器输入电压 AC 380 V,输出电压 AC 220 V/AC 110 V。给交流接触器线圈、风扇等供电。

DC 24 V:开关电源 DC 24 V 输出,主要给中间继电器线圈、PLC 输入/输出、CNC 装置等供电。

2. 万用表的使用

万用表是维护和检修电气设备的常用设备,可以分为数字式和模拟式两大类。使用万用表注意事项:

(1)测量前必须根据需要的测量类别及量程,将转换开关拨到正确的挡位。

(2)测试表笔应绝缘良好,注意红黑表笔应与表壳面板插孔对应。

(3)测量完毕后应关断电源。

五 拓展提高——数控机床抗干扰

1. 干扰的种类

(1)电源进线端的浪涌电流。

(2)感性负载(继电器、接触器)通断产生的电磁噪声的干扰。

(3)辐射噪声干扰(如图 1-47 所示)。

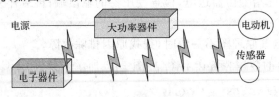

图 1-47　辐射噪声干扰

(4)感应噪声干扰(如图 1-48 所示)。

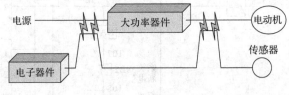

图 1-48　感应噪声干扰

2. 抗干扰措施

(1)接地

"接地"是数控机床安装中一项关键的抗干扰措施。电网的许多干扰屏蔽都是通过"接地"对机床起作用的。

①信号地(SG):供给信号使用的基准电平 0 V。

②机壳地(FG):抵抗干扰而提供的将内部和外部噪声隔离的屏蔽层,各单元机壳、外罩、安装板和电缆的屏蔽均应接在一起,具体连接如图 1-49(a)所示。

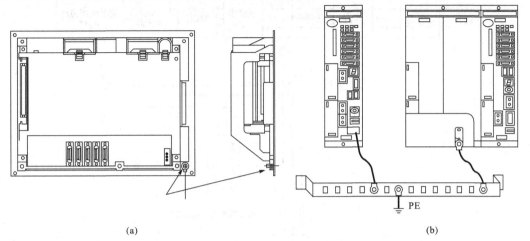

(a)　　　　　　　　　　　　　　(b)

图 1-49　机壳地、控制器地与机床地

③机床地(PE):也称保护地,各装置的机壳地和大地相连,保护人员免予触电危险的同时还可使干扰噪声流入大地。

④控制器地:控制器内部已将信号地与机壳地连接好,只需将控制器上机壳地端连接机床地即可,具体连接如图 1-49(b)所示。

电源单元的信号地与机壳地之间的走线与接地点应尽量分开,避免相互干扰。接线方法如图 1-50 所示。

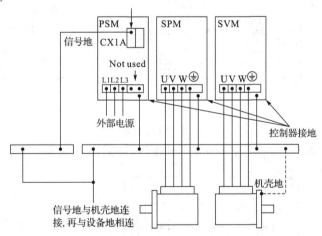

图 1-50　信号地与机壳地连接

(2)电源输入端加装浪涌吸收器和噪声滤波器、隔离变压器,电源输入端干扰隔离处理如图 1-51 所示。

(3)交流感性负载(接触器线圈)加装灭弧器,直流感性负载(继电器线圈)加装二极管。

①阻容保护

交流接触器和电动机频繁启停时,因电磁感应会在机床电路中产生浪涌或尖峰,可抑制、吸收干扰噪声,如图 1-52(a)(b)所示。

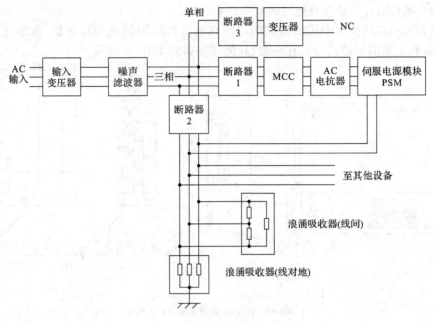

图 1-51　电源输入端干扰隔离处理

②续流二极管保护

直流电感元件断电时,在线圈里将产生较大的感应电动势,并联二极管可减少对控制电路的干扰,如图 1-52(c)所示。

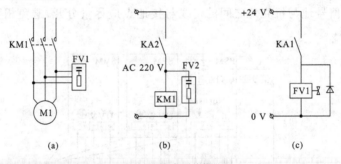

图 1-52　负载干扰措施

(4)信号线、反馈线、手轮等与动力线分开走线,如图 1-53 所示。

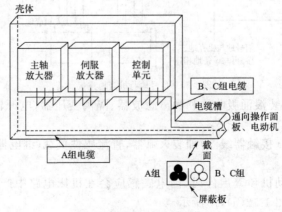

图 1-53　动力线与信号线走法

(5)信号线、反馈线、手轮线以及动力线采用屏蔽电缆,同时屏蔽层需进行接地处理,屏蔽处理时可以使用数控系统提供的接地卡子进行接地处理,如图1-54所示。

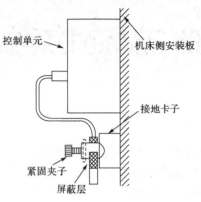

图1-54　屏蔽线的处理

课后练习

1.填空

(1)万用表是一种_____、_____的便携式电气测量仪表,常用的万用表有_____万用表和_____万用表。

(2)数控机床上常用的交流变直流24 V的电源装置有_____和_____。

(3)直流电路的线圈上并联续流二极管的作用是_____。

(4)数控机床的地线系统有三种:_____、_____、_____,用来提供电信号的基准电位(0 V)的地线系统的是_____。

(5)在使用万用表测量负载电压时,应将表笔与被测负载_____连接。测量电路电流时,应将表笔_____在被测电路中。

2.如图1-55所示为某数控车床的数控系统电源图,数控系统采用 FANUC 0i-Mate TD,故障现象为按下 NC 送电按钮 SB2 时,CRT 无任何显示。请写出 CRT 无显示的可能原因及判断方法。

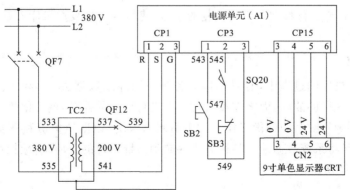

图1-55　某数控车床的数控系统电源图

FANUC 0i-D/Mate D系统调试基本操作

知识点

1. 了解 FANUC 0i 数控装置存储器分类及数据种类。
2. 理解 FANUC 系统 I/O 模块地址分配原则。
3. 掌握 FANUC 系统 PMC 基本知识。

技能点

1. 能够使用 CF 卡(Compact Flash Card)对数控系统数据进行备份与恢复。
2. 能够使用 RS-232C 对数控系统数据进行备份与恢复。
3. 能够对 FANUC 系统 I/O 模块进行地址分配。
4. 能够使用软件和数控系统界面对 PMC 数据及梯形图进行编辑与修改。

任务1　使用CF卡进行数据备份与恢复

一　任务介绍

【任务环境】

本任务需要配置 FANUC 0i-D/Mate D 数控系统的实训装置、CF 卡和读卡器。

【任务目标】

通过使用 CF 卡进行数据备份与恢复的学习,使学生具有数控机床参数、加工程序等备份与恢复的能力。

【任务导入】

在使用数控机床的过程中,有时会因为各种原因导致数据丢失、参数紊乱等故障的发生。如果发生了这样的故障,而之前没有对数据进行恰当的保存,就会给生产带来巨大的损失。因此一定要做好数据的备份工作。对于不同的系统,数据的备份和恢复的方法会有一些不同,但是都是将系统数据通过某种方式存储到系统以外的介质里,数控系统数据备份的常用介质如图 2-1 所示。

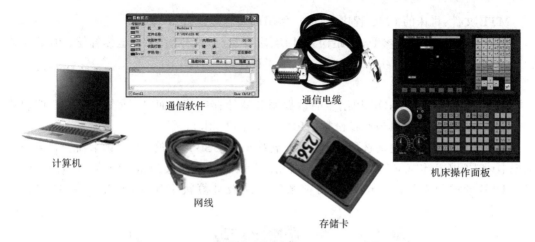

图 2-1　数控系统数据备份常用介质

二　必备知识

1. FANUC 0i 数控装置存储器分类及数据文件种类

（1）存储器分类

存储器主要包括 FLASH ROM(Flash Read Only Memory,快速只读存储器)、SRAM (Static Random Access Memory,静态随机存储器)、DRAM(Dynamic Random Access Memory,动态随机存储器)。

FLASH ROM:快速只读存储器,用于存储系统文件和机床制造厂文件。FLASH ROM 中的数据相对稳定,不容易丢失。

SRAM:静态随机存储器,用于存储用户文件,断电后需要电池保护,该存储器的数据容易丢失,如电池电压过低、芯片损坏等均会导致数据丢失。当系统需要更换电池时,主板上的储能电容可以保持 SRAM 芯片数据约 30 分钟。

DRAM:在控制系统中起缓存作用。

（2）数据文件种类

数据文件主要分为系统文件、MTB(机床制造厂)文件和用户文件,如图 2-2 所示。

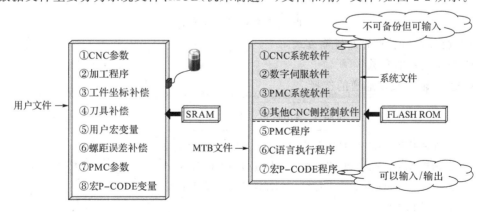

图 2-2　数据文件种类

系统文件:FANUC 系统提供的 CNC 和伺服控制软件。

MTB 文件:机床的 PMC 程序、机床厂编辑的宏程序执行器。

用户文件:包括系统参数、螺距误差补偿、宏变量、刀具补偿、工件坐标补偿、PMC 参数(Timer、Counter、Keep Relay、Datasheet)、加工程序等数据。

2. 备份前准备的物品

CF 卡可以当作 FANUC 控制器的数据服务器储存空间。而且,插在 FANUC 控制器的 PCMCIA 接口上,可以当作备份数据用的记忆卡(IC 卡)。

如果使用台式计算机请选配 CF 卡、CF 转接槽及 USB 形式的 CF 卡读卡器。如果使用笔记本请选配 CF 卡、CF 转接槽(要确认所用的计算机是否支持 PCMCIA 接口,若不支持,选用 USB 形式的 CF 卡读卡器)。目前数控系统及计算机上所用的 CF 卡常见配置如图 2-3 所示。

图 2-3　存储卡套、存储卡、读卡器

3. 备份前数控系统设置

(1)通过设定界面进行传输设置

选择 MDI 状态,按 OFS/SET 键,按[设定],出现如图 2-4 所示内容,移动光标到图中 I/O 通道,修改数据为 4;穿孔代码即数据代码,其输出格式根据实际需要选择 EIA 或 ISO。

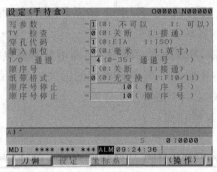

图 2-4　参数写保护打开页面

(2)通过参数设置界面传输方式

①需要设置的参数

● 输入/输出数据通道的选择

0020　| 输入/输出数据通道选择 |

0:选择通道 1(RS-232C 串行端口 1,即连接到主板 JD36A)

1:选择通道 1(RS-232C 串行端口 1,即连接到主板 JD36A)

2:选择通道 2(RS-232C 串行端口 2,即连接到主板 JD36B)

4:选择 PCMCIA 卡

5:选择快速以太网接口

9:选择内嵌式以太网接口

首先要将 0020♯ 参数设定为 4,表示通过 PCMCIA 卡进行数据交换。

● 数据代码输出格式

	♯7	♯6	♯5	♯4	♯3	♯2	♯1	♯0
0000							ISO	

需要设定参数♯1,若♯1=0 表示 EIA 代码,若♯1=1 表示 ISO 代码。

②系统参数设置步骤

步骤 1　打开参数写保护开关。

● 将机床操作方式置于"MDI"工作状态,按 MDI 面板上的功能键[OFS/SET]一次或几次后,显示"设定"界面,见图 2-4,将"参数写入"由"0:不可以"改成"1:可以"。

● 系统页面切换到报警信息界面,出现 100 号报警,如图 2-5 所示。

图 2-5　写保护打开后报警信息界面

● 可以设定 3111♯7(NPA)为 1,这样出现报警时不会自动切换到报警信息界面。

● 同时按下 CAN+RESET,可以解除 100 号报警。

步骤 2　查看参数界面。

● 按 MDI 面板上的功能键[SYSTEM]一次或几次后,再按软键[参数]选择参数界面,如图 2-6 所示。

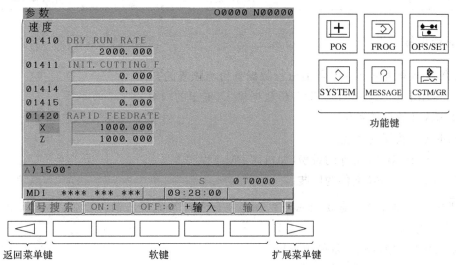

图 2-6　参数界面

● 显示包含需要设定参数的界面,将光标置于需要设定参数的位置上。

● 输入数据,然后按[输入]软键。输入的数据将被设定到光标指定的参数。

● 参数设定完毕。需要将参数设定界面的"参数写入"设定为 0,禁止参数修改。

● 复位 CNC,解除 PS 报警 100。但在设定参数时,有时会出现 PS 报警 000(需切断电源),此时请关掉电源再开机。

4. 用存储卡进行数据备份与恢复的方法

SRAM 数据由于断电后需要电池保护,有易失性,所以非常有必要保留数据,FLASH ROM 中的数据相对稳定,一般不易丢失,但如果更换主板或存储器,FLASH ROM 中的数据可能丢失,PMC 程序和用户宏程序执行器也会丢失。图 2-7 给出了 CF 卡数据备份和恢复的方法。

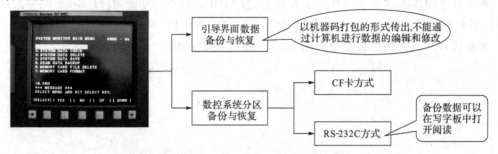

图 2-7　SRAM 和 FLASH ROM 数据备份与恢复的方法

不同数据备份方法的比较见表 2-1。

表 2-1　　　　　　　　　　　　数据备份与恢复方法的比较

备份与恢复方法	分区备份与恢复	引导界面数据备份与恢复
输入/输出方式	存储卡、RS-232C、以太网	存储卡
数据形式	文本形式	二进制形式
操作	多界面操作	简单
用途	设计、调整	维修时

三　任务训练

1. 用存储卡通过 BOOT 界面进行数据备份与恢复的方法

(1)存储卡通过 BOOT 界面备份数据输入/输出的内容:

①SRAM 数据的备份。

②SRAM 数据的回装。

③FLASH ROM 文件的备份(如机床 PMC 程序等)。

④FLASH ROM 文件的回装。

注意　　存储卡系列备份数据是以机器码打包的形式传出的,不能通过计算机进行数据的编辑和修改。

(2)SRAM 中的数据备份与恢复

①插入 CF 卡,启动引导系统

按住如图 2-8 所示两个键的同时接通电源(即右扩展键及其左边的软键),出现如图 2-9 所示系统引导界面,引导界面中软键功能说明见表 2-2。

图 2-8　引导系统启动方法

```
SYSTEM MONITOR MAIN MENU          60W3 - 02

1.END
2.USER DATA LOADING
3. SYSTEM DATA LOADING
4. SYSTEM DATA CHECK
5. SYSTEM DATA DELETE
6. SYSTEM DATA SAVE
7.SRAM DATA UTILITY
8.MEMORY CARD FORMAT

*** MESSAGE ***
SELECT MENU AND HIT SELECT KEY.

[SELECT] [ YES ] [ NO ] [ UP ] [ DOWN ]
```

1.结束
2.用户数据载入
3.系统数据的加载
4.系统数据的检查
5.系统数据的删除
6.系统数据的保存
7.SRAM数据备份与恢复
8.格式化存储卡

图 2-9　系统引导界面

表 2-2　　　　　　　　　　　引导界面软键说明

显示	键	动作
＜	1	在界面上不能显示时,返回前一界面
SELECT	2	选择光标位置
YES	3	确认执行时,用"是"回答
NO	4	不确认执行时,用"不"回答
UP	5	光标上移一行
DOWN	6	光标下移一行
＞	7	在界面不能显示时,移向下一界面

②SRAM 中的数据备份与恢复步骤

●进入系统引导界面,按软键[UP]、[DOWN],把光标移至"7. SRAM DATA UTILITY"上按软键[SELECT]。

●出现如图 2-10 所示界面,按软键[UP]、[DOWN],选择备份或恢复功能。把数据备份至 CF 卡上时,选择"1. SRAM BACKUP",新购机床安装调试后,应及时备份机床参数、零件加工程序等数据。把数据恢复到 SRAM时,选择"2. RESTORE SRAM",若系统参数丢失,机床将无法工作,这时使用备份数据覆盖 SRAM 中的内容是恢复机床最有效的方法。

```
SRAM DATA BACKUP

1. SRAM BACKUP     ( CNC→MEMORY CARD )
2. RESTORE SRAM   (MEMORY CARD →CNC )
3. AUTO BKUP RESTORE  ( F-ROM→ CNC )
4. END

* * *MESSAGE* * *
SELECT MENU AND HIT SELECT KEY.

[SELECT] [YES ] [ NO ] [ UP ] [ DOWN ]
```

图 2-10　SRAM 备份界面

●按[END]退出,在计算机中可看到 SRAM 整体备份文件名为 SRAM_BAK.001。

(3)FLASH ROM 中的数据备份与恢复

①FLASH ROM 中的数据备份

进入系统引导界面,按软键[UP]、[DOWN],把光标移至"6.SYSTEM DATA SAVE"上,按软键[SELECT],出现如图 2-11 所示界面。按软键[UP]、[DOWN],把光标移到需要存储的文件名字上,单击软键[SELECT]系统显示确认信息,单击软键[YES]将开始存储。

```
SYSTEM DATA SAVE              SYSTEM DATA SAVE
FROM DIRECTORY                FROM DIRECTORY
1.NC BAS1                     41.PC042.0M
2.NC BAS2                     42.PC03258K
3.NC BAS3                     43.PMC1
4.NC BAS4                     44.ATA PROG
5............                 45.END.
****MESSAGE*****             ****MESSAGE*****
SELECT FILE AND HIT SELECT KEY   SELECT FILE AND HIT SELECT KEY
 [SELECT] [ YES] [ NO] [ UP] [ DOWN]   [SELECT] [ YES] [ NO] [ UP] [ DOWN]
```

图 2-11　系统数据备份界面

②FLASH ROM 中的数据恢复

进入系统引导界面,按软键[UP]、[DOWN],把光标移至"2.USER DATA LOADING"上,按软键[SELECT]。如图 2-12 所示,把光标移到需要恢复的文件名字上,单击软键[SELECT]系统显示确认信息,单击软键[YES]开始恢复。

```
SYSTEM MONITOR ,MAIN MENU     USER DATA LOADING
1.END                        MEMORY CARD DIRECTORY
2.USER DATA LOADING          1.PMC.000
3.SYSTEM DATA LOADING        2.SRAM_BAK.000
4.SYSTEM DATA CHECK          3...........
5...........                 4...........

****MESSAGE*****             ****MESSAGE*****
SELECT FILE AND HIT SELECT KEY   LOADING OK?HIT YES OR NO
 [SELECT] [ YES] [ NO] [ UP] [ DOWN]   [SELECT] [ YES] [ NO] [ UP] [ DOWN]
```

图 2-12　系统数据恢复界面

注意　"SYSTEM DATA LOADING"和"USER DATA LOADING"的区别在于选择文件后有无确认信息。

2.使用 CF 卡分区备份系统数据(系统正常启动)

(1)存储卡分区数据输入/输出的内容

①系统 CNC 参数的输入/输出。

②系统 PMC 参数和 PMC 程序的输入/输出。

③螺距误差等补偿值数据的输入/输出。

④宏程序变量数据♯500～♯999 的输入/输出。

⑤系统加工程序的输入/输出。

⑥存储卡存储加工程序的在线加工传输。

(2)在编辑方式下系统参数的备份与恢复

①系统参数输出操作步骤(CNC→存储卡)

● 确定输出设备已经准备好,通过参数指定输出代码(ISO 或 EIA)。

● 在机床操作面板上选择方式为 EDIT(编辑)。

● 依次按下功能键［系统］、软键［参数］,出现参数界面。

● 依次按下软键［操作］、［→］、［F 输出］、［全部］、［执行］,CNC 参数被输出到存储卡。输出文件名为 CNC-PARA. TXT。

②系统参数输入操作步骤(存储卡→CNC)

● 确定输入设备已经准备好,使系统处于急停状态。

● 将参数的写保护打开。

● 依次按下功能键［系统］、软键［参数］,出现参数界面。

● 依次按下软键［操作］、［→］、［F 读取］、［全部］、［执行］,CNC 参数由存储卡输入到数控系统中。

● 将参数写保护关闭,CNC 断电再通电。

(3)使用 CF 卡对数控机床的加工程序进行备份和恢复

①加工程序输出操作步骤

● 确定输出设备已经准备好,先检查 No.0020 的设置,通过参数 No.0000 指定输出代码(ISO 或 EIA)。

● 在机床操作面板上选择方式为 EDIT(编辑)。

● 依次按下功能键［PROG］,显示程序内容或程序目录界面。

● 依次按下软键［操作］、［→］,从 MDI 面板上输入程序号,若输入－9999,则所有存储在内存中的程序都将被输出。

● ［F 输出］、［全部］、［执行］,程序就被输出。

②加工程序输入操作步骤

● 确定输入设备已经准备好,先检查 No.0020 的设置,通过参数 No.0000♯1 指定输出的数据代码(ISO 或 EIA)。

● 在机床操作面板上选择方式为 EDIT(编辑),并且使 CNC 处于允许读入状态。

● 依次按下功能键［PROG］,显示程序内容或程序目录界面,使用 CF 卡,在编辑界面下按［→］,在软键菜单下单击［设备］、［M-卡］,可查看 CF 卡状态。

● 依次按下软键［操作］、［→］,从 MDI 面板上输入程序号,若输入 0～9999,则所有存储在内存中的程序都将被选择。

● ［F 读取］,再单击［执行］程序就被输入。如果输入程序号与内存(SRAM)中程序号相同,就会出现 PS 报警,并且该程序不能被输入。显示程序目录,输入文件名,单击［F 设定］或输入程序号、［O 设定］,再单击［执行］。

(4)螺距误差补偿值输入/输出

①螺距误差补偿值输出步骤

● 确定输出设备已经准备好,通过参数指定输出代码(ISO 或 EIA)。

● 在机床操作面板上选择方式为 EDIT(编辑)。

● 依次按下功能键［系统］、单击［扩展键］、［螺补］。

● 依次按下软键[操作]、[→]、[F 输出]、[全部]、[执行],CNC 参数被输出。输出文件名为 PITCH. TXT。

②螺距误差补偿值输入步骤(略)。

(5)用户宏程序变量输入/输出

提示:按下 OFS/SET 功能键,根据具体的操作写出输入和输出步骤。

(6)刀具补偿量输入/输出

提示:按下 OFS/SET 功能键,根据具体操作写出输入和输出步骤。

四　任务小结

1. FANUC 0i 存储器类型及数据

FLASH ROM 存放着 FANUC 公司的 CNC 系统软件以及 PMC 程序、宏 P-CODE 程序、C 语言执行程序、应用程序;SRAM 存放着机床厂家及用户数据,包括 CNC 参数、加工程序、用户宏变量、PMC 参数、刀具补偿及工件坐标补偿数据、螺距误差补偿数据等;DRAM 在控制系统中起缓存作用。

2. 使用 CF 卡进行数据备份与恢复的方法

(1)通过系统引导界面进行数据备份与恢复。

(2)通过正常启动界面数据输入/输出方式进行数据备份与恢复。

在使用 CF 卡分区备份系统数据时大家要注意参数 No.0020 和 No.0000 的设置,一般在数据输入时,还要把参数写保护开关打开。

五　拓展提高——数据自动备份

自动备份是将数控系统的 FLASH ROM/SRAM 中所保存的数据自动备份到不需要电池的 FLASH ROM 中,并根据需要加以恢复。通过数据设定,最多可以备份三次不同的文件。可以将数控系统数据迅速切换到机床调整后的状态和任意的备份状态。有如下三种自动备份数据的方法:①接通电源时每次都自动备份数据;②接通电源时每经过设定天数自动备份数据;③在急停状态下通过开始操作自动备份数据。数据自动备份与恢复示意图如图 2-13 所示。

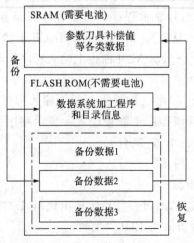

图 2-13　数据自动备份与恢复示意图

1. 数据自动备份常用参数

	#7	#6	#5	#4	#3	#2	#1	#0
10340	EEB	EIB				AAP	ABI	ABP

#7：EEB，为 0 表示不进行紧急停止时数据的备份；为 1 表示开始进行紧急停止时数据的备份。

#6：EIB，是否更新下次 CNC 的电源 ON 时改写禁止的备份数据，置于 0 表示不予更新；置于 1 表示予以更新。

#2：AAP，FLASH ROM 的 NC 程序的后备，置于 0 表示无效，置于 1 表示有效。

#1：ABI，将改写禁止的备份数据置于 0 表示无效，置于 1 表示有效。

#0：ABP，将通电时的自动数据备份置于 0 表示无效，置于 1 表示有效。

10341	周期性地进行自动数据备份的间隔

在周期性地进行自动数据备份的情况下，以天数设定该间隔。

10342	备份数据的个数

此参数设定备份数据的个数（0～3），设定值为 0 时，不进行备份。

2. 接通电源时自动备份数据

步骤 1　设定下面的数据。

如需同时备份 FLASH ROM 的数控系统加工程序，将数据 10340 中 AAP（10340#2）设为 1，数据 10342 设为 2 或 3。

开启电源备份数据期间，一般以 10 个 "." 来显示执行状况。例如，数据备份完成时，显示 "AUTOBACKUP.........END"。

步骤 2　设定数据 10341，每隔指定的天数进行数据备份。

10341 数据指执行周期性备份的间隔时间，从上次备份执行之日起，经过设定的天数之后，开启电源时，执行数据备份。可将数据 10341 设为 0，这样每当开启电源时执行数据备份。

3. 在急停状态下自动备份数据

在急停状态下执行以下操作，可以不切断电源进行数据备份。如需同时备份 FLASH ROM 的数控系统加工程序，将数据 AAP（10340#2）设定为 1。

步骤 1　设置数据写入有效。按下 OPS/SET 键，单击 [设定]，显示 CNC 界面，使 "写数据" 为 1。

步骤 2　置于急停状态。

步骤 3　将 10340#7 数据设为 1，则开始进行数据备份。

一旦开始数据备份，则这一数据马上恢复为 0。备份的进展情况，可以通过诊断数据 1016 相应位确认。

	#7	#6	#5	#4	#3	#2	#1	#0
1016	ANG	ACM			DT3	DT2	DT1	AEX

#7：ANG，表示自动备份数据时发生错误。

#6：ACM，表示自动备份是否执行完毕。

#3：DT3，表示上一次的备份是否在备份数据 3 区域进行更新。

♯2:DT2,表示上一次的备份是否在备份数据 2 区域进行更新。

♯1:DT1,表示上一次的备份是否在备份数据 1 区域进行更新。

♯0:AEX,表示是否正在进行数据备份。

4. 备份数据的恢复

在引导系统中进行如下操作,即可恢复保存在 FLASH ROM 内的备份数据。

步骤 1 启动引导系统。

步骤 2 在引导页面中选择"7. SRAM DATA UTILITY"时,显示界面如图 2-14 所示。

```
SRAM DATA UTILITY
1.    SRAM BACKUP (CNC→MEMORY CARD)
2.    SRAM RESTORE(MEMOYR CARD→CNC)
3.    AUTO BACKUP RESTORE(FROM→CNC)
4.    END
```

图 2-14 SRAM DATA UTILITY 子菜单选项

步骤 3 选择"3. AUTO BACKUP RESTORE(FROM→CNC)",显示 FLASH ROM 内备份文件,如图 2-15 所示。

```
AUTO BACKUP DATA RESTORE
1.    BACKUP DATA1 yyy/mm/dd** : ** : **
2.    BACKUP DATA2 yyy/mm/dd** : ** : **
3.    BACKUP DATA3 yyy/mm/dd** : ** : **
4.    END
```

图 2-15 FLASH ROM 内备份文件

步骤 4 选择想要恢复的数据,单击[SELECT]。

步骤 5 提示"ARE YOU SURE?"时,一旦单击[YES],就开始进行恢复,测试 SRAM 后恢复 SARM 数据。另外,将数据 10340♯2 设为 1 时获取备份,如果备份数据中包含 FLASH ROM 内的数控系统加工程序和目录信息时,那么数控系统加工程序和目录信息也被恢复。

课后练习

1.填空

(1)在 FANUC 0i-Mate TD 数控系统中使用 CF 卡备份时,应将 No. 0020 修改为_____。

(2)FANUC 0i CNC 装置的存储器一般包括_____、_____、_____三类。

(3)FANUC 0i 数控装置上电池的主要作用是_____。

(4)按下数控系统操作面板上的功能键 MASSAGE 时,系统会显示_____界面,按下功能键 SYSTEM 时,系统会显示_____界面。

(5)数控机床中的数据文件主要分为_____、_____和_____。

2.存储卡引导界面和分区数据传输有什么不同？

3.填写表 2-3 中 FANUC 0i-Mate D 的数据文件存储区域。

表 2-3　　　　　　　　FANUC 0i-Mate D 的数据文件存储区域

数据种类	保存处	数据种类	保存处
CNC 参数		刀具补偿量	
PMC 参数		用户宏变量	
顺序程序		宏 P-CODE 程序	
螺距误差补偿量		宏 P-CODE 变量	
加工程序		SRAM 变量	

任务 2　通过 RS-232C 口进行数据备份与恢复

一　任务介绍

【任务环境】

本任务需要配置 FANUC 0i-D/Mate D 数控系统的实训装置、RS-232C 电缆、计算机等。

【任务目标】

通过使用数控装置 RS-232C 串行口进行数据备份与恢复的学习，使学生具有能够完成数控机床参数、加工程序等备份与恢复的能力。

【任务导入】

通常在调试数控机床梯形图时，使用计算机与数控系统连接更易于梯形图的监控与修改，在本任务中，我们学习如何通过数控系统串行口与计算机进行通信。

二　必备知识

RS-232C 接口（又称 EIA RS-232C）在各种现代化自动控制装置上应用十分广泛，是目前最常用的一种串行通信接口。它是在 1970 年由美国电子工业协会（EIA）联合贝尔系统、调制解调器厂家及计算机终端生产厂家共同制定的用于串行通信的标准。它的全名是"数据终端设备（DTE）和数据通信设备（DCE）之间串行二进制数据交换接口技术标准"，该标准规定采用一个 25 脚的 DB25 连接器，对连接器的每个引脚的信号内容加以规定，还对各种信号的电平加以规定，一般只使用 3～9 根引线。

RS-232C 接口在数控机床上有 9 针或 25 针串口，接口示意图如图 2-16 所示。其特点是简单，用一根 RS-232C 电缆将 CNC 上的 JD36A 或 JD36B 接口与外部计算机进行连接，实现在计算机和数控系统之间进行系统参数、PMC 参数、螺距补偿参数、加工程序、刀具补偿等数据传输。这种方法的优点是可以通过计算机对数据进行离线编辑、修改,一次性将数据输入数控系统,广泛应用在数控机床的设计和调试中。

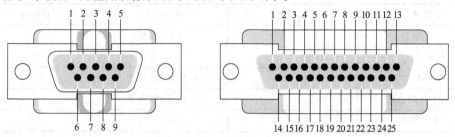

图 2-16　RS-232C 接口示意图

1. RS-232C 电缆接线

在进行数据通信的设备之间,以某种协议方式来告诉对方何时开始传送数据,或根据对方的信号来进入数据接收状态以控制数据流的启停,它们的联络过程就叫"握手"或"流控制",RS-232C 可以用软件握手或硬件握手的方式来进行通信。

(1)软件握手(Xon/Xoff)

软件握手通常用在实际数据是控制字符的情况下。只需三条接口线,即"TXD 发送数据""RXD 接收数据"和"SG 信号地"。因为控制字符在传输线上和普通字符没有区别,这些字符在通信中由接收方发送,使发送方暂停。这种只需三线(地、发送和接收)的通信协议方式应用较为广泛,所以常采用 DB-9 的 9 芯插头座,传输线采用屏蔽双绞线,软件握手电缆接线方法见表 2-4。

表 2-4　　　　　　　　　　　　　软件握手 RS-232C 电缆接线方法

9 针—9 针	25 针—25 针	9 针—25 针
2—3	3—2	2—2
3—2	2—3	3—3
5—5	7—7	5—7

(2)硬件握手

在软件握手的基础上增加了 RTS/CTS 和 DTR/DSR 一起工作,一个作为输出,另一个作为输入。第一组线是 RTS 和 CTS。当接收方准备好接收数据,它置高 RTS 线表示它准备好了,如果发送方也就绪,它置高 CTS 线表示它即将发送数据。另一组线是 DTR 和 DSR。硬件握手电缆接线方法见表 2-5。

表 2-5　　　　　　　　　　　　　硬件握手 RS-232C 电缆接线方法

9 针—9 针	25 针—25 针	9 针—25 针
2—3	3—2	2—2
3—2	2—3	3—3
4—6	5—4	4—6
5—5	4—5	5—7

9针—9针	25针—25针	9针—25针
6—4	20—6	6—20
7—8	7—7	7—5
8—7	6—20	8—4

FANUC 0i 用 RS-232C 电缆焊接图如图 2-17 所示。

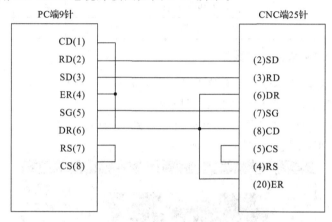

图 2-17   FANUC 0i 用 RS-232C 电缆焊接图

2. RS-232C 数据传输硬件、软件要求及参数设置

(1)RS-232C 数据传输硬件、软件要求

硬件需准备计算机(带 RS-232C 口或 USB 转 RS-232C 电缆)、RS-232C 电缆以及 CNC 装置 JD36A(RS-232C 串行接口 1)或 JD36B(RS-232C 串行接口 2)。

数据传输常用的软件有:WINPCIN 或计算机侧超级终端(Microsoft Windows 自带的一个通信程序)。

(2)参数设置

	#7	#6	#5	#4	#3	#2	#1	#0
0101	NFD				ASI		ISO	SB2

#0:SB2,为停止位的位数。设置 0 表示 1 位,设置 1 表示 2 位。

#3:ASI,确定数据输入/输出时的代码。设置 0 表示 EIA 或 ISO 代码,设置 1 表示输入/输出时均为 ASCII 代码。

#7 NFD,表示输出数据时,是否在数据前后输出馈送。设置 0 表示予以输出,设置 1 表示不予输出。

0102	选择与 CNC 串行通信输入/输出设备编号

设置为 0 表示 RS-232C 与输入/输出设备使用控制代码通信,一般选择设置为 0。

设置为 4 表示 RS-232C 与输入/输出设备不使用控制代码通信。

0103	输入/输出设备波特率

设置为 10 表示选择波特率 4 800 bps;设置为 11 表示选择波特率 9 600 bps;设置为 12 表示选择波特率 19 200 bps。

(3)CNC 接口与其对应的参数设置（表 2-6）

表 2-6   CNC 接口与其对应的参数设置

	插头号	JD36A		JD36B	
	I/O 通道参数号♯20	0	1	2	3
FANUC 0i-D FANUC 0i-Mate D	设定项目	参数号			
	停止位	♯101	♯111	♯121	♯131
	输入/输出设备	♯102	♯112	♯122	♯132
	波特率	♯103	♯113	♯123	♯133

3. 使用 WINPCIN 软件传送数据

注意　把参数 24 改成 10，只有传 PMC 时改成 1。

(1)设置 PC 机 WINPCIN 软件的通信协议。

① 将随机附带光盘中的 WINPCIN 软件安装到电脑中。

② 打开 WINPCIN 软件，如图 2-18 所示。

图 2-18   WINPCIN 软件打开界面

③单击"RS232 Config"按钮进入通信参数设置界面，如图 2-19 所示。

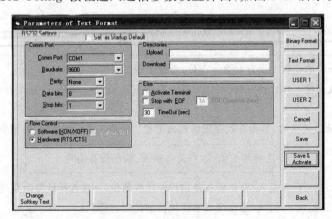

图 2-19   通信参数设置界面

④在这个界面的右上角有两个按钮，分别为"Binary Format"（二进制格式）和"Text Format"（文本格式）。当传输加工程序等数据时单击"Text Format"按钮，当传输机床数据

时,单击"Binary Format"按钮,然后再设置以下参数:

Comm Port:根据所用端口地址设置,一般为"COM1"。

Baudrate:即波特率,设置为9 600。

Parity:即奇偶校验,设置为"None"。

Date bits:数据位,设置为"8"。

Stop bits:停止位,设置为"1"。

Flow Control:选择"Hardware(RTS/CTS)"。

⑤其他数据按照默认设置。

⑥参数设置完毕后,单击"Save&Activate"按钮,保存并激活设置。

⑦单击"Back"按钮退出设置界面,返回到软件的主界面。

注意 通常情况下,只要更改波特率为9600即可,其他参数按照默认设置。

⑧准备传输。

传输数据前首先要根据数据类型选择是用"二进制格式"传输还是用"文本格式"传输。如果用文本格式传输,则单击界面右上角的"Text Format"按钮;如果用二进制格式传输,则单击界面右上角的"Binary Format"按钮。这时将发现软件的顶端会显示所选择的传输方式和传输参数,如图 2-20 所示。

图 2-20　传输数据的类型

Receive Date:接收数据,如从 CNC 装置传输数据到电脑,那么需要单击此按钮接收传来的数据。

Send Date:发送数据,如需把电脑中的数据发送到 CNC 装置中,单击此按钮选择发送文件。

(2)设置 FANUC 数控系统的通信协议

注意 FANUC 系统有两个 RS-232C 接口,详见参数 0020,0101－0103、0111－0113、0121－0123。

(3)数据通信

CNC 和 PC 按照上述设置方法完成后方能使用数据通信功能。

加工程序、系统参数、螺距误差补偿等数据输入/输出操作与 CF 卡数据分区备份相同。

三　任务训练

任务 1 通过 RS-232C 接口,进行系统参数的输入和输出。

提示 根据硬件连接情况进行相应设置,使用传输软件不限,分别写出输入和输出步骤。

任务 2 通过 RS-232C 接口,进行加工程序的输入和输出。

提示 根据硬件连接情况进行相应设置,使用传输软件不限,分别写出输入和输出步骤。

四 任务小结

1. 使用计算机 RS-232C 接口与 CNC 装置进行数据输入和输出；使用软件 WINPCIN，并熟悉这种软件的设置方法。

2. 数控装置侧数据传输方法与任务二中所学的 CF 卡分区数据传输基本相同，不再赘述。本任务中要求重点掌握数控装置侧使用 RS-232C 接口通信时的参数设置，即 ♯20、♯101～♯103、♯111～♯113、♯121～♯123 及 ♯24。

五 拓展提高——异步串行通信数据格式

异步通信协议采用的数据格式是每个字符都按照一个独立的整体进行发送，字符的间隔时间可以任意变化，即每个字符作为独立的信息单位（帧），可以随机地出现在数据流中。所谓"异步"，是指通信时两个字符之间的间隔事先不能确定，也没有严格的定时要求。

异步通信协议规定的传输格式由 1 位起始位、5～8 位数据位、1 位奇偶校验位、1～2 位停止位和若干个空闲位等组成，如图 2-21 所示。其中，起始位表示字符的开始，通知接收方开始接收数据；停止位表示字符传输的结束。

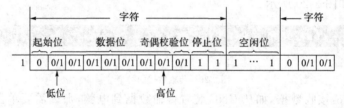

图 2-21 异步通信协议

异步通信数据帧的第一位是开始位，在通信线上没有数据传送时处于逻辑"1"状态。当发送设备要发送一个字符数据时，首先发出一个逻辑"0"信号，这个逻辑低电平就是起始位。起始位通过通信线传向接收设备，当接收设备检测到这个逻辑低电平后，就开始准备接收数据位信号。因此，起始位所起的作用就是表示字符传送开始。

当接收设备收到起始位后，紧接着就会收到数据位。数据位的个数可以是 5、6、7 或 8 位的数据。在字符数据传送过程中，数据位从最低位开始传输。数据发送完之后，可以发送奇偶校验位。奇偶校验位用于有限差错检测，通信双方在通信时需约定一致的奇偶校验方式。就数据传送而言，奇偶校验位是冗余位，但它表示数据的一种性质，这种性质用于检错，虽有限但很容易实现。在奇偶校验位或数据位之后发送的是停止位，可以是 1 位、1.5 位或 2 位，停止位是一个字符数据的结束标志。

在串行通信中，传输速率是指单位时间内传送二进制数据的位数，也称波特率，单位是位/秒（b/s，也称 bps）。常用的波特率有 110、300、600、1 200、2 400、4 800、9 600、19 200、38 400 等。例如，若异步通信的数据格式由 1 位起始位、8 位数据位、1 位奇偶校验位、2 位停止位组成，波特率为 2 400 b/s，则每秒钟最多能够传送 2 400÷(1+8+1+2)＝200 个字符。

异步通信中典型的帧格式为 1 位起始位、7 位（或 8 位）数据位、1 位奇偶校验位、2 位停止位。

课后练习

1.选择题

(1)异步通信协议规定的字符格式中,数据位一般是(　　)位。

A.1～2　　　　　B.5～8　　　　　C.3～4　　　　　D.8

(2)在 RS-232C 接口中,CTS 是(　　)。

A.发送数据线　　B.接收数据线　　C.允许发送　　D.清除发送

(3)在 FANUC 0i-Mate TD 数控系统中,RS-232C JA36A 口备份时应将参数 0020 修改为(　　)。

A.1　　　　　　B.2　　　　　　C.3　　　　　　D.4

(4)MDI 面板接口为(　　)。

A.JD36A　　　　B.JD51A　　　　C.JA2　　　　　D.JGA

(5)下面哪些数据不需要备份?(　　)

A.系统参数　　　B.用户变量　　　C.PMC 参数　　D.C 语言执行程序

2.使用 RS-232C 通信时,接在数控装置 JD36A 口,CNC 装置应该设置哪些参数?

任务3　认识 FANUC 0i PMC

一　任务介绍

【任务环境】

本任务需要配置 FANUC 0i-D/Mate D 数控系统的实训装置,安装有 FANUC LADDER-Ⅲ 5.7软件的计算机及 RS-232C 通信电缆。

【任务目标】

通过对 FANUC 0i 数控系统 PMC 知识的学习,掌握 FANUC PMC 程序组成、特点、规格及基本操作。

【任务导入】

FANUC 0i 数控系统 PMC(Programmable Machine Controller)内置于 CNC 装置中,用来执行数控机床顺序控制操作的可编程机床控制器,它的工作原理与独立型 PLC(Programmable Logical Controller)的工作原理基本相同,只是 FANUC 公司根据数控机床的特点开发了专用的功能指令以及硬件结构。

数控机床上的电气控制中多了数控系统,CNC 装置是数控系统的核心,机床上的输入和输出信号要与 CNC 装置交换信息,有一些是通过可编程控制器的处理才能完成的,那么 CNC、PMC(可编程控制器)、MT(机床侧信号)交换过程是如何进行的呢? 数控机床信号交换如图 2-22 所示。

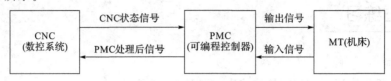

图 2-22   数控机床信号交换

二   必备知识

1. FANUC 0i 系统 PMC 的内部资源

PMC 的功能是对数控机床进行顺序控制。所谓顺序控制,就是按照事先确定的顺序或逻辑,对控制的每一个阶段依次进行的控制。对数控机床来说,顺序控制是在数控机床运行过程中,以 CNC 内部和机床各行程开关、传感器、按钮、继电器等的开关量信号状态为条件,并按照预先规定的逻辑顺序对诸如主轴的启停与换向、刀具的更换、工件的夹紧与松开以及液压、冷却、润滑系统的运行等进行的控制。顺序控制的信息主要是开关量信号。PMC 在数控机床上实现的功能主要包括工作方式控制、速度倍率控制、自动运行控制、手动运行控制、主轴控制、机床锁住控制、程序校验控制、硬件超程和急停控制、辅助电动机控制、外部报警和操作信息控制等。

（1）FANUC 0i 系统 PMC 的基本规格

FANUC 0i 系统 PMC 的基本规格见表 2-7。

表 2-7   FANUC 0i 系统 PMC 的基本规格

PMC 规格	0i-D PMC	0i-D PMC/L	0i-Mate D PMC/L
编程语言	梯形图	梯形图	梯形图
梯形图级别数	3	2	2
第一级程序执行周期	8 ms	8 ms	8 ms
基本指令执行速度	25 ns/步	1 μs/步	1 μs/步
梯形图程序容量	最大约 32 000 步	最大约 8 000 步	最大约 8 000 步
基本指令数	14	14	14
功能指令数	93	92	92
CNC 接口-输入 F	768 B×2	768 B	768 B
CNC 接口-输出 G	768 B×2	768 B	768 B
DI/DO I/O LINK-输入（X）	最大 2 048 点	最大 1 024 点	最大 256 点
DI/DO I/O LINK-输出（Y）	最大 2 048 点	最大 1 024 点	最大 256 点
程序保存区（FLASH ROM）	最大 384 kB	最大 128 kB	最大 128 kB
内部继电器（R）	8 000 B	1 500 B	1 500 B
系统继电器（R9 000）	500 B	500 B	500 B
扩展继电器（E）	10 000 B	10 000 B	10 000 B
信息显示（A）请求	2 000 点	2 000 点	2 000 点
可变定时器（TMR）	500 B（250 个）	80 B（40 个）	80 B（40 个）
可变计数器（CTR）	400 B（100 个）	80 B（20 个）	80 B（20 个）

续表

PMC 规格	0i-D PMC	0i-D PMC/L	0i-Mate D PMC/L
固定计数器(CTRB)	200 B(100 个)	40 B(20 个)	40 B(20 个)
保持继电器(K)-用户区域	100 B	20 B	20 B
保持继电器(K)-系统区域	100 B	100 B	100 B
数据表(D)	10 000 B	3 000 B	3 000 B
固定定时器(TMRB)	500 个	100 个	100 个
上升沿/下降沿检测(DIFU/DIFD)	1 000 个	256 个	256 个
标签(LBL)	9 999 个	9 999 个	9 999 个
子程序(SP)	5 000 个	512 个	512 个

(2)FANUC 0i 系统 PMC 的信号

把数控机床信号分为 NC 侧和 MT 侧(即机床侧)两大部分。NC 侧包括 CNC 系统的硬件和软件,与 CNC 系统连接的外围设备如显示器、MDI 面板等;MT 侧则包括机床机械部分及液压、气压、冷却、润滑、排屑等辅助装置以及机床操作面板、继电器线路、机床强电线路等。PMC 的信息交换以 PMC 为中心,在 CNC、PMC 和 MT 三者之间进行信息交换,如图 2-23 所示。所有 CNC 送至 PMC 或 PMC 送至 CNC 的信息含义和地址(开关量地址或寄存器地址)均由 CNC 厂家确定,PMC 编程者只可使用,不可改变和增删。输入到 PMC 的信号有 X 信号和 F 信号,从 PMC 输出的信号有 Y 信号和 G 信号。PMC 内部还有内部继电器 R、计数器 C、定时器 T、保持型继电器 K、数据表 D 以及信息继电器 A 等。

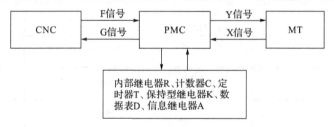

图 2-23　FANUC 0i 系统 PMC 信号接口关系

①G 信号

G 信号为 PMC 输出到 CNC 的信号,主要是使 CNC 改变或执行某一种运行的控制信号。所有 G 信号的含义和地址都是事先定义好的,PMC 编程人员只能使用。

②F 信号

F 信号为 CNC 输出到 PMC 的信号,主要是反映 CNC 运行状态或运行结果的信号。所有 F 信号的含义和地址都是事先定义好的,PMC 编程人员只能使用。

③X 信号

X 信号为 MT 输出到 PMC 的信号,主要是机床操作面板的按键、按钮和其他各种开关的输入信号。个别 X 信号的含义和地址是事先定义好的,用来作为高速信号由 CNC 直接读取,可以不经过 PMC 的处理,其余大部分 X 信号的含义和地址需由 PMC 编程人员定义。

④Y 信号

Y 信号为 PMC 输出到 MT 的信号,主要是机床执行元件的控制信号以及状态和报警指示等。所有 Y 信号的含义和地址需由 PMC 编程人员定义。

⑤内部继电器 R

内部继电器 R 可暂时存储运算结果,用于 PMC 内部信号和扩展信号的定义。

内部继电器中还包含 PMC 系统软件所使用的系统继电器 R9000 以上,PMC 程序可读入其状态,但不能写入。常用系统继电器如 R9091.0,表示常 0 信号(始终为 0),R9091.1 表示常 1 信号(始终为 1),R9091.5 表示 200 ms 周期循环信号(104 ms 为 1,96 ms 为 0),R9091.6 表示 1 s 周期循环信号(504 ms 为 1,496 ms 为 0)。

⑥非易失性存储器

非易失性存储器中所存储的内容,在切断电源的情况下也不会丢失。非易失性存储器中所存储的这些数据叫作 PMC 参数,包括定时器 T、计数器 C、保持型继电器 K、数据表 D、信息继电器 A。

(3)FANUC 0i 系统 PMC 的地址分配及表示方法

FANUC 0i-D/Mate D PMC 的地址定义如图 2-24 所示,编程时的地址分配见表 2-8。

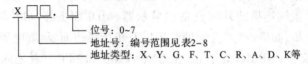

图 2-24　PMC 地址定义

表 2-8　　　　　　　　　　FANUC 0i-D/Mate D PMC 的地址分配

信号种类	PMC 类型		
	0i-D PMC	0i-D PMC/L	0i-Mate D PMC/L
G	G0000~G0767 G1000~G1767	G0000~G0767	G0000~G0767
F	F0000~F0767 F1000~F1767	F0000~F0767	F0000~F0767
X	X0000~X0127 X0200~X0327	X0000~X0127	X0000~X0127
Y	Y0000~Y0127 Y0200~Y0327	Y0000~Y0127	Y0000~Y0127
内部继电器(R)	R0~R7999	R0~R1499	R0~R1499
系统继电器(R9000)	R9000~R9499	R9000~R9499	R9000~R9499
扩展继电器(E)	E0~E9999	E0~E9999	E0~E9999
信息显示(A)请求	A0~A249	A0~A249	A0~A249
可变定时器(TMR)	T0~T499	T0~T79	T0~T79
可变计数器(CTR)	C0~C399	C0~C79	C0~C79
固定计数器(CTRB)	C5000~C5199	C5000~C5039	C5000~C5039
保持型继电器(K)-用户区域	K0~K99	K0~K19	K0~K19
保持型继电器(K)-系统区域	K900~K999	K900~K999	K900~K999
数据表(D)	D0~D9999	D0~D2999	D0~D2999
标签(LBL)	L1~L9999	L1~L9999	L1~L9999
子程序(SP)	P1~P5000	P1~P512	P1~P512

注:表中的分配地址均为 PMC 编程人员可使用的区域。

2. FANUC 系统 PMC 程序结构

PMC 程序主要由两部分构成：第一级程序和第二级程序。

第一级程序每隔 8 ms 执行一次，主要编写急停、进给暂停等紧急动作控制程序。第一级程序必须以 END1 指令结束。即使不使用第一级程序，也必须编写 END1 指令，否则 PMC 程序无法正常执行。

第二级程序每隔 $8 \times n$ ms 执行一次，n 为第二级程序的分割数。主要编写工作方式控制、速度倍率控制、自动运行控制、手动运行控制、主轴控制、机床锁住控制、程序校验控制、辅助电动机控制、外部报警和操作信息控制等普通程序，其程序步数较多，PMC 程序执行时间也较长。第二级程序必须以 END2 指令结束。

PMC 程序结构如图 2-25 所示。

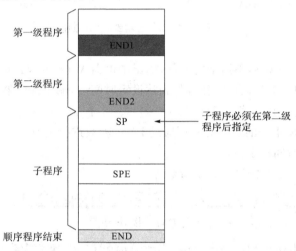

图 2-25   PMC 程序结构

第二级程序一般较长，为了执行第一级程序，将根据第一级程序的执行时间，把第二级程序分割为 n 部分，分别用分割 1、分割 2、……、分割 n 表示。

系统启动后，CNC 与 PMC 同时运行，两者执行的时序图如图 2-26 所示。在 8 ms 的工作周期内，前 1.25 ms 执行 PMC 程序，首先执行全部的第一级程序，1.25 ms 内剩下的时间执行第二级程序的一部分。执行完 PMC 程序后 8 ms 的剩余时间为 CNC 的处理时间。在随后的各周期内，每个周期的开始均执行一次全部的第一级程序，因此在宏观上，紧急动作控制是立即反应的。执行完第一级程序后，在各周期内均执行第二级程序的一部分，一直至第二级程序最后分割 n 部分执行完毕，然后又重新执行 PMC 程序，周而复始。

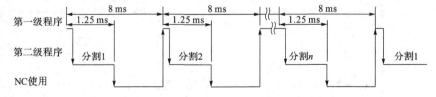

图 2-26   CNC 与 PMC 程序的执行时序图

因此，第一级程序每隔 8 ms 执行一次，第二级程序每隔 $8 \times n$ ms 执行一次。第一级程序编写不宜过长。如果程序步数过多，会增加第一级程序的执行时间，1.25 ms 内第二级程序的执行时间将减少,程序的分割数 n 将增加,从而延长整个第二级程序的执行时间。

3. PMC 功能指令应用——定时器与计数器指令

(1)可变定时器 TMR

①功能

该指令的功能用于继电器延时导通,定时时间在 PMC 参数界面下设定和修改。TMR 指令格式及工作原理如图 2-27 所示。

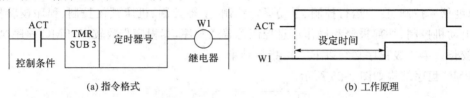

图 2-27　TMR 指令格式及工作原理

②指令说明

控制条件:ACT=0 时,不启动定时器,输出继电器 W1=0(W1 可以是 Y、R、K 等);

ACT=1 时,启动定时器,到达设定时间后,输出继电器 W1=1。

定时器号:可变定时器编号,范围是 1~40,共 40 个。

设定时间:TMR 指令的定时时间可通过 PMC 参数进行更改。

③可变定时器时间设定方法

●首先按[SYSTEM]键进入系统参数界面。

| 参数 | 诊断 | | 系统 | (操作) | + |

●再连续按向右扩展菜单三次进入 PMC 操作界面。

| PMCMNT | PMCLAD | PMCCNF | PM. MGR | (操作) | + |

●进入 PMC 诊断与维护界面与定时器界面,如图 2-28 所示。

例如,在定时器号 T1 处输入"1000",页面显示定时精度为 48,单位为 ms,此时页面显示设定时间为 960,即 960 ms,定时精度设置的数余数一般为 0,最大设定值为 32 767。

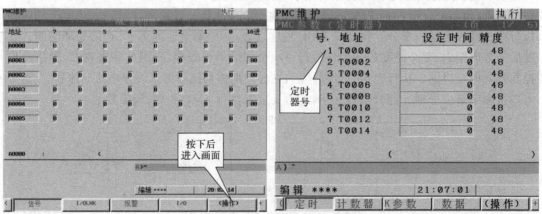

图 2-28　设置定时器精度

（2）固定定时器 TMRB

①功能

该指令用于固定时间的延时,通过指令中设定的时间参数来设定时间。TMRB 的设定时间编在梯形图中,在指令和定时器号的后面加上一项参数预设定时间,与顺序程序一起被写入 FLASH ROM 中,所以定时器的时间不能用 PMC 参数改写。TMRB 指令格式及应用如图 2-29 所示。

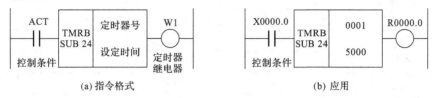

图 2-29　TMRB 指令格式及应用

②指令说明

控制条件:ACT＝0 时,不启动定时器,输出继电器 W1＝0;

　　　　　　ACT＝1 时,启动定时器,到达设定时间后,输出继电器 W1＝1。

定时器号:固定定时器编号,范围是 1～100,共 100 个。

设定时间:指定设定时间,设定时间单位为 ms。

③应用说明

当控制条件 X0000.0 为"1"时,定时器 T1 开始计时,5 s 后继电器 R0000.0 线圈为"1";当 X0000.0 为"0"时,定时器 T1 停止工作,继电器 R0000.0 线圈为"0"。

当控制条件 X0000.0 为"1"时,定时器 T1 开始计时,若未到 5 s,则 X0000.0 变为"0",定时器 T1 停止工作;当控制条件再次启动时,定时器重新开始计时。

（3）可变计数器 CTR

①功能

可变计数器的主要功能是计数,可以是加计数,也可以是减计数。其预置值形式是 BCD 代码还是二进制代码由 PMC 的参数设定(一般为二进制代码)。CTR 控制地址从 C××××起占用四个字节,字节分配如图 2-30 所示。CTR 指令格式及应用如图 2-31 所示。

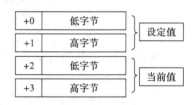

图 2-30　CTR 字节分配

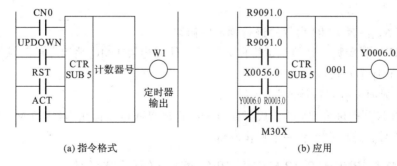

图 2-31　CTR 指令格式及应用

②指令说明

●控制条件:可变计数器指令的控制条件见表 2-9 中的说明。

表 2-9　　　　　　　　　　　　可变计数器的控制条件

CN0 (初始值)	0	从 0 开始计数
	1	从 1 开始计数
UPDOWN (加/减计数)	0	加计数
	1	减计数(当前值与计数值相同)
RST (复位)	0	不将计数器复位
	1	将计数器复位
ACT (触发条件)	0	不执行计数
	1	执行计数

●计数设定:CTR 指令的计数值可通过 PMC 参数进行设定更改,操作方法与可变定时器相同,如图 2-32 所示。

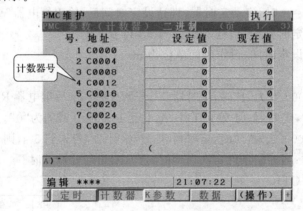

图 2-32　可变计数器设定值与当前值显示界面

●计数器号:是指可变计数器编号,范围是 1~40,共 40 个。

③应用说明

如图 2-31(b)所示,计数指令说明:R9091.0=0,CN0=0,计数初始值从 0 开始计数;UPDOWN=0,进行加计数;当输入 X0056.0 为 1 时,计数器清零;每加工一个工件,通过加工程序结束指令 R0003.0 使计数器加 1 累计。当计数器值等于设定值时,计数器输出Y0006.0 为 1。

4.通过 CNC 内置 PMC 编程器进行梯形图修改

PMC 页面控制参数可以使调试维修人员灵活使用内置 PMC 编程器的各项功能,又可以保护 PMC 程序不被修改。

(1)PMC 界面控制参数修改

按[PMCCNF]键进入 PMC 构成界面,PMC 构成界面包括标头、设定、PMC 状态、SYS参数、模块、符号、信息、在线和一个操作软键。

|PMCMNT|PMCLAD|PMCCNF|PM.MGR|(操作)|+|

①标头界面如图 2-33 所示,标头界面显示 PMC 程序的信息。

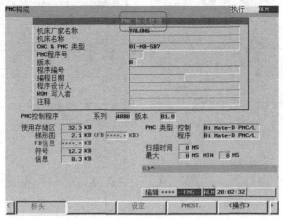

图 2-33　标头界面

②按图 2-33 中的[设定]键,显示 PMC 程序的一些设定内容,如图 2-34 所示。

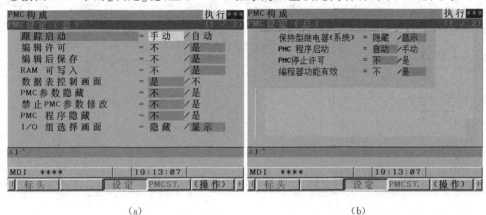

　　　　　　　(a)　　　　　　　　　　　　　　　　(b)

图 2-34　PMC 设定界面

● 只允许操作者监控梯形图时的设置

将"编程器功能有效"设为"不","PMC 参数隐藏"设为"不","编辑许可"设为"不","PMC 停止许可"设为"不"。

● 允许操作者编辑和监控梯形图

将"编程器功能有效"设为"不","PMC 参数隐藏"设为"不","编辑许可"设为"是","PMC 停止许可"设为"不"。

(2)梯形图在线编辑方法

①按下[SYSTEM]功能键,再连续按继续菜单软键[+],直到显示出[PMCLAD]软键,如图 2-35 所示。

②按下[PMCLAD]软键,显示 PMC 梯形图界面,如图 2-36 所示。

③按下[梯形图]软键,显示 PMC 梯形图显示界面,如图 2-37 所示。

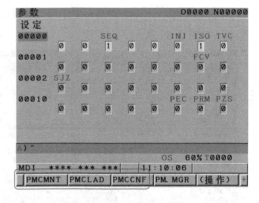

图 2-35　PMC 菜单显示界面

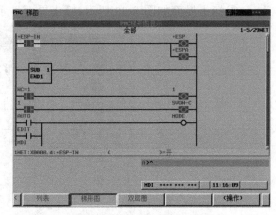

图 2-36　PMC 梯形图界面　　　　　　　　　图 2-37　PMC 梯形图显示界面

④按下[(操作)]软键,显示[编辑]软键,按下[编辑]软键,显示 PMC 梯形图编辑界面,如图 2-38 所示。

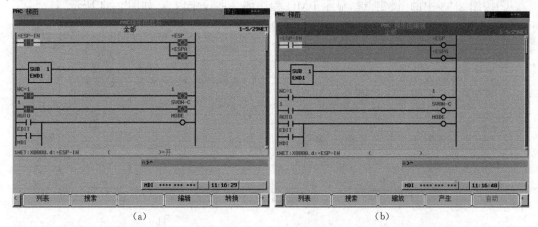

(a)　　　　　　　　　　　　　　　　　(b)

图 2-38　PMC 梯形图编辑界面

⑤将光标放在要输入梯形图的位置,按下[缩放][产生]软键进行梯形图的插入和修改。

⑥连续按[+],直到显示出[启动]软键,按下[启动]软键,在状态栏中显示"要允许程序吗?",如图 2-39 所示。

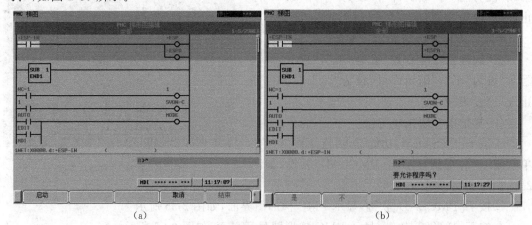

(a)　　　　　　　　　　　　　　　　　(b)

图 2-39　编辑结束后退出界面(1)

⑦按下[是]软键,系统将执行 PMC 程序,在界面右上角显示"执行",连续按连续菜单软键[+],直到显示出[结束]软键,如图 2-40 所示。

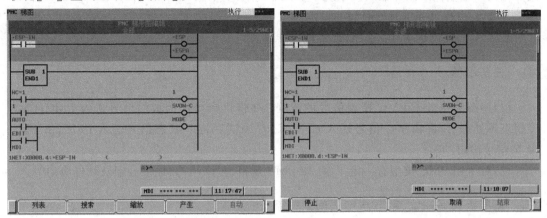

图 2-40　编辑结束后退出界面(2)

⑧按下[结束]软键,返回到 PMC 梯形图显示界面。

三　任务实施

任务 1　将如图 2-41 所示梯形图通过数控装置操作面板输入到 CNC 中,并观察运行结果。

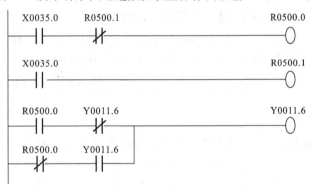

图 2-41　任务 1 参考程序

步骤 1:通过 CNC 内置 PMC 编程器进行梯形图修改。

步骤 2:监控调试 PMC 程序,观察运行结果。

步骤 3:分析该梯形图的工作原理。

任务 2　图 2-42 是用两个可变定时器设计的周期内烁的梯形图,定时器 21 控制 R0600.0 线圈断开的时间,定时器 22 控制 R0600.0 线圈接通的时间。

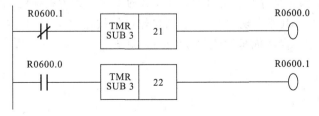

图 2-42　任务 2 参考程序

步骤1:将图2-42与图2-41结合起来,按下X0035.0时,使Y0011.6输出为周期1 s的闪烁电路。绘制梯形图并输入到系统中。

步骤2:进行可变定时器时间的设定。

步骤3:监控调试PMC程序,观察运行结果。

四　任务小结

(1)理解数控机床PMC控制信号的流程。如将机床操作面板的信号送入PMC,PMC经过逻辑处理后,将编程G信号送入CNC,CNC确认后将F状态信号送入PMC,由PMC带Y信号输出。

(2)对所用PMC类型有一定了解,如PMC规格、程序结构、地址分配及软件应用等。

五　拓展提高——位、字节与字之间的关系

1. 位(bit)

位来自英文bit,音译为"比特",表示二进制位。位是计算机内部数据存储的最小单位,11010100是一个8位二进制数。一位二进制数只可以表示0和1两种(2^1)状态;两位二进制数可以表示00、01、10、11四种(2^2)状态;三位二进制数可以表示八种(2^3)状态……

2. 字节(Byte)

字节来自英文Byte,音译为"拜特",习惯上用"B"表示。

字节是计算机中数据处理的基本单位。计算机中以字节为单位存储和解释信息,规定一个字节由8个二进制位构成,即1字节等于8比特(1 Byte=8 bit)。8位二进制数最小为00000000,最大为11111111;通常一个字节可以存放一个ASCII码,两个字节可以存放一个汉字国标码。

3. 字(word)

计算机进行数据处理时,一次存取、加工和传送的数据长度称为字(word)。一个字通常由一个或多个(一般是字节的整数位)字节构成。例如,286微机的字由两个字节组成,它的字长为16位机;486微机的字由四个字节组成,它的字长为32位机。

计算机的字长决定了其CPU一次操作处理实际位数的多少,由此可见,计算机的字长越大,其性能越优越。

课后练习

1.PMC的基本构成是什么?为什么说PMC的工作方式为扫描的工作方式?

2.用PMC编程,使其能实现以下功能:当操作面板按钮(X0004.0)按下时,灯(Y0004.1)做1 s周期的闪亮;按下操作面板按钮(X0004.1),灯灭。

任务 4　FANUC 系统 I/O 模块的地址分配与设定

一　任务介绍

【任务环境】

本任务需要配置 FANUC 0i-D/Mate D 数控系统的实训装置。

【任务目标】

通过对 FANUC 系统典型 I/O 模块硬件连接、地址分配方法的学习，使学生能够对 FANUC 系统 PMC 输入/输出地址进行正确设定。

【任务导入】

FANUC 0i 系统的输入/输出信号控制有两种形式，具体如图 2-43 所示。一种是来自系统内装 I/O 卡的输入/输出信号，其地址是固定的，如 FANUC 0i-A/B 系统；另一种来自 I/O LINK 总线输入/输出信号，其地址由机床厂家在编制顺序程序（PMC 程序）时设定，如 FANUC 0i-D 系统。I/O LINK 是 FANUC 专用 I/O 总线，FANUC 0i 系统以 I/O LINK 串行总线方式通过 I/O 模块与 CNC 系统通信。在本任务中我们将学习如何对 I/O 模块进行地址设定。

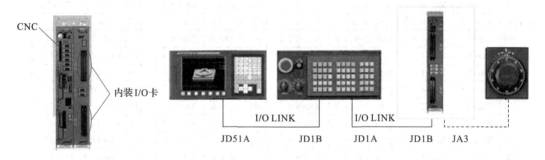

图 2-43　内装 I/O 卡与 I/O LINK

二　必备知识

1. FANUC 常用的 I/O 单元（模块）

（1）FANUC 0i 系统用 I/O 模块

FANUC 0i 系统用 I/O 模块有 96 点输入、64 点输出、1 个手轮接口，具体实物及接口示意图如图 2-44 所示。

JD1B：I/O LINK 输入端，CNC 的 JD51A 或上一级 I/O 模块的 JD1A 接口连接到此接口。

JD1A：I/O LINK 输出端，连接到下一级 I/O 模块上。

JA3：手摇脉冲发生器输入接口。

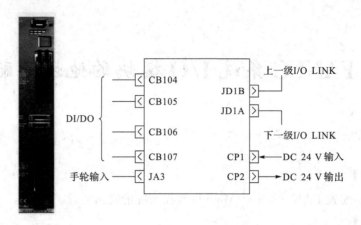

图 2-44   I/O 模块实物及接口示意图

CP1：I/O 模块电源接口，输入 DC 24 V。

CP2：CP1 接入 DC 24 V 后，CP2 输出 DC 24 V。

CB104/CB105/CB106/CB107：I/O 模块四组输入/输出接口，每组为 50 芯的 I/O 接口，24 入/16 出，其引脚布置如图 2-45 所示。

CB104 HIROSE 50PIN	A	B		CB105 HIROSE 50PIN	A	B		CB106 HIROSE 50PIN	A	B		CB107 HIROSE 50PIN	A	B
01	0 V	24 V		01	0 V	24 V		01	0 V	24 V		01	0 V	24 V
02	Xm+0.0	Xm+0.1		02	Xm+3.0	Xm+3.1		02	Xm+4.0	Xm+4.1		02	Xm+7.0	Xm+7.1
03	Xm+0.2	Xm+0.3		03	Xm+3.2	Xm+3.3		03	Xm+4.2	Xm+4.3		03	Xm+7.2	Xm+7.3
04	Xm+0.4	Xm+0.5		04	Xm+3.4	Xm+3.5		04	Xm+4.4	Xm+4.5		04	Xm+7.4	Xm+7.5
05	Xm+0.6	Xm+0.7		05	Xm+3.6	Xm+3.7		05	Xm+4.6	Xm+4.7		05	Xm+7.6	Xm+7.7
06	Xm+1.0	Xm+1.1		06	Xm+8.0	Xm+8.1		06	Xm+5.0	Xm+5.1		06	Xm+10.0	Xm+10.1
07	Xm+1.2	Xm+1.3		07	Xm+8.2	Xm+8.3		07	Xm+5.2	Xm+5.3		07	Xm+10.2	Xm+10.3
08	Xm+1.4	Xm+1.5		08	Xm+8.4	Xm+8.5		08	Xm+5.4	Xm+5.5		08	Xm+10.4	Xm+10.5
09	Xm+1.6	Xm+1.7		09	Xm+8.6	Xm+8.7		09	Xm+5.6	Xm+5.7		09	Xm+10.6	Xm+10.7
10	Xm+2.0	Xm+2.1		10	Xm+9.0	Xm+9.1		10	Xm+6.0	Xm+6.1		10	Xm+11.0	Xm+11.1
11	Xm+2.2	Xm+2.3		11	Xm+9.2	Xm+9.3		11	Xm+6.2	Xm+6.3		11	Xm+11.2	Xm+11.3
12	Xm+2.4	Xm+2.5		12	Xm+9.4	Xm+9.5		12	Xm+6.4	Xm+6.5		12	Xm+11.4	Xm+11.5
13	Xm+2.6	Xm+2.7		13	Xm+9.6	Xm+9.7		13	Xm+6.6	Xm+6.7		13	Xm+11.6	Xm+11.7
14				14				14	COM4			14		
15				15				15				15		
16	Yn+0.0	Yn+0.1		16	Yn+2.0	Yn+2.1		16	Yn+4.0	Yn+4.1		16	Yn+6.0	Yn+6.1
17	Yn+0.2	Yn+0.3		17	Yn+2.2	Yn+2.3		17	Yn+4.2	Yn+4.3		17	Yn+6.2	Yn+6.3
18	Yn+0.4	Yn+0.5		18	Yn+2.4	Yn+2.5		18	Yn+4.4	Yn+4.5		18	Yn+6.4	Yn+6.5
19	Yn+0.6	Yn+0.7		19	Yn+2.6	Yn+2.7		19	Yn+4.6	Yn+4.7		19	Yn+6.6	Yn+6.7
20	Yn+1.0	Yn+1.1		20	Yn+3.0	Yn+3.1		20	Yn+5.0	Yn+5.1		20	Yn+7.0	Yn+7.1
21	Yn+1.2	Yn+1.3		21	Yn+3.2	Yn+3.3		21	Yn+5.2	Yn+5.3		21	Yn+7.2	Yn+7.3
22	Yn+1.4	Yn+1.5		22	Yn+3.4	Yn+3.5		22	Yn+5.4	Yn+5.5		22	Yn+7.4	Yn+7.5
23	Yn+1.6	Yn+1.7		23	Yn+3.6	Yn+3.7		23	Yn+5.6	Yn+5.7		23	Yn+7.6	Yn+7.7
24	DOCOM	DOCOM		24	DOCOM	DOCOM		24	DOCOM	DOCOM		24	DOCOM	DOCOM
25	DOCOM	DOCOM		25	DOCOM	DOCOM		25	DOCOM	DOCOM		25	DOCOM	DOCOM

图 2-45   CB104/CB105/CB106/CB107 接口引脚布置

（2）操作盘 I/O 模块

操作盘 I/O 模块可连接用户自制的各种机床操作面板,有 48 点输入,32 点输出,1 个手轮接口,具体实物及接口示意图如图 2-46 所示。

JD1B/JD1A/JA3:接口功能同上。

CP1D:I/O 模块电源接口,输入 DC 24 V。

CE56/CE57:I/O 模块两组输入/输出接口,每组 50 芯的 I/O 接口,24 入/16 出,引脚布置如图 2-47 所示。

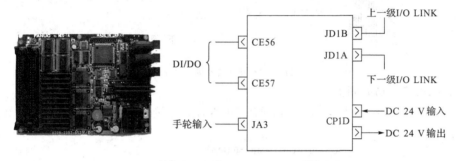

图 2-46　操作盘 I/O 模块实物及接口示意图

CE56			CE57		
	A	B		A	B
01	0 V	24 V	01	0 V	24 V
02	Xm+0.0	Xm+0.1	02	Xm+3.0	Xm+3.1
03	Xm+0.2	Xm+0.3	03	Xm+3.2	Xm+3.3
04	Xm+0.4	Xm+0.5	04	Xm+3.4	Xm+3.5
05	Xm+0.6	Xm+0.7	05	Xm+3.6	Xm+3.7
06	Xm+1.0	Xm+1.1	06	Xm+4.0	Xm+4.1
07	Xm+1.2	Xm+1.3	07	Xm+4.2	Xm+4.3
08	Xm+1.4	Xm+1.5	08	Xm+4.4	Xm+4.5
09	Xm+1.6	Xm+1.7	09	Xm+4.6	Xm+4.7
10	Xm+2.0	Xm+2.1	10	Xm+5.0	Xm+5.1
11	Xm+2.2	Xm+2.3	11	Xm+5.2	Xm+5.3
12	Xm+2.4	Xm+2.5	12	Xm+5.4	Xm+5.5
13	Xm+2.6	Xm+2.7	13	Xm+5.6	Xm+5.7
14	DICOM0		14		DICOM5
15			15		
16	Yn+0.0	Yn+0.1	16	Yn+2.0	Yn+2.1
17	Yn+0.2	Yn+0.3	17	Yn+2.2	Yn+2.3
18	Yn+0.4	Yn+0.5	18	Yn+2.4	Yn+2.5
19	Yn+0.6	Yn+0.7	19	Yn+2.6	Yn+2.7
20	Yn+1.0	Yn+1.1	20	Yn+3.0	Yn+3.1
21	Yn+1.2	Yn+1.3	21	Yn+3.2	Yn+3.3
22	Yn+1.4	Yn+1.5	22	Yn+3.4	Yn+3.5
23	Yn+1.6	Yn+1.7	23	Yn+3.6	Yn+3.7
24	DOCOM	DOCOM	24	DOCOM	DOCOM
25	DOCOM	DOCOM	25	DOCOM	DOCOM

图 2-47　CE56/CE57 引脚布置图

（3）分线盘 I/O 模块

　　分线盘 I/O 模块是一种分散型的 I/O 模块，能适应机床强电电路输入/输出信号的任意组合要求，由基本单元模块和最大三块扩展单元模块组成，当选择带手轮的扩展模块时，这一扩展模块必须安装在扩展模块 1 的位置上，分线盘 I/O 模块实物及接口示意图如图 2-48 所示。

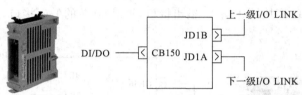

图 2-48　分线盘 I/O 模块实物及接口示意图

JD1B/JD1A：接口功能同上。

CB150：I/O 模块一组输入/输出接口，每组 50 芯的 I/O 接口，24 入/16 出，引脚布置如图 2-49 所示。

CB150 (HONDA MR-50RMA)

33	DOCOM			01	DOCOM
34	Yn+0.0			02	Yn+1.0
35	Yn+0.1	19	0 V	03	Yn+1.1
36	Yn+0.2	20	0 V	04	Yn+1.2
37	Yn+0.3	21	0 V	05	Yn+1.3
38	Yn+0.4	22	0 V	06	Yn+1.4
39	Yn+0.5	23	0 V	07	Yn+1.5
40	Yn+0.6	24	DICOM0	08	Yn+1.6
41	Yn+0.7	25	Xm+1.0	09	Yn+1.7
42	Xm+0.0	26	Xm+1.1	10	Xm+2.0
43	Xm+0.1	27	Xm+1.2	11	Xm+2.1
44	Xm+0.2	28	Xm+1.3	12	Xm+2.2
45	Xm+0.3	29	Xm+1.4	13	Xm+2.3
46	Xm+0.4	30	Xm+1.5	14	Xm+2.4
47	Xm+0.5	31	Xm+1.6	15	Xm+2.5
48	Xm+0.6	32	Xm+1.7	16	Xm+2.6
49	Xm+0.7			17	Xm+2.7
50	+24 V			18	+24 V

图 2-49　CB150 引脚布置图

（4）机床操作面板 I/O 模块

　　机床操作面板 I/O 模块直接安装在 FANUC 标准机床操作面板背面，模块不可以单独提供，具体实物及接口示意图如图 2-50 所示。

JD1B/JD1A/JA3：接口功能同上。

CA64(IN)：I/O 模块电源接口，输入 DC 24 V。

CA64(OUT)：输出 DC 24 V。

CM68/CM69：连接外部 I/O 信号，32 入/8 出。

CM65/CM66/CM67：操作按键与指示灯的输入/输出点，64 入/64 出。

JA58：连接悬挂式手轮。

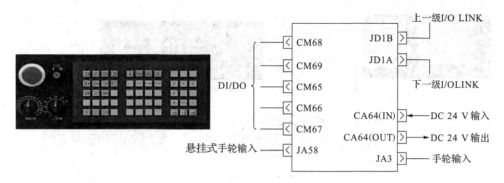

图 2-50 机床操作面板 I/O 模块实物及接口示意图

（5）其他常用 I/O 模块

FANUC 系统 I/O 模块是一种模块结构的 I/O 装置，能适应机床强电输入/输出任意组合的要求，实物如图 2-51 所示；I/O LINK 轴伺服放大器使用 β 系列 SVU（带 I/O LINK），可以通过 PMC 外部信号来控制伺服电动机进行定位，实物如图 2-52 所示。

图 2-51 FANUC 系统 I/O 模块

图 2-52 I/O LINK 轴

2. FANUC 系统 I/O LINK 的连接

FANUC 系统 I/O LINK 是一个串行接口，将 CNC、单元控制器、分布式 I/O、机床操作面板或 Power Mate 连接起来，并在各设备间高速传送 I/O 信号（位数据）。

当连接多个设备时，FANUC 系统 I/O LINK 将一个设备作为主单元，其他设备作为子单元。子单元的输入信号每隔一段时间送到主单元，主单元的输出信号也每隔一段时间送到子单元。在 0i-D 系列和 0i-Mate D 系列中，JD51A 插座位于 CNC 主板上。

I/O LINK 分为主单元和子单元。作为主单元的 0i/0i-Mate 系列控制单元与作为子单元的分布式 I/O 相连。子单元分为若干个组，一个 I/O LINK 最多可连接 16 组子单元。0i-Mate 系统中 I/O 的点数有所限制，根据单元的类型以及 I/O 点数的不同，I/O LINK 有多种连接方式。PMC 程序可以对 I/O 信号的分配和地址进行设定，I/O 点数最多可达1024/1024 点。I/O LINK 的两个插座分别叫作 JD1A 和 JD1B，电缆总是从一个单元的JD1A 连接到下一单元的 JD1B。JD1A 和 JD1B 的引脚分配都是一致的，不管单元的类型如何，均可按照图 2-53 来连接 I/O LINK。（保证 B 进 A 出的原则，最后一个 I/O LINK 的JD1A 口空置）

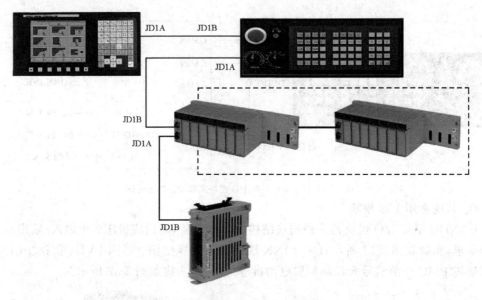

图 2-53　I/O LINK 实物连接示意图

3. FANUC 系统 I/O 模块的地址分配与设定

(1)组、基板(座)、槽的含义

FANUC 0i-D 的 I/O 模块中,I/O 点的相对地址与外部连接引脚的对应关系都是确定的,但是这些 I/O 模块起始地址 m、n 需要通过 CNC 系统进行设定。当 CNC 与 I/O 模块通过 I/O LINK 总线连接后,其物理位置通过组、基板(座)、槽来确定,连接图如图 2-54 所示。

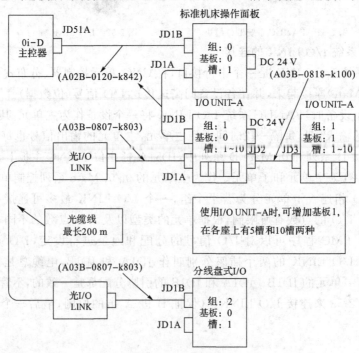

图 2-54　I/O 模块地址分配

①组：系统的 JDS1A 到 I/O 模块的 JD1B、I/O 模块的 JD1A 到下一模块的 JD1B，形成串行通信。每个从属的 I/O 模块是一个组，组的顺序以离系统的连线顺序依次定义为 0、1……$n(n \leqslant 15)$。

②基板（座）：对于特殊模块的 I/O 模块来说，在一个组中可以连接扩展单元。因此，对于基本模块和扩展模块可以分别定义成 0 座、1 座，对于其他的通用 I/O 模块来说都是默认的 0 座。

③槽：对于特殊模块的 I/O 模块来说，在每个座上都有相应的模块插槽，定义时要分别以安装的插槽顺序 1、2……10 来定义每个插槽的物理位置。

（2）I/O 地址的分配原则

FANUC 0i-D/Mate D 系统，由于 I/O 点、手轮脉冲信号都连在 I/O LINK 上，在 PMC 梯形图编辑之前都要进行 I/O 模块的设置（地址分配），同时也要考虑到手轮的连接位置。

①0i-D 系统的 I/O 模块的分配很自由，但有一个规则，即连接手轮的手轮模块必须为 16 字节，且手轮连在离系统最近的一个 16 字节大小的模块的 JA3 接口上。对于此 16 字节模块，X_{m+0}……X_{m+11}用于输入点（m 为该 I/O 模块的起始地址），即使实际上没有那么多点，但为了连接手轮也需要如此分配。X_{m+12}……X_{m+14}用于三个手轮的输入信号。只连接一个手轮时，旋转手轮可以看到 X_{m+12} 中的信号在变化。X_{m+15}用于输入信号的报警。另外，要注意急停按钮的连接，分配地址必须为 X0008.4。

②各 I/O 模块都有一个独立的名字，在进行地址设定时，不仅需要指定地址，还需要指定硬件模块的名字，OC02I 为模块的名字，它表示该模块的大小为 16 字节，OC01I 表示该模块的大小为 12 字节，/8 表示该模块有 8 个字节，I/O LINK 地址的字节数是靠 I/O 模块的名称所决定的，模块名称的输入见表 2-10，在模块名称前的 0.0.1 表示硬件连接的组、基板、槽的位置。从一个 JD1A 引出来的模块算是一组，在连接的过程中，要改变的仅仅是组号，从靠近系统的模块开始，数字从 0 逐渐递增。

表 2-10　　　　　　　　　　　　I/O 输入/输出字节与模块名称

I/O 点数	输入模块定义名称	输出模块定义名称
1B~8B(8~64 点)	/1~/8	/1~/8
12B(96 点)	OC01I	OC01O
16B(128 点)	OC02I	OC02O
32B(256 点)	OC03I	OC03O

③原则上 I/O 模块的地址可以在规定范围内任意定义，但是为了机床的梯形图被统一管理，最好按照以上推荐的标准定义。注意，一旦定义了起始地址（m），那么该模块的内部地址就分配完毕了。

④模块分配完毕后，要注意保存，然后机床断电再上电，分配的地址才能生效。同时注意模块要优先于系统上电，否则系统上电时无法检测到该模块。

⑤地址设定的操作可以在数控系统界面上完成，也可以在 FANUC LADDER-Ⅲ 软件中完成，0i-D 系统的梯形图编辑必须在 FANUC LADDER-Ⅲ 5.7 版本或以上版本才可以编辑。

注:有关手轮的连接设置说明

FANUC 的手轮是通过 I/O 模块连接到系统上的,连接手轮的模块在设定时,名称一定要设成 16 个字节,后四个字节中的前三个字节分别对应三个手轮的输入界面,当摇动手轮时可以观察到所对应的一个字节中有数值的变化,所以应用此界面可以判断手轮的硬件和接口的好坏。另外,若有不同的 I/O 模块都设定了 16 个字节,通常情况下只有连接到第一组的手轮有效(作为第一手轮时,FANUC 最多可连接三个手轮),如果需要更改到其他的后续模块,可通过参数 No.7105♯1、No.12305~No.12307 第一到第三手轮分配的 X 地址来设定。

(3)通过数控装置操作面板进行地址设定

CNC 与 0i 专用 I/O 模块(96 入/64 出)硬件连接如图 2-55 所示,该 I/O 模块 JA3 连接了手轮,需要分配的输入点字节数为 16,由于 I/O LINK 只连接一个 I/O 模块,组·基板·槽＝0·0·1,设定步骤如下:

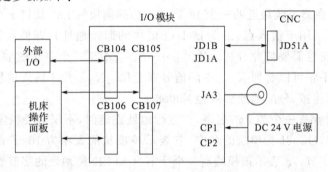

图 2-55　CNC 与 I/O 模块连接示意图

①按几次[SYSTEM],依次单击[+]、[PMCCNF]、[+]、[模块]、[(操作)]、[编辑],进入 I/O 模块设置页面。

| PMCMNT | PMCLAD | PMCCNF | PM. MGR | (操作) | + |

②移动光标,光标变成黄色,放在要设定的 X 地址的位置上,输入 0、0、1、OC02I,在面板上按下[INPUT],输入地址分配完毕,如图 2-56 所示。

③在 MDI 面板按下[→],出现 Y 地址组,放在要设定的 Y 地址的位置上,输入 0、0、1、OC01O,在面板上按下[INPUT],输出地址分配完毕,如图 2-57 所示。

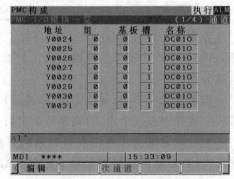

图 2-56　X 地址分配　　　　　　　　图 2-57　Y 地址分配

④设定完成后,进入 I/O 模块设置页面,将以上设置保存到 FLASH ROM 中。

按几次[SYSTEM],依次单击[+]、[PMCMNT]、[I/O],按下[→]、[F-ROM],再按下[↓]、[写]、[(操作)]、[执行],关机再开机,地址分配生效。

三　任务训练

任务1　写出实训装置 I/O 模块信息,填写在表 2-11 中。

表 2-11 I/O 模块信息

I/O 模块名称	输入地址分配		输出地址分配	
	输入范围	组·基板·槽·名称	输出范围	组·基板·槽·名称

任务2　完成如图 2-58 所示的 I/O 模块地址分配。

(1)要求操作盘 I/O 模块输入的起始地址为 7,输出起始地址为 0。

(2)分线盘 I/O 模块输入的起始地址为 30,输出起始地址为 4。

(3)写出手轮的输入地址。

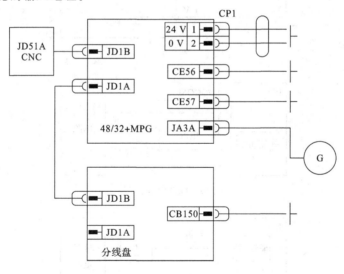

图 2-58　CNC 与 I/O 模块连接图

四　任务小结

地址分配学习要点:

1.地址分配时,要注意将 X0008.4、X0009.0~X0009.4 等高速输入点的分配包含在相应的 I/O 模块上。

2.不能有重组号的设定出现,会造成不正确的地址输出。

3.软件的设定组数量要和实际的硬件连接数量相对应(K906♯2 可忽略所产生的报警)。设定完成后需要保存到 FLASH ROM 中,同时需要再次上电后生效。

五 拓展提高——I/O 模块输入/输出的连接

当进行输入/输出信号的连线时,要注意系统的 I/O,输入(局部)/输出的连接方式有两种,按电流的流动方向,分为源型输入(局部)/输出和漏型输入(局部)/输出,决定使用哪种连接方式由 DICOM/DOCOM 输入和输出的公共端来决定。如图 2-59~图 2-62 所示。

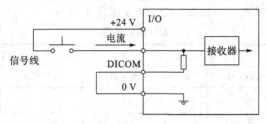

图 2-59 漏型输入示意图

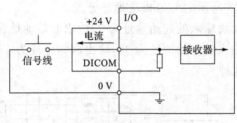

图 2-60 源型输入示意图

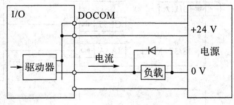

图 2-61 源型输出示意图

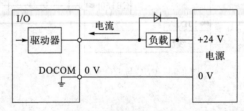

图 2-62 漏型输出示意图

(1)漏型输入

做漏型输入使用时,把 DICOM 端子与 0 V 端子相连接,+24 V 也可由外部电源供给。

(2)源型输入

做源型输入使用时,把 DICOM 端子与+24 V 端子相连接。

通常情况下,使用分线盘等 I/O 模块时,局部可选择一组 8 点信号,连接成漏型和源型输入通过 DICOM 端。原则上建议采用漏型输入即+24 V 开关量输入,避免信号端接地的误动作。

（3）源型输出

把驱动负载的电源接在印刷板的 DOCOM 上。（因为电流是从印刷板上流出的,所以称为源型）

（4）漏型输出

PMC 输出信号（Y）接通时,输出端子变为 0 V。（因为电流是流入印刷板的,所以称为漏型）

使用分线盘等 I/O 模块时,输出方式可全部采用源型和漏型输出,通过 DOCOM 端,但为安全起见,推荐使用源型输出即＋24 V 输出,同时在连接时注意续流二极管的极性,以免造成输出短路。

（5）接线举例

一般情况下,输入的接线方式采用源型还是漏型取决于接近开关的类型,是 NPN 还是 PNP？ 如图 2-63 所示为接近开关的接线方法。如图 2-64 和图 2-65 所示分别给出 PLC 漏型输入、源型输出的接线示意图,请同学们分析一下,PLC 漏型输入接线适合于 NPN 还是 PNP 接近开关？

图 2-63 三线制接近开关接线方法

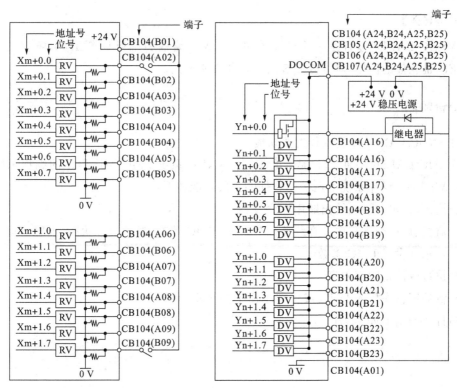

图 2-64 漏型输入接线示意图　　　　图 2-65 源型输出接线示意图

课后练习

1. 单手轮连接到不同组号的 I/O 模块上时,如何检查其硬件接口的好坏?

2. 画出一个接近开关(三线制)与 I/O 模块 CB150(输入地址 X0001.3)的接线图。

任务 5   FANUC LADDER-Ⅲ 软件使用

一　任务介绍

【任务环境】

本任务需要配置 FANUC 0i-D/Mate D 数控系统的实训装置、RS-232 电缆、计算机 (FANUC LADDER-Ⅲ 5.7 编程软件)。

【任务目标】

能够使用 FANUC LADDER-Ⅲ 5.7 编程软件对 FANUC 系统 PMC 程序进行编辑、修改、在线监测等。

【任务导入】

FANUC LADDER-Ⅲ 是一个非常有效的 PMC 编程和维修诊断工具,掌握 FANUC LADDER-Ⅲ软件的使用,对维修安装人员是非常必要的。

二　必备知识

1. FANUC LADDER Ⅲ 软件主要功能

FANUC LADDER-Ⅲ 软件是一套编制 FANUC 系统 PMC 顺序程序的编程系统。该软件在 Windows 操作系统下运行。软件的主要功能如下:

(1)输入、编辑、显示、输出顺序程序。

(2)监控、调试顺序程序。在线监控梯形图、PMC 状态,显示信号状态、报警信息等。

(3)显示并设置 PMC 参数。

(4)执行或停止顺序程序。

(5)将顺序程序传入 PMC 或将顺序程序从 PMC 传出。

(6)打印输出 PMC 程序。

2.窗口名称及功能

FANUC LADDER-Ⅲ软件显示的窗口名称如图 2-66 所示,主菜单及主要功能见表 2-12。

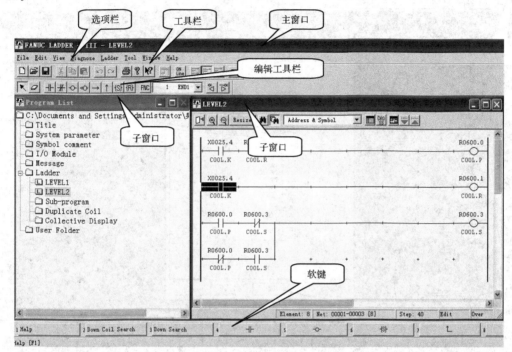

图 2-66　FANUC LADDER-Ⅲ软件窗口

表 2-12　　　　　　　　　　　FANUC LADDER-Ⅲ菜单功能

主菜单		主要功能
File	文件	进行程序制作、与存储卡和软盘间的数据输入/输出、程序打印等
Edit	编辑	进行编辑操作、检索、跳转等
View	显示	切换工具栏和软键的显示与不显示
Diagnose	诊断	显示 PMC 信号状态、PMC 参数、信号扫描等诊断界面
Ladder	梯形图	进行在线、离线的切换,监视、编辑的切换
Tool	工具	进行助记形式变换,梯形图文件编译、PMC 的通信等
Window	窗口	进行操作窗口的选择、窗口的排列
Help	帮助	显示主题的检索、帮助、版本信息等

3.新建 PMC 程序步骤

(1)新建 PMC 梯形图

对于 0i-D 数控系统 PMC 程序的编辑,在"开始"菜单中启动软件后单击"新建"按钮,在列表中选择 PMC 类型。如图 2-67 所示。

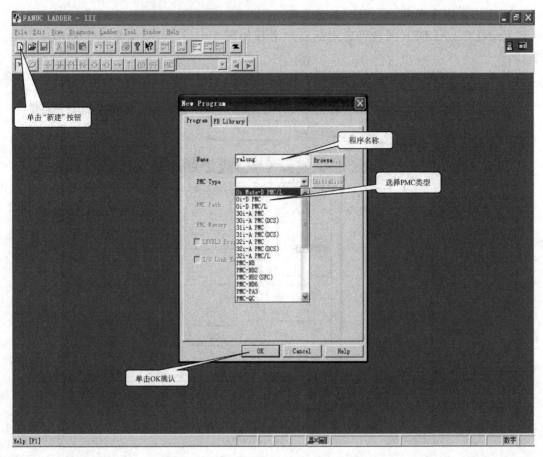

图 2-67 新建 PMC 梯形图

（2）编辑标题

双击"Program List"窗口中的"Title"选项，弹出"Edit Title"窗口，如图 2-68 所示。根据程序情况适当填写标题内容，此部分内容也可以不填写。

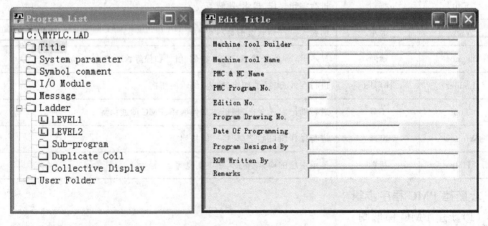

图 2-68 编辑标题窗口

（3）设置系统参数

双击"Program List"窗口中的"System parameter"选项，弹出"Edit System Parameter"窗口，如图 2-69 所示。

"Counter Data Type（计数器数据形式）"有"BINARY"和"BCD"两种形式。

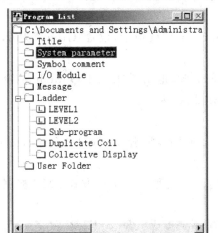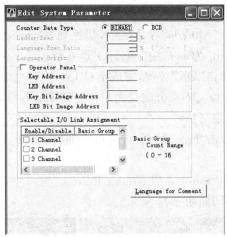

图 2-69   设置系统参数

（4）使用 FANUC LADDER-Ⅲ 软件分配 I/O LINK 的地址

打开 FANUC LADDER-Ⅲ 软件，双击"Program List"窗口中的"I/O Module"选项，弹出"Edit I/O Module"窗口，如图 2-70 所示。

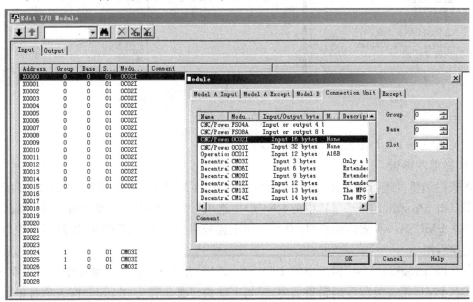

图 2-70   分配 I/O LINK 的地址

①在"Edit I/O Module"窗口中，切换到"Input"选项卡，双击 X0000 所在行，弹出"Module"对话框。

②在"Module"对话框中，切换到"Connection Unit"选项卡，设置"Group"为 0，"Base"为 0，"Slot"为 1。选中 OC02I 所在行，见图 2-70。机床操作面板为第 0 组，其 X 地址从

X0000 开始设为 0、0、1、OC02I，手轮连接在机床操作面板上，手轮的输入信号从 X0012 引入。

③单击"OK"按钮，完成 I/O LINK X 地址的分配，返回到"Edit I/O Module"窗口。

④在"Edit I/O Module"窗口中，再切换到"Output"选项卡，双击 Y0000 所在行，弹出"Module"对话框。

⑤在"Module"对话框中，切换到"Connection Unit"选项卡，设置"Group"为 0，"Base"为 0，"Slot"为 1；选中"OC01O"所在行。

⑥单击"OK"按钮，完成 I/O LINK Y 地址的分配，返回到"Edit I/O Module"窗口。

⑦I/O LINK 分配完之后，关闭"Edit I/O Module"窗口。

（5）定义信号

①双击"Program List"窗口中的"Symbol comment"选项，弹出"Symbol Comment Editing"窗口。

②在"Symbol Comment Editing"窗口中，定义上述程序类工作方式 PMC 控制项目的相关信号，如图 2-71 所示。

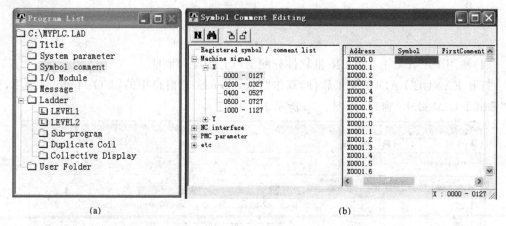

图 2-71　定义信号

③关闭"Symbol Comment Editing"窗口。

（6）梯形图编辑

在软件编辑区进行梯形图编辑，单击目录树下 LEVEL1 或 LEVEL2，如图 2-72 所示。

①双击"Program List"窗口中的 LEVEL1 选项，弹出 PMC 第一级程序编辑界面。

②在 PMC 第一级程序编辑界面中，编辑上述程序类工作方式 PMC 控制项目中急停解除控制梯形图。

③双击"Program List"窗口中的 LEVEL2 选项，弹出 PMC 第二级程序编辑界面。

④在 PMC 第二级程序编辑界面中，编辑上述程序类工作方式 PMC 控制项目中除急停解除控制之外的其余梯形图。

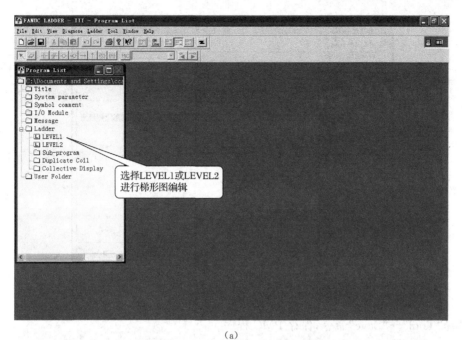

（a）

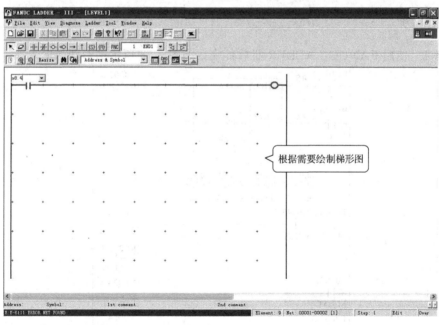

（b）

图 2-72 编辑梯形图

（7）编译 PMC 程序

①选择"Tool"→"Compile"命令，弹出"Compile"对话框。

②在"Compile"对话框中，单击"Exec"按钮，开始编译 PMC 程序，若编译结果为"error count＝000000 warning count＝000000"，则说明没有语法错误，编译成功，如图 2-73 所示。

③单击"Close"按钮，关闭"Compile"对话框。

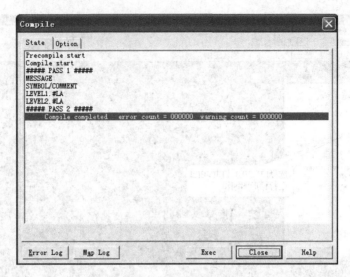

图 2-73　PMC 编译完成界面

(8)保存 PMC 程序

选择"Tool"→"Save"命令,保存 PMC 程序。

三　任务训练

任务 1　使用 FANUC LADDER-Ⅲ 软件完成如图 2-74 所示梯形图的输入。

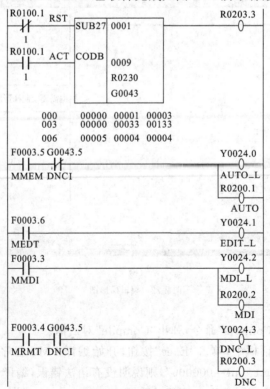

图 2-74　梯形图

功能指令编辑步骤：

步骤 1　在主界面找到 FNC 中的 CODB 指令，如图 2-75 所示。

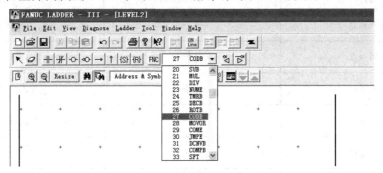

图 2-75　功能指令查找界面

步骤 2　单击 CODB 指令，显示如图 2-76 所示页面。

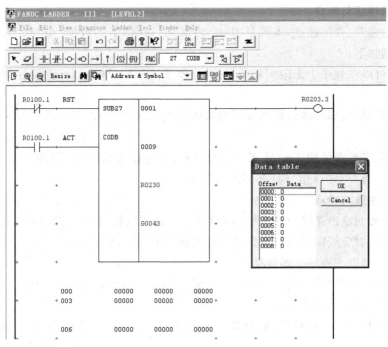

图 2-76　CODB 指令编辑

步骤 3　输入 CODB 指令所需各项条件，单击图 2-76 中的数据项，完成数据输入。

四　任务小结

在本任务中，熟悉 FANUC LADDER-Ⅲ 软件的操作界面，能够完成梯形图的编辑和输入。梯形图的在线传输、PMC 文件转换将在下一任务详细介绍。

五　拓展提高——梯形图编程基础

1. FANUC 0i-D 数控系统的梯形图编程符号

用梯形图编程时可以使用的基本逻辑符号见表 2-13。

表 2-13　　　　　　　　　　　　梯形图编程符号

名称	符号	可以使用地址
常开触点	─┤├─	X、Y、F、G、R、D
常闭触点	─┤/├─	X、Y、F、G、R、D
结果输出	─○─	Y、G、R、D
结果取反输出	─⊘─	Y、G、R、D
线圈复位	──(S)──	Y、G、R、D
线圈置位	──(R)──	Y、G、R、D

2. 触点的性质与特点

梯形图中常开、常闭触点,本质是 PMC 内部某一存储器的数据"位"状态,与继电器控制线路的区别如下:

(1)触点可以在程序中无限次使用,与继电器线路不同,继电器线路受实际触点数量的限制。

(2)在任何时刻,同一继电器的常开与常闭触点的状态是唯一的,常开与常闭触点不可能同时为"1"。

(3)触点除了常规的输入信号 X、Y、R、D 外,还包括来自 CNC 的输入信号 F,输出到 CNC 的信号 G 等,F 与 G 信号具有固定的含义。

3. 线圈的性质与特点

程序对线圈的输出是将 PMC 内部存储器的二进制数据"位"赋值(0 或 1)。PMC 对应输出地址置"1",对应线圈得电;PMC 对应输出地址置"0",对应线圈失电。

(1)线圈不可以在程序中多次赋值。

(2)程序严格按照梯形图从上到下、从左到右的次序执行;在同一个 PMC 程序循环时,不能改变已经执行完的输出状态。

(3)除了常规的输入信号 Y、R、D 外,还包括输出到 CNC 的信号 G 等,G 信号具有固定的含义。

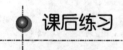 **课后练习**

FANUC LADDER-Ⅲ 软件的主要功能有哪些?

任务 6　PMC 数据备份与恢复

一　任务介绍

【任务环境】

本任务需要配置 FANUC 0i-D/Mate D 数控系统的实训装置、RS-232 电缆、计算机（FANUC LADDER-Ⅲ 5.7 编程软件）、存储卡（CF 卡）。

【任务目标】

通过存储卡分区方式和 RS-232C 接口对 FANUC 系统 PMC 数据进行备份与恢复方法的学习，能够熟练进行 PMC 数据的备份与恢复。

【任务导入】

PMC 数据主要有两种，一种是程序，另一种是参数。PMC 程序存储在 FLASH ROM 中，PMC 参数存储在 SRAM 中，PMC 参数主要包括定时器、计数器、保持型继电器、数据表等。前面学习了通过 BOOT 界面对数控系统参数及 PMC 程序进行备份与恢复，本任务重点介绍通过 CF 卡分区方式和 RS-232C 接口及 FANUC LADDER-Ⅲ 5.7 软件对 PMC 数据进行备份与恢复。

二　必备知识

1. 通过存储卡分区方式进行 PMC 数据备份和恢复

把 PMC 顺序程序从存储卡恢复到数控系统 FLASH ROM 中，从前面所学的知识中知道，SRAM 中的 PMC 程序在断电之后会丢失，所以必须把 PMC 程序保存到 FLASH ROM 中，这时还要选择向 FLASH ROM 写顺序程序的步骤。下面以 PMC 程序恢复为例，步骤如下：

（1）把存有 PMC 程序卡格式文件的 CF 卡插到数控系统的存储卡接口上。

（2）启动系统后，按下 OFS/SET 功能键，显示出"设定"界面。在"设定"界面中将"I/O 通道"设为 4，如图 2-77 所示。

（3）按下［SYSTEM］功能键，再连续按菜单软键［＋］，直到显示出［PMCMNT］软键，按下［PMCMNT］软键，显示出"PMC 维护"界面，如图 2-78 所示。

（4）按下［I/O］软键，显示出"PMC 数据输入/出"界面，通过 MDI 面板上的方向键，选择"装置"为"存储卡"，如图 2-79 所示。通过 MDI 面板上的方向键，选择"功能"为"读取"，如图 2-80 所示。

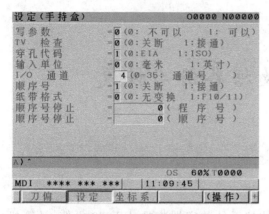

图 2-77 I/O 通道设置

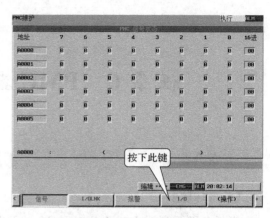

图 2-78 "PMC 维护"界面

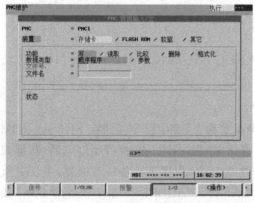

图 2-79 "PMC 数据输入/出"界面

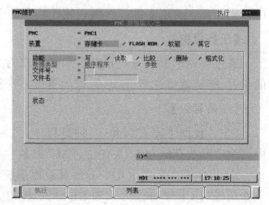

图 2-80 存储卡 PMC 恢复

（5）按下［（操作）］软键，显示出［列表］软键。

（6）按下［选择］软键，系统将把所选 PMC 程序卡格式文件的文件号与文件名显示到相应的选项中，按下［执行］软键，系统将立即停止 PMC 的运行，并开始读取存储卡中的 PMC 程序卡格式文件，当读取完毕时，在状态栏中将显示"正常结束"。

（7）通过 MDI 面板上的方向键，选择"装置"为 FLASH ROM，如图 2-81 所示。

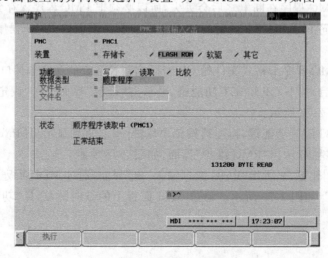

图 2-81 存储卡 PMC 备份

（8）通过 MDI 面板上的方向键,选择"功能"为"写",按下"执行"软键,系统将把从"存储卡"中读取的 PMC 程序卡格式文件写入 FLASH ROM 中。写入完毕时,在状态栏中将显示"正常结束"。

（9）在 MDI 面板上依次按软键[SYSTEM]、[＋]、[PMCCNF]、[PMCST]、[操作]、[启动],开始运行 PMC 程序,PMC 程序恢复完成。

利用存储卡分区备份 PMC 数据时,PMC 数据从数控系统 SRAM 备份到存储卡,设置方法与上述步骤类似,只是 PMC 参数保存在 SRAM 中,没有向 FLASH ROM 写的过程。

2. 使用计算机 RS-232C 与 0i-D(PMC)之间传输设置

FANUC 0i-D 系统中 RS-232C 插座接口有两个:JD36A 和 JD36B,在传输之前应先确认所插接口。为保证通信畅通,必须先对 CNC 及 FANUC LADDER-Ⅲ 5.7 软件进行通信设置。具体设置方法如下:

（1）CNC 需设定的参数

参数 020＝1,选择使用通道 1(选择通道 JD36A 时,设为 0 或 1,JD36B 设为 2,CF 卡设为 4)。

参数 024＝0,不改变 PMC 联机设定界面的设定值。

若选用通道 1,则需对下面参数进行设定。

111:停止位数设定(2 位,111♯0＝1)。

112:I/O 设备号(使用 RS-232C,♯112＝0)。

113:波特率为 9 600。

或者通过 PMC"在线监测参数"界面进行设置,界面如图 2-82 所示。

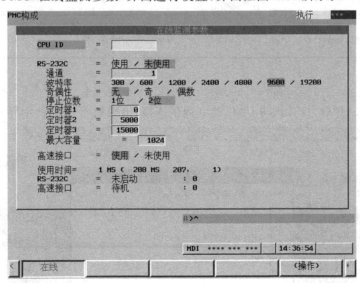

图 2-82　PMC 在线监测参数设置

在 MDI 面板上依次按软键[SYSTEM]、[＋]、[PMCCNF]、[＋]、[在线]出现"在线监测参数"界面。

（2）计算机上的设定

打开 FANUC LADDER-Ⅲ 软件，新建程序，选择 PMC 类型。

在"Tool"菜单中选择"Communication"（通信），设定与 CNC 参数一致，单击"Connect"（连接），如图 2-83 所示。

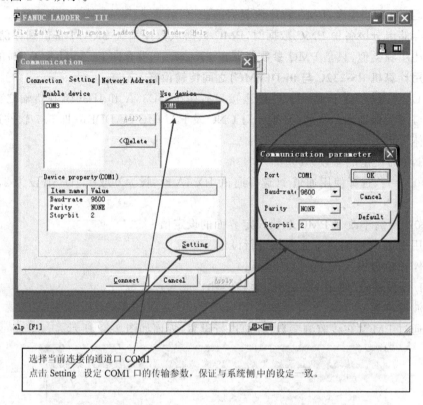

图 2-83　FANUC LADDER-Ⅲ 软件通信设定

单击"Connect"后，计算机与 CNC 建立通信连接，出现如图 2-84 所示界面。

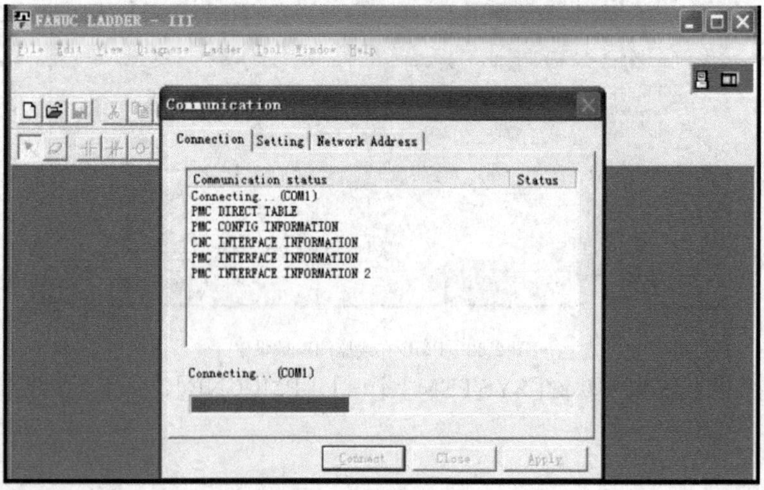

图 2-84　通信连接界面

建立好连接后,关闭界面,在"Tool"菜单中选择上传或下载即可。如图 2-85 所示为选择从 PMC 到计算机的上传界面,选择"Load from PMC"后,出现程序传送向导,如图 2-86所示,选择需要传送的内容。

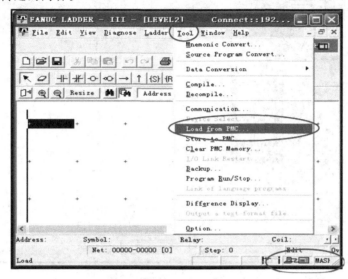

图 2-85　PMC 程序传送到计算机

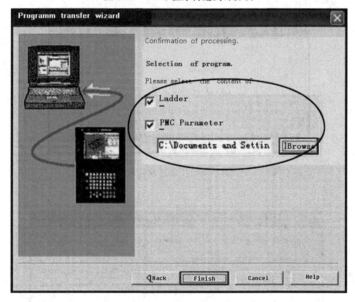

图 2-86　程序传送向导

按照提示的步骤,一步步操作,传输结束界面如图 2-87 所示,单击"Finish",从 FANUC系统向计算机传输 PMC,如图 2-88 所示显示传输进程。

传出的 PMC 程序必须经过反编译才能在 FANUC LADDER-Ⅲ上出现梯形图,在如图2-89所示对话框中单击"Yes"进行反编译。反编译后的梯形图在线监控运行状态如图 2-90 所示。

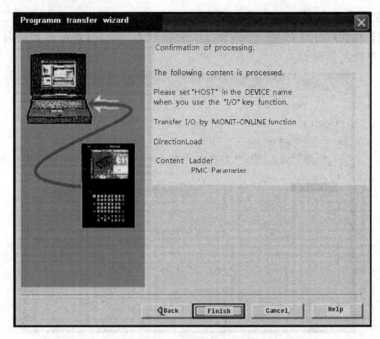

图 2-87　传输结束

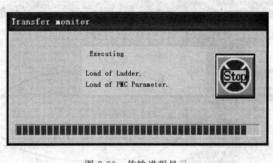

图 2-88　传输进程显示

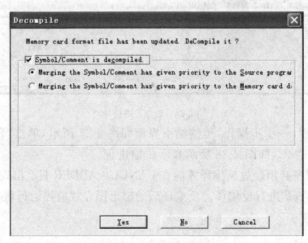

图 2-89　PMC 程序反编译

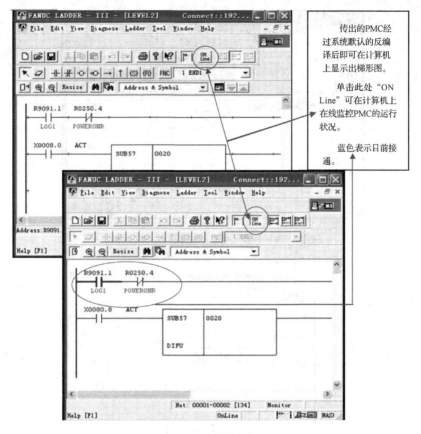

图 2-90　PMC 程序在线监控

3. PMC 存储卡与计算机格式文件之间的转换

(1)M-CARD 格式(.001)→计算机格式(.LAD)

通过存储卡备份的 PMC 梯形图称为存储卡格式的 PMC。由于其为机器语言格式,不能由计算机的 LADDER-Ⅲ直接识别和读取以及修改和编辑,所以必须进行格式转换。同样,在计算机上编辑好的 PMC 程序也不能直接存储到 M-CARD 上,也必须通过格式转换,然后才能装载到 CNC 中。

①运行 FANUC LADDER-Ⅲ软件,在该软件下新建一个类型与备份的 M-CARD 格式的 PMC 程序类型相同的空文件。

②选择"File"中的"Import"(即导入 M-CARD 格式文件),软件会提示导入的源文件格式,选择 M-CARD 格式即可,如图 2-91 所示。

③按照软件提示的步骤一步步执行,即可将 M-CARD 格式的 PMC 程序转换成计算机可直接识别的.LAD 格式文件。

(2)计算机格式(.LAD)→M-CARD 格式(.001)

把计算机格式(.LAD)的 PMC 转换成 M-CARD 格式的文件后,可以将其存储到 M-CARD上,通过 M-CARD 装载到 CNC 中,而不用通过外部通信工具(例如:RS-232C 或网线)进行传输。

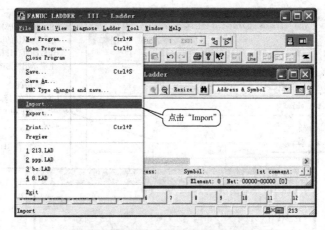

图 2-91 文件导入

在 FANUC LADDER-Ⅲ软件中打开要转换的 PMC 程序。先在"Tool"中选择"Compile"，将该程序编译成机器语言，如图 2-92 所示，如果没有提示错误，则编译成功，如果提示有错误，要退出修改后重新编译，然后保存，再选择"File"中的"Export"。

图 2-92 对梯形图进行编译

三　任务训练

任务 1　利用 RS-232 接口进行 PMC 的备份与恢复。

1. 系统侧设定

(1)在 MDI 面板上依次按软键[SYSTEM]、[+]、[PMCCNF]、[+]、[在线],出现"在线监测参数"界面。

(2)将"RS-232C"置于"使用","通道"设置为 JD36A:1,JD36B:2;"波特率"设置为 9 600 或 19 200,"奇偶性"为无,"停止位数"为 2 位,并设定其他传输 PMC 的参数。

(3)将参数 24 设为 0。

2. 计算机 FANUC LADDER-Ⅲ 软件设置与操作

(1)运行 FANUC LADDER-Ⅲ。

(2)单击"Tool"下的"Communication",进入"Communication"的设定界面。

(3)用光标在"Enable device"栏选择当前连接的通信口,如 COM1。单击"Setting"设定 COM1 口的传输参数。保证与系统中的设定一致。

(4)单击"Setting",把刚才设定的通信口添加到"Use device"一侧,然后单击"Connect"后,计算机与 CNC 建立通信连接。

3. PMC 数据备份与恢复

(1)建立好连接后,关闭"Communication"界面,单击"Tool"下的"Load from PMC",可以选择传输 LADDER 或 PMC Parameter(PMC 参数)进行 PMC 的备份。

(2)单击"Tool"下的"Store to PMC",可以把编辑好的并经过编译(Compile)的 PMC (二进制数据格式)传入 CNC 系统中。

任务 2　利用存储卡进行 PMC 程序备份。

根据操作,写出利用存储卡分区备份 PMC 程序的步骤。

四　任务小结

1. 关于 FANUC 0i-Mate D PMC 界面操作

在 MDI 面板上依次按软键[SYSTEM]、[扩展键]直到出现图 2-93 所示的关于 PMC 软键菜单。

| PMCMNT | PMCLAD | PMCCNF | PM. MGR | （操 作） | + |

图 2-93　与 PMC 有关的操作软键

在[PMCMNT]、[PMCLAD]、[PMCCNF]三个软键中,分别有如图 2-94 所示功能菜单。

2. FANUC LADDER-Ⅲ 软件应用

(1)使用 FANUC LADDER-Ⅲ 软件编写梯形图过程如下:新建 PMC 程序文件→编辑标题→设置系统参数→定义信号→编辑 PMC 程序→编译 PMC 程序→保存 PMC 程序→传送 PMC 程序到 CNC。

(2)M-CARD 格式(.001)→计算机格式(.LAD)。

(3)计算机格式(.LAD)→M-CARD 格式(.001)。

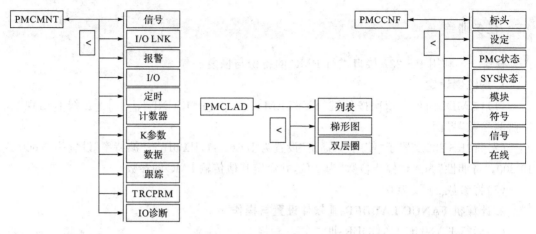

图 2-94   与 PMC 有关的界面

五 拓展提高——梯形图追踪功能应用

PMC 中的追踪功能（Trace）可以检查信号变化的履历,记录信号连续变化的状态,特别对一些偶发性的、特殊故障的查找、定位有重要的作用。

1. PMC 信号的追踪

追踪的设定:用功能键[SYSTEM]切换屏幕,依次按[PMCMNT]、[TRCPRM]软键,出现如图 2-95 所示界面,根据表 2-14 中的含义进行设定。

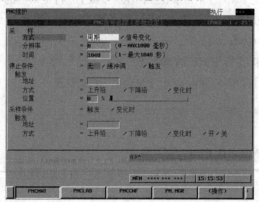

图 2-95   PMC 信号追踪参数设定

表 2-14   **PMC 信号追踪参数含义表**

组	项目		含义
采样	方式	周期	每隔一段时间记录信号
		信号变化	信号变化时记录
	分辨率		采样周期的设定
	时间		设定周期方式的采样时间
停止条件	条件	无	用软键停止
		缓冲满	用时间或帧指定的次数停止
		触发	指定信号的状态变化时停止
	触发		设定触发停止条件时的信号状态
	采样条件		设定信号变化方式下的采样条件

在设定信号追踪参数界面第二页中,根据监控需要设置采样信号(最多32个信号),如图 2-96 所示。

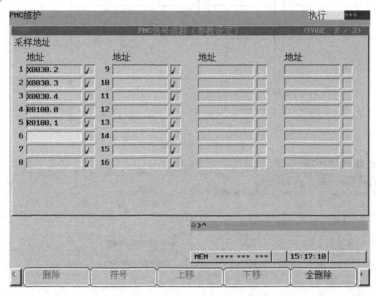

图 2-96　设置采样信号

用功能键[SYSTEM]切换屏幕,按[PMCMNT]软键→[跟踪]即可进入"PMC 信号追踪"界面,如图 2-97 所示。

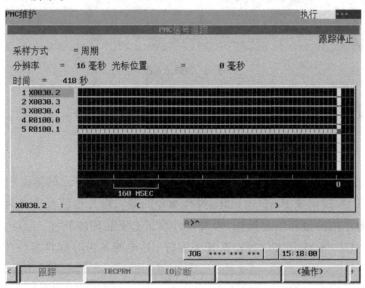

图 2-97　"PMC 信号追踪"界面

2.追踪应用实例

机床出现瞬间报警,通过报警历史以及 PMC 程序查找问题,如图 2-98 所示,信号是瞬间出现,可以通过追踪功能分析故障产生的原因,在追踪界面(图 2-99)可以看出由于条件 3 瞬时出现,导致报警发生。

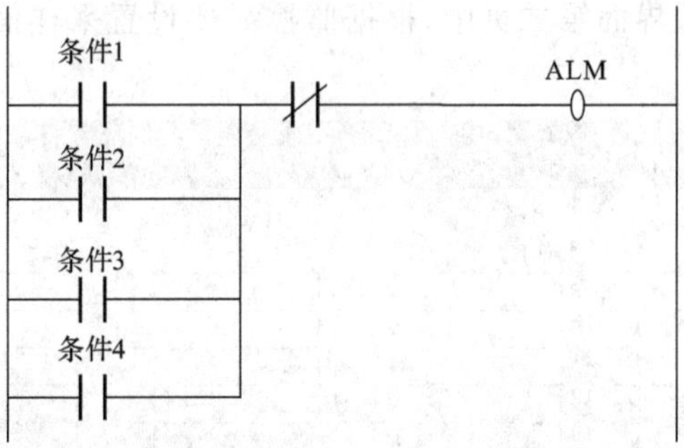

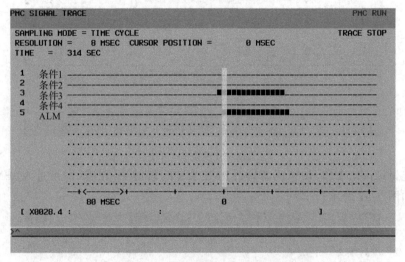

图 2-98　PMC 报警梯形图

图 2-99　故障追踪界面

课后练习

1.判断题

(1)FANUC 0i-D 的 I/O LINK 网络配置功能可确定 I/O 单元的地址范围。　（　　）

(2)FANUC 0i-D 集成 PMC 的机床、操作面板的输入信号地址首字母为 Y。　（　　）

(3)PMC 程序的备份和恢复操作,需要在计算机上安装相应软件。　（　　）

(4)在 FANUC 0i-Mate TD 数控系统中进行 CF 卡的备份时应将参数 20 号修改为 2。

　（　　）

(5)FANUC 0i-Mate TD 数控系统不用开启引导界面也能将数据传入 CF 卡。　（　　）

(6)FANUC 0i-Mate TD 数控系统的数据文件中只有用户文件才能够被修改。　（　　）

(7)PMC 顺序程序一旦被写入到 FLASH ROM 中,就不能再更改。　（　　）

(8)需要 FANUC 专用软件才能在电脑上打开梯形图,并进行编辑。　（　　）

(9)带手轮的 I/O 模块进行地址分配时,额外至少要多分配 4 个字节。　（　　）

(10)在强制 PMC 信号时,无论强制什么信号都必须停止梯形图运行。　（　　）

2.什么时候使用数据备份？如何进行备份/恢复操作？

任务1 进给伺服硬件连接

一 任务介绍

【任务环境】

本任务需要配置 FANUC 0i-D/Mate D 数控系统的实训装置、数控实训装置连接配电盘、万用表。

【任务目标】

通过对 FANUC 数字伺服放大器接口的学习,提高数控机床进给轴读图、连接的能力。

【任务导入】

进给伺服系统是根据数控装置发出控制指令来驱动的执行机构,可以实现机床的精确进给运动,其特点是位置随动、精确定位。

在前面的任务中只是介绍了 CNC、伺服放大器及伺服电动机之间的信号流程,如图 3-1 所示,在本任务中我们重点学习 FANUC 系统数字伺服的硬件接口功能及连接方法。

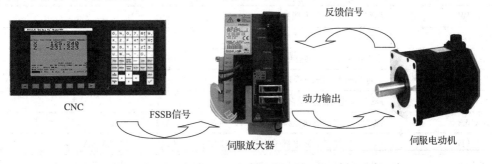

图 3-1 进给伺服的信号流程

二 必备知识

1. FANUC 系统伺服放大器、伺服电动机介绍

2000 年前后,FANUC 公司先后推出 α 系列和 αi 系列伺服放大器,CNC 至伺服放大器采用总线连接,称为 FSSB(FANUC 串行伺服总线),α 系列伺服放大器和 αi 系列伺服放大器的不同之处是,α 系列伺服信息通过串行数据线传输而 αi 系列的通过高速串行总线(光缆)传输。αi 系列伺服放大器采用 HRV 高响应矢量控制技术,大大提高了伺服控制的刚性和追踪精度,适用于高精度的轮廓加工。βi 伺服放大器是 FANUC 公司推出的性价比卓越的进给驱动装置,一般用于小型机床的进给伺服驱动,大、中型加工中心的附加伺服轴驱动或加工中心刀库、机械手的转臂控制等。

2. FANUC 系统 βi 伺服放大器硬件连接

(1)βi SV 伺服放大器接口说明

对于不带主轴的 βi 伺服放大器,不需要独立的电源模块,放大器外形接口如图 3-2 所示,接口功能说明见表 3-1。

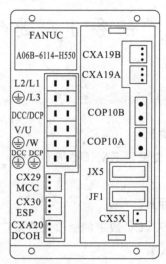

图 3-2   βi SV 伺服放大器实物及接口示意图

表 3-1   **βi 伺服放大器端口说明**

端口	作用
L1、L2、L3	主电源输入端接口,三相交流电源 200 V、50/60 Hz
U、V、W	伺服电动机的动力线接口
DCC、DCP	外接 DC 制动电阻接口
CX29	主电源 MCC 控制信号接口
CX30	急停信号(＊ESP)接口
CXA20	DC 制动电阻过热信号接口
CXA19A	DC 24 V 控制电路电源输入接口。连接外部 24 V 稳压电源
CXA19B	DC 24 V 控制电路电源输出接口。连接下一个伺服单元的 CXA19A
COP10A	伺服高速串行总线(HSSB)接口。与下一个伺服单元的 COP10B 连接(光缆)
COP10B	伺服高速串行总线(HSSB)接口。与 CNC 系统的 COP10A 连接(光缆)
JX5	伺服检测板信号接口
JF1	伺服电动机内装编码器信号接口
CX5X	伺服电动机编码器为绝对编码器时的电池接口

(2)βi SV 伺服放大器与模拟主轴的硬件连接

CNC 与 βi SV 伺服放大器连接图如图 3-3 所示,通过 FSSB 总线与伺服放大器连接

COP10A→COP10B,伺服电动机动力电缆的连接通过 CZ5,反馈电缆通过 JF1,当伺服放大器 4 A 与 20 A 采用分离型放电电阻时,DCC/DCP 连接至伺服放大器的 CZ7 接口,TH1/TH2 连接至 CXA20 接口。采用内置放电电阻时,将 CXA20 短接。CX5X 连接电池,给伺服电动机编码器供电。

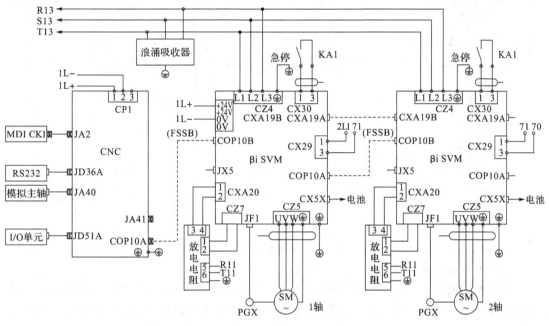

图 3-3　CNC 与 βi SV 伺服放大器连接图

①系统上电顺序

当按下 NC 送电按钮时,如图 3-4 所示,中间的继电器 KA0 线圈得电,CNC 的 CP1 及伺服放大器的 CXA19B 通入 DC 24 V,若系统未处于急停状态,CX30 的 KA1 触点也闭合,则 KA1 线圈得电,如图 3-5 所示。若系统无故障,伺服放大器 CX29 接口的内部触点闭合,当 CX29 闭合时,交流接触器的线圈 KM0 得电吸合,KM0 主触点闭合,伺服放大器主电源供电,伺服放大器的主电源一般采用三相 220 V 的交流电源。

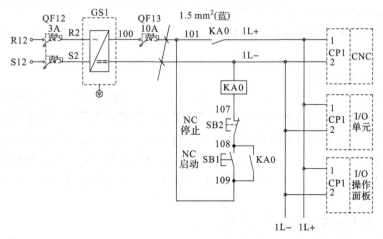

图 3-4　CNC 系统送电图

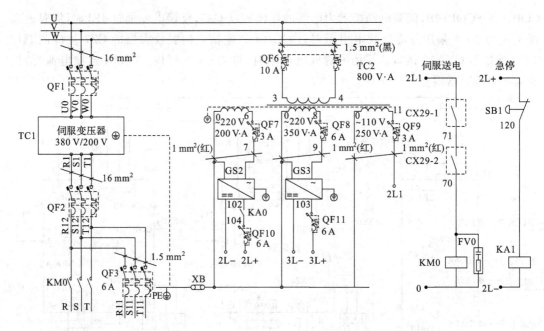

图 3-5　伺服送电及急停回路图

②急停控制回路

急停控制回路一般由两部分构成,一个是 PMC 急停控制信号 X0008.4;另外一路是伺服放大器的 CX30 的 ESP 端子,这两部分任意一个断开就出现报警,ESP 断开出现 SV401报警,X0008.4 断开出现 ESP 报警。这两部分都是通过一个元件来处理的,就是急停继电器 KA1。

(3)FANUC βi SVSP 一体型伺服放大器＋串行主轴硬件连接

βi 的伺服放大器中,带主轴的放大器 SVSP 是一体型伺服放大器,连接如图 3-6 所示。其接口及送电过程与单体伺服放大器基本相同,这里不再赘述。CNC 的 JA41 串行主轴输出口连接至伺服放大器的 JA7B 口,TB2 连接串行伺服主轴电动机的动力线,主轴电动机内装编码器的反馈线连接至 JYA2。

3.FANUC 系统 αi 伺服放大器硬件连接

伺服放大器输入电压为 DC 300 V(DC 600 V 高压型)时,需要电源模块(PSM)配合使用。

(1)FANUC 电源模块

电源模块将 L1、L2、L3 输入的三相交流电(200 V)整流、滤波成直流电(300 V),为主轴驱动模块和伺服模块提供直流电源;将 200R、200S 控制端输入的交流电转换成直流电(DC 24 V、DC 5 V),为电源模块本身提供控制回路电源;通过电源模块的逆变块把电动机的再生能量反馈到电网,实现回馈制动,FANUC 电源模块实物及接口示意图如图 3-7 所示。

①TB1:直流电源(DC 300 V)输出端,该接口与主轴模块、伺服模块的直流输入端连接。

②CX1A:控制电路电源输入 200 V、3.5 A。

③CXA2A:均为 DC 24 V 输出。

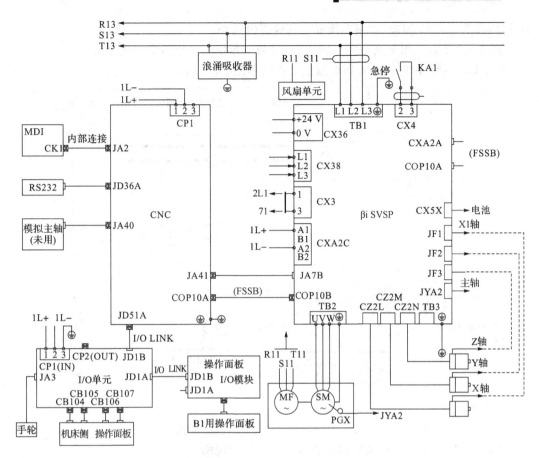

图 3-6　CNC 与 βi SVSP 一体伺服放大器连接图

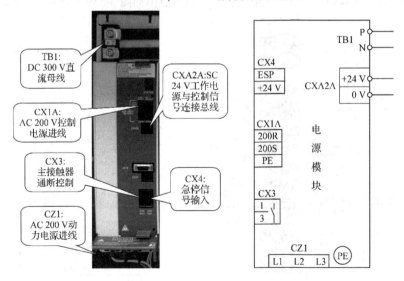

图 3-7　FANUC 电源模块实物及接口示意图

④CX3：主电源 MCC（常开点）控制信号接口。一般用于电源模块三相交流电源输入主接触器的控制。

⑤CX4：＊ESP 急停信号接口。一般与机床操作面板的急停开关的常闭点相接，不用该

信号时,必须将 CX4 短接,否则系统处于急停报警状态。

⑥L1、L2、L3:三相交流 200 V 输入,一般与三相伺服变压器输出端连接。

FANUC 系统 αi 伺服放大器电源供电框图如图 3-8 所示。

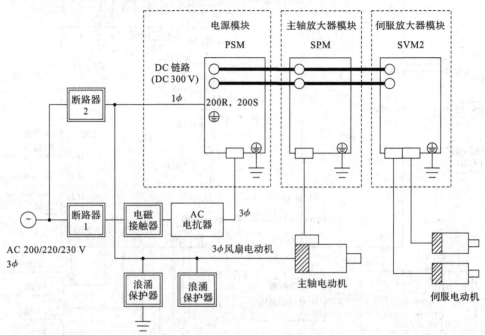

图 3-8 FANUC 系统 αi 伺服放大器供电框图

(2)FANUC 系统 αi 双轴型伺服放大器接口功能说明

FANUC 系统 αi 双轴型伺服放大器实物及接口示意图如图 3-9 所示,端口功能说明见表 3-3。

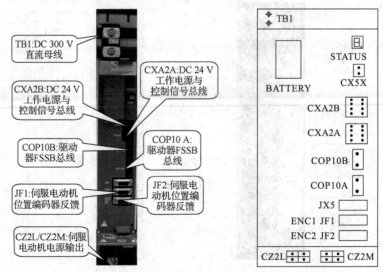

图 3-9 FANUC 系统 αi 双轴型伺服放大器实物及接口示意图

表 3-2	FANUC 系统 αi 双轴型伺服放大器端口说明
端口	作用
TB1	主电源输入端,DC 300 V
BATTERY	伺服电动机绝对编码器的电池盒(DC 6 V)
CX5X	绝对编码器电池的接口
CXA2A	DC 24 V 电源、∗ESP 急停信号、XMIF 报警信息输入接口,与前一个模块的 CXA2B 相连
CXA2B	DC 24 V 电源、∗ESP 急停信号、XMIF 报警信息输出接口,与后一个模块的 CXA2A 相连
COP10A	伺服高速串行总线(FSSB)输出接口。与下一个伺服单元的 COP10B 连接(光缆)
COP10B	伺服高速串行总线(FSSB)输入接口。与 CNC 系统的 COP10A 连接(光缆)
JX5	伺服检测板信号接口
JF1、JF2	伺服电动机编码器信号接口
CZ2L、CZ2M	伺服电动机动力线连接插口

(3)FANUC 系统 αi 伺服放大器硬件连接

伺服放大器模块接收通过 FSSB 输入的 CNC 指令来驱动伺服电动机运转。同时 JF 接口接收伺服电动机编码器反馈信号,并将位置信息通过 FSSB 光缆再传输到 CNC 中,如图 3-10 所示为 FANUC 系统 αi 伺服放大器硬件连接。

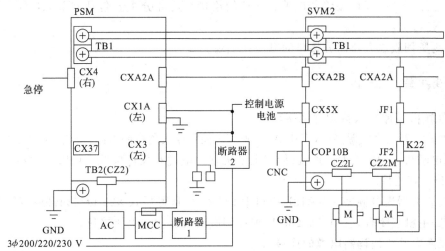

图 3-10 FANUC 系统 αi 伺服放大器硬件连接

三 任务训练

任务 熟悉数控车床进给伺服放大器的连接。

1. 电源部分

(1)βi 伺服放大器外部电源连接

根据实验台实物绘制伺服放大器主电源电路图(三相 AC 200 V),记录连接低压电器的规格型号,填入表 3-3 中。

(2)控制电源连接

控制电源采用 DC 24 V 电源,主要用于伺服控制电路 CXA19B 供电。记录连接低压电器的规格型号,填入表 3-3 中。

表 3-3　　　　　　　　　　　　　电源部分的连接

部件名称	型号	作用
三相变压器		
单相变压器		
断路器 1		
断路器 2		
接触器		
开关电源		

2. βi 伺服放大器接口电缆的连接

(1)CNC 与伺服放大器光缆连接(FSSB 总线)。FANUC 的 FSSB 总线采用光缆通信,在硬件连接方面,遵循从 A 到 B 的规律,即 COP10A 为总线输出,COP10B 为总线输入,需要注意的是光缆在任何情况下都不能强行弯折,以免损坏。

(2)CNC 与伺服电动机的连接。

(3)急停、放电电阻、编码器电池、MCC 的连接。这部分主要包括 CX30、CZ7、CXA20、CX5X、CX29。

(4)测量伺服放大器部分接口的电压并记录。

四　任务小结

1. 理解 βi 伺服放大器硬件连接功能

伺服放大器动力电源接口(三相 AC 200 V),伺服放大器控制电源(单相 AC 200 V,DC 24 V),伺服电动机与伺服放大器连接(伺服电动机动力电缆和反馈电缆),伺服放大器放电电阻连接,急停回路连接。

伺服放大器送电顺序:CXA19B 接口中 DC 24 V 接通后,CX29 接口内部触点闭合,KM 线圈通电,主触点闭合,三相 AC 200 V 加在伺服放大器动力电源接口。

2. 注意电动机编码器电缆的连接

在维修中不要随意插拔电动机编码器电缆,要注意观察伺服放大器是否有电池。

 课后练习

分析如图 3-11 所示数控系统的硬件连接图,说出主要接口的作用。

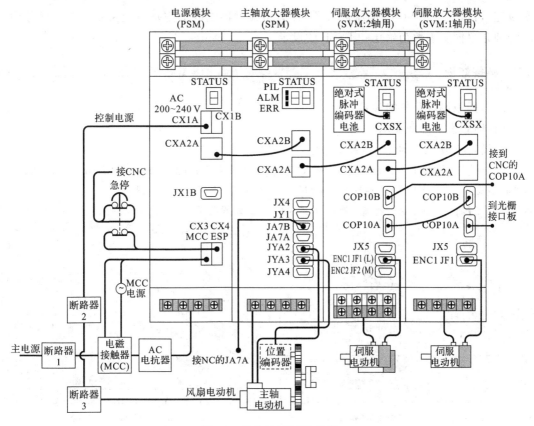

图 3-11 数控系统硬件连接图

任务 2 伺服参数初始化及 FSSB 设定

一 任务介绍

【任务环境】

本任务需要配置 FANUC 0i-D/Mate D 数控系统的实训装置、FANUC 数控系统参数手册、FANUC 数控系统维修手册。

【任务目标】

针对 FANUC 数控系统的数控机床,能够熟练地设置伺服参数,并理解其含义。

【任务导入】

在 FANUC 0i 系列中,伺服参数是最重要的,也是维修和调试中干预最多的参数,可以通过伺服参数初始化和调整,把机床信息和伺服电动机信息提供给数控系统。FANUC 数控系统通过光缆将 CNC 与伺服放大器以及分离型检测器连接并进行高速信息交换,采用 FSSB 连接可大幅减少电气安装部分所需电缆。在 FSSB 硬件连接的基础上,通过 FSSB 参数设定,可以建立 CNC 与伺服放大器、分离型检测器之间的主从对应关系。在本任务中,将详细介绍伺服参数初始化和 FSSB 的设定。

二　必备知识

1.与伺服设定有关的参数

(1)伺服设定界面显示

①设置参数 3111♯0＝1,系统断电,再上电。

②连续按[SYSTEM]软键三次进入"参数设定支援"界面,如图 3-12 所示,将光标移动到"伺服设定"上,然后按[(操作)]软键进入如图 3-13 所示的"伺服设定"界面。

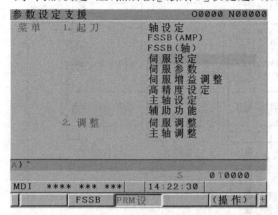

图 3-12 "参数设定支援"界面

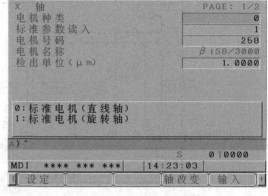

图 3-13 "伺服设定"界面

③在"伺服设定"界面上依次按[(操作)]、[选择]、[→]和[切换],出现如图 3-14 所示的"伺服设定"界面。按[PAGE DOWN]键,显示第 3 轴伺服设定界面。

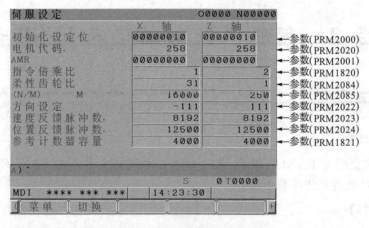

图 3-14 "伺服设定"界面

(2)伺服初始化需确定的信息

伺服设定前需了解数控机床伺服信息,见表 3-4。

表 3-4　　　　　　　　伺服信息

CNC 的型号	例如 0i-Mate D
伺服电动机的型号	例如 iS4/3000
电动机内置编码器的种类,有无分离型检测装置(半闭环还是全闭环)	例如 全闭环
电动机每转动一周工作台的位移量(丝杠的导程、传动比)	例如 10 mm/rev
机床的检测单位	例如 0.001 mm
CNC 的指令单位	例如 0.001 mm

(3)伺服初始化设置参数说明

①初始化设定位——PRM2000

	#7	#6	#5	#4	#3	#2	#1	#0
2000					PRMCAL		DGPRM	PLC01

注意　　修改该页面参数时,一般将初始化设定位全部设置成"00000000"。当初始化设定正常结束时,在下次进行 CNC 电源的 OFF/ON 操作时,自动地设定为 DGRPM(♯1) ="1"、PRMCAL(♯3)="1"。

♯0(PLC01):设定为"0"时,检测单位为 1 μm,FANUC 系统使用参数 2023(速度脉冲数)、2024(位置脉冲数)。设定为"1"时,检测单位为 0.1 μm,把上面系统参数的数值乘以 10。

♯1(DGPRM):设定为"0"时,系统进行数字伺服参数初始化设定,当伺服参数初始化设定结束后,该位自动变成"1"。

♯3(PRMCAL):进行伺服参数初始化设定时,该位自动变成"1"(FANUC 0C/0D 系统无此功能)。根据编码器的脉冲数自动计算下列参数:PRM2043、PRM2044、PRM2047、PRM2053、PRM2054、PRM2056、PRM2057、PRM2059、PRM2074、PRM2076。

②电动机代码——PRM2020

FLASH ROM 中写有多种电动机数据,如何从中选择一组合适的电动机数据并写到 SRAM 中,只需正确选择各轴所使用的电动机代码,就可以从 FLASH ROM 中读取相匹配的数组。FANUC 标准电动机代码见表 3-5 和表 3-6。

表 3-5　　　　　　　　**αiS 系列电动机规格表**

电动机类型	αiS 1/5000	αiS 2/6000	αiS 4/5000	αiS 8/6000
电动机规格	0212	0234	0215	0240
电动机代码	262	284	265	240
电动机类型	αiS 12/4000	αiS 22/4000	αiS 30/4000	αiS 40/4000
电动机规格	0238	0265	0268	0272
电动机代码	288	315	318	322

表 3-6　　　　　　　　**βiS 系列电动机规格表**

电动机类型	βiS 0.2/5000	βiS 0.3/5000	βiS 0.4/5000	βiS 0.5/6000	βiS 12/3000
电动机规格	0111	0112	0114	0115	0078
电动机代码	260	261	280	281	272

续表

电动机类型	βiS 1/6000	βiS 2/4000	βiS 4/4000	βiS 8/3000	βiS 22/2000
电动机规格	0116	0061	0063	0075	0085
电动机代码	282	253	256	258	274

③AMR 的设定——PRM2001

此参数相当于伺服电动机极数的参数。若是 αiS、αiF、βiS 电动机,则务必将其设定为"00000000"。

④指令倍乘比的设定——PRM1820

设定从 CNC 到伺服系统移动量的指令倍乘比。各参数设定关系如图 3-15 所示。CMR=指令单位/检测单元。

当 CMR=1～48 时,设定值=CMR×2;

当 CMR=$\frac{1}{2}$～$\frac{1}{127}$时,设定值=$\frac{1}{CMR}$+100。

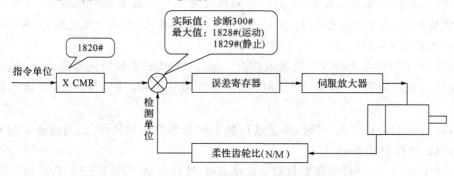

图 3-15　指令倍乘比的设定参数关系

⑤柔性齿轮比的设定

●半闭环时直线轴设定

参数 PRM2084 对应柔性齿轮比分子 N,参数 PRM2085 对应柔性齿轮比分母 M,柔性齿轮比的计算公式为

$$\frac{柔性齿轮比分子\ N \leqslant 32\ 767}{柔性齿轮比分母\ M \leqslant 32\ 767} = \frac{电动机每旋转一周所需的位置脉冲数}{1\ 000\ 000}$$

●全闭环时直线轴设定

全闭环柔性齿轮比的计算公式为

$$\frac{柔性齿轮比分子\ N \leqslant 32\ 767}{柔性齿轮比分母\ M \leqslant 32\ 767} = \frac{相对移动一定距离所需的位置脉冲数}{相对移动一定距离来自分离型检测器的脉冲数}$$

●设定举例

龙门 X 轴(αiF40/3000 FAN),使用海德汉 1 V_{pp} LB382C(栅距=40 μm,内插倍率=512,分辨率=40 μm/512)直线尺,电动机和丝杠为 2:5 的减速比,丝杠螺距为 10 mm。

分析　电动机每旋转一周(10 mm),直线轴移动距离为 10×0.4 mm,所需的脉冲数为 4 mm/1 μ=4 000;移动 4 mm 时分离型检测器的脉冲数为:移动距离/分辨率=4 mm/(40 μ/512)=51 200。

所以

$$\frac{柔性齿轮比分子\ N}{柔性齿轮比分母\ M} = \frac{4\ 000}{51\ 200} = \frac{5}{64}$$

警告 若柔性进给齿轮比设置错误,将不能运行出合格的位移。

⑥电动机回转方向的设定——PRM2022

机床正向移动时伺服电动机旋转方向的设定:从脉冲编码器方向看,沿顺时针方向旋转设置"111";从脉冲编码器方向看,沿逆时针方向旋转设置"-111"。电动机旋转方向设定如图3-16所示。

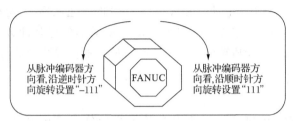

图3-16 电动机旋转方向设定

确定电动机旋转方向的值时,首先要明确机床坐标系及其正方向所在。一般可这样操作:在断电情况下,用手柄转动丝杠,记录坐标轴正方向运动时电动机的转向(从脉冲编码器端看),如X轴正向运动,发现伺服电动机逆时针旋转,则将此时X轴电动机的方向设定为"-111",其他轴亦然。

上述做法只适合水平轴。对于垂直轴,不管是断电状态还是通电状态,轴总是处于自锁状态,因此,只能先设定后验证,再作调整。

警告 不正确的方向设定可能导致机床超程或损坏。在电动机方向确定之前,操作者必须以较低的手动倍率移动机床,时刻观察移动部件的运动,防止机床超程。

⑦速度反馈脉冲数——PRM2023、位置反馈脉冲数——PRM2024

● 半闭环时

速度反馈脉冲数:8192(当电动机是αiS、βiS、αiF时)。

位置反馈脉冲数:12500(当电动机是αiS、βiS、αiF时)。

● 全闭环时(并行、串行光栅尺)

速度反馈脉冲数:8192(当电动机是αiS、βiS、αiF时)。

位置反馈脉冲数:电动机每旋转一周光栅尺的反馈脉冲数。

为位置脉冲数设定一个当电动机旋转一周从分离型检测器反馈的脉冲数(柔性齿轮比处理之前)。

● 设定举例

在使用螺距为10 mm的滚珠丝杠(直接连接)、具有0.5 μm/脉冲分辨率的分离型检测器的情形下:

$$电动机旋转一周的反馈脉冲数 = \frac{滚珠丝杠的螺距(10 \ mm)}{光栅尺的分辨率(0.000\ 5\ mm)} = 20\ 000$$

因此,位置脉冲数为20 000。

位置脉冲数的计算值大于32 767时,请使用位置脉冲转换系数(No.2185),以位置脉冲数和转换系数这两个参数的乘积设定位置脉冲数,例如,位置脉冲数为160 000,此值超过32 767,不在伺服设定界面上的位置脉冲数范围内,这种情形下可进行如下设定:

No.2024=16 000

No. 2185＝10

⑧参考计数器容量——PRM1821

● 半闭环

参考计数器容量 ＝ 电动机旋转一周所需的位置脉冲数

● 设定举例

龙门 X 轴（αiF 30/3000），电动机和丝杠以 1∶3 的减速比连接，丝杠螺距为 10 mm。

若减速比为 1∶1，则电动机旋转一周（10 mm）所需的位置脉冲数＝10/0.001＝10 000 脉冲。考虑减速比之后，电动机旋转一周（10 mm）所需的位置脉冲数为 10 000/3 脉冲。

注意　参考计数容量计算为非整数时，需要用真分数设定，不可进行四舍五入设定，否则回零不准确。

在 0i 数控系统中，PRM1821 设定参考计数容量分子，PRM2179 设定参考计数容量分母。

● 全闭环

参考计数容量＝Z 相（参考点）的间隔/检测单位 Z 相的间隔＝50 mm，检测单位＝

1 μm 时，参考计数容量＝$\dfrac{50}{0.001}$＝50 000。

断开 CNC 的电源，然后再接通。至此，伺服的初始化设定结束。

2. FSSB（AMP）设定

FANUC 数控系统通过光缆将 CNC 和伺服放大器以及分离型检测器连接并进行高速信息交换，采用 FSSB 连接可大幅减少机床电气安装部分所需的电缆。FSSB 串行结构的特点是，数控轴与伺服轴之间的对应关系可以灵活地定义，不像早期 FANUC 数控系统数控排序与伺服之间必须一一对应。

（1）FSSB（AMP）设定界面

按功能键[SYSTEM]，再按扩展功能键[＞]几次，直到显示"参数设定支援"界面，如图 3-17 所示；按软键[FSSB]切换屏幕至"放大器设定"界面，如图 3-18 所示。FSSB（AMP）可建立驱动器与轴号之间的对应关系，通过修改轴号可改变放大器与轴号之间的对应关系。

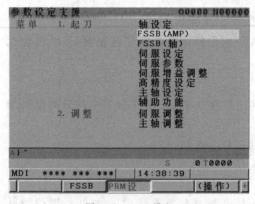
图 3-17　FSSB 设定

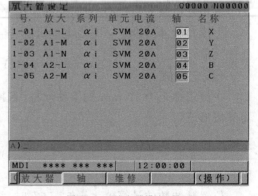
图 3-18　"放大器设定"界面

（2）放大器设定页面相关信息说明

①号——从属装置号

FSSB 的 0i 系列数控系统中，伺服放大器和分离型检测器通过光缆连接。放大器称作从属装置,因此每个轴相当于一个从属装置,一个两轴的放大器有两个从属装置,一个三轴的放大器有三个从属装置。从属装置从最靠近 CNC 的位置开始从 1 开始顺序编号,如图3-19 所示。

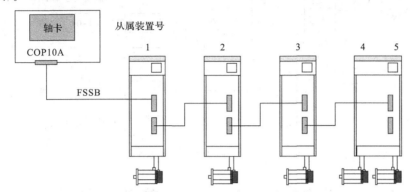

图 3-19 FSSB 连接与从属装置号的关系

②放大——放大器类型

A 表示放大器类型,离 CNC 最近的放大器编号为 1,依次编号。L/M/N 表示放大器所带的进给轴,L 表示第一轴,M 表示第二轴,N 表示第三轴。如 A2-M 表示第二个伺服放大器连接的第二个伺服电动机。

③系列、单元、电流

显示放大器的信息,是连接的数控系统自动识别的,不可修改。

④轴、名称——控制轴号及名称

显示的控制轴号与参数 1023 中设定的伺服轴号相对应,FSSB 自动寻找。如需要修改放大器与轴的对应关系,可以在放大器设定页面直接修改,显示控制轴号的轴名称,在参数 1020 中设定。

1020	各轴名称								
轴名称	X	Y	Z	A	B	C	U	V	W
设定值	88	89	90	65	66	67	85	86	87

1023	各轴的伺服轴号

(3)FSSB 设置举例

建立与伺服的对应关系时,必须设定下列伺服参数:

参数 No. 1023 表示各轴的伺服轴号(即伺服通道排序),参数 No. 1905 表示接口类型和光栅适配器接口,参数 No. 1936、No. 1937 表示光栅适配器连接器号,参数 No. 14340～14349 及 No. 14376～14391 表示从属器转换地址号。通常利用 FSSB 设定界面、输入轴和放大器的关系进行轴设定的自动计算,即自动设定参数(No. 1023,No. 1905,No. 1936、No. 1937,No. 14340～14349,No. 14376～14391)。

CNC 与伺服放大器 FSSB 连接图如图 3-20 所示,第一个伺服放大器连接 Y 轴电动机,第二个伺服放大器连接 X 轴电动机,第三个伺服放大器连接 A 轴和 Z 轴电动机。若想光缆连接位置不变而连接伺服电动机功能改变而要在轴那一栏改变序号即可,设置如图 3-21 所示。

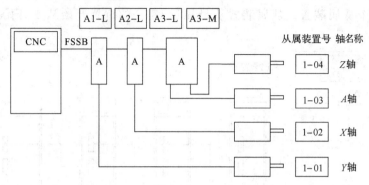

图 3-20 CNC 与伺服放大器 FSSB 连接图

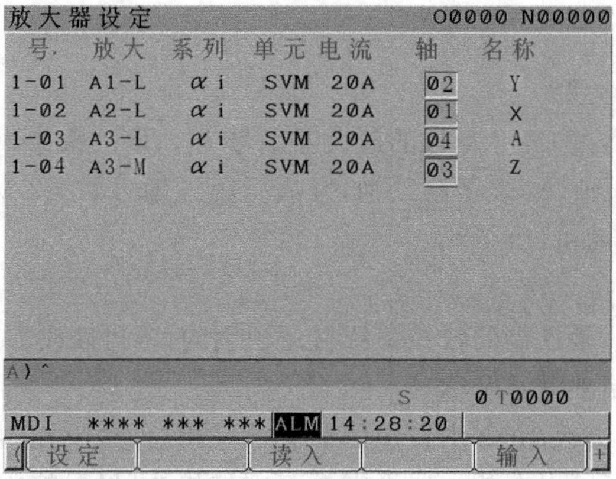

图 3-21 FSSB 设定界面

3. FSSB(轴)设定

建立驱动器号同分离型检测器接口号及相关伺服功能之间的对应关系。

半闭环伺服系统控制一般不用设定 FSSB(轴)参数,将参数设为 0 即可,全闭环应根据用于外置检测器接口单元的连接器号进行设定,"轴设定"界面如图 3-22 所示。

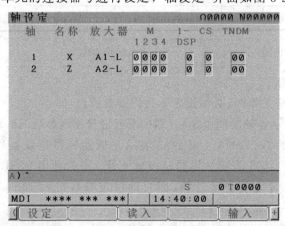

图 3-22 "轴设定"界面

①轴:控制轴号,按 CNC 连接的控制轴顺序显示。

②名称:控制轴名称。

③放大器:连接到每个轴的伺服放大器。

④M1~M4:若使用外置检测器接口单元作为位置检测反馈的伺服轴,需要设置对应的连接器号,若没有使用外置检测器接口单元的伺服轴,显示为0。

⑤1-DSP:设置一个DSP进行HRV3控制的最大轴数,0表示没有限制。

⑥CS:若把主轴设置成伺服轴控制,称为CS轮廓控制轴,则在CS处设置主轴号。若没有,CS设置为0。

⑦TNDM:在坐标轴上安装两个伺服电动机,使得该方向上移动转矩倍增,称为双点控制(Tandem)。若安装两个伺服电动机,则将主控轴设为奇数,从控轴设为偶数,不使用则设为0。

三 任务训练

任务1 伺服参数初始化。

FANUC 0i-Mate TD系统半闭环数控车床,X轴和Z轴滚珠丝杠螺距为5 mm,伺服电动机与丝杠直连,伺服电动机规格为βiS 4/4000(代码256),机床检测单位为0.001 mm,数控指令单位为0.001 mm,伺服参数初始化具体数值填写入表3-7中,并在实训中通过伺服设定界面设置参数。

表 3-7   伺服初始化参数

参数名	X轴	Z轴
初始化设定位		
电动机代码		
AMR		
指令倍乘比		
柔性齿轮比 N		
(N/M)M		
方向设定		
速度反馈脉冲数		
位置反馈脉冲数		
参考计数器容量		

注意 在参数设定后,要先断电再上电,以使参数设置生效。

实训步骤:

1.显示伺服参数初始化设定界面和伺服调整界面。

2.进入伺服参数初始化设定界面进行参数设定。

3.验证参数设定是否正确。

(1)通过点动坐标轴,观察X轴、Z轴正方向是否正确。

(2)观察X轴、Z轴坐标移动一个丝杠螺距时,电动机轴是否转一圈。

任务2 FSSB 参数设置。

实训步骤：

1.实训装置中 CNC 与伺服放大器及伺服电动机的连接如图 3-23 所示,现更改光缆连接方式如图 3-24 所示。

2.根据具体连接方式自行设置 FSSB 参数。

3.在 JOG 方式下验证结果的正确性。

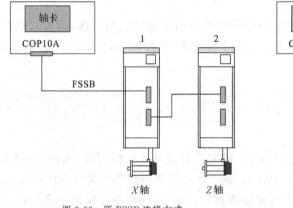

图 3-23 原 FSSB 连接方式   图 3-24 更改后 FSSB 连接方式

四 任务小结

在今后的系统以及数字伺服维修过程中,熟知各类重要参数的调整,特别是熟悉重要伺服参数的设置和调整,对调试和维修工作也是非常必要的。

1.熟悉伺服参数初始化的设定页面操作。

2.根据具体机床参数,如丝杠的螺距、传动比等,进行伺服参数的设定。

3.根据硬件连接进行 FSSB 设定。

五 拓展提高——全闭环改半闭环参数设置

数控机床维修时,将控制方式从全闭环改为半闭环,是判断光栅尺故障最有效的手段。

如何将全闭环改为半闭环? 对于 FANUC 0i 系列,仅需修改参数,不需要改动任何硬件状态。所需修改的参数如下:

(1)1815♯ b1(OPTx)=0 使用内置编码器作为位置反馈。(半闭环方式)

(2)在伺服界面修改 N/M 参数,根据丝杠螺距等计算 N/M。

(3)将位置脉冲数改为 12 500(最小检测单位=0.001)。

(4)正确计算参考计数器容量,对于 10 mm 直连丝杠,参考计数器容量设为 10 000。

注意 在修改之前应将原全闭环伺服参数记录下来,以便今后能正确恢复。

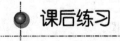 课后练习

1.某一卧式数控车床,系统采用 FANUC 0i-Mate D,已知 X 轴丝杠的螺距为 6 mm,且

伺服电动机与丝杠 1∶2 连接；Z 轴丝杠的螺距为 8 mm，伺服电动机与丝杠是直连。为了保证加工精度，如何设定柔性齿轮比（N/M）、速度脉冲数、位置脉冲数和参考计数？

2. 如何进行伺服初始化设定？

任务 3　轴参数设定

一　任务介绍

【任务环境】

本任务需要配置 FANUC 0i-D/Mate D 数控系统的实训装置、FANUC 数控系统参数手册、FANUC 数控系统维修手册。

【任务目标】

通过对 FANUC 0i 系列轴参数含义和设置的学习，具备数控机床进给轴参数设置调试的能力。

【任务导入】

数控系统的参数主要用于完成数控系统与机床结构和机床各种功能的匹配，使数控机床的性能达到最佳。在数控机床维修中，熟知数控系统中各类重要参数的设置与调整，对于维修工作非常重要。对于数控系统，其参数的数量是很大的，有没有办法快速设置与调试？本任务我们就通过 FANUC 系统"参数设定支援"界面实现进给轴参数的快速设置与调试。

二　必备知识

1. FANUC 0i 数控系统参数的分类与功能

FANUC 0i 数控系统的参数按照数据的形式大致可分为位型和字型。其中位型又分为位型和位轴型，字型又分为字节型、字节轴型、字型、字轴型、双字型、双字轴型，共八种，具体见表 3-8。

表 3-8　　　　　　　　　　FANUC 0i 数控系统参数类型

数据类型	有效数据范围	备注
位型	0 或 1	
位轴型		
字节型	−128～127	在一些参数中不使用符号
字节轴型	0～255	
字型	−32 768～32 767	在一些参数中不使用符号
字轴型	0～65 535	

数据类型	有效数据范围	备注
双字型	$-99\ 999\ 999 \sim 99\ 999\ 999$	
双字轴型		

注:①对于位型和位轴型参数,每个数据由 8 位组成。每个位都有不同的意义。

②轴型参数允许分别设定给每个轴。

③上表中,各数据类型的数据值范围为一般有效范围,具体的参数值范围实际上并不相同,请参照各参数的详细说明。

2. 机械设备的规格、要求

(1)坐标轴的编码器类型

半闭环数控机床是绝对编码器还是增量编码器,FANUC 0i 数控系统一般通过观察伺服放大器上是否有电池来确定,一般伺服放大器上有电池连接,即可认为是绝对编码器。全闭环通过查看光栅尺型号来确定。

(2)数控系统的配置、机床精度要求、快移速度等

根据数控系统配置、机床精度要求等确定设定单位和检测单位是 $1\ \mu m$ 还是 $0.1\ \mu m$。机床坐标轴快速移动的 G0000 速度可以在参数 1420 中进行设置。

3. "参数设定支援"界面进行与轴相关的 CNC 参数初始化设定

在"参数设定支援"界面中可以根据提示的参数信息,一步一步进行设定,使机床启动时需要进行最低限度的参数设置并予以显示。本任务只介绍进给轴部分的参数,通过设置这些参数,坐标轴能够实现点动、回零等基本功能。

首先连续按[SYSTEM]键三次进入"参数设定支援"界面,如图 3-25 所示,轴设定参数分为五组,分别为基本、主轴、坐标、进给速度及加减速。

步骤 1 基本组参数说明。

(1)标准值设定

按[PAGE UP/PAGE DOWN]键数次,显示出"轴设定(基本)"界面,如图 3-26 所示,然后按下软键[GR 初期],初始化完成的参数见表 3-9。

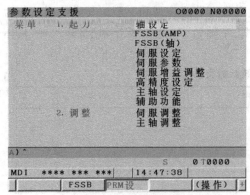

图 3-25 "参数设定支援"界面

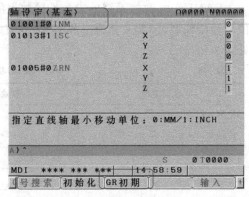

图 3-26 "轴设定(基本)"界面

表 3-9   初始化完成后基本组参数

基本组参数	初始值		基本组参数	初始值	
01020	X	88	01023	X	1
	Z	90		Z	2
01022	X	1	01829	X	500
	Z	3		Z	500

表 3-9 参数说明:参数初始化与 CNC 系统外部硬件连接相关,本表初始化实例为两轴数控机床。

01020	各轴名称

X:88 Y:89 Z:90 U:85 V:86 W:87 A:65 B:66 C:67

CNC 机床轴名称代表的运动方向和右手直角坐标系的关系如图 3-27 所示。直线进给运动的坐标系(X、Y、Z)由右手定则决定。绕 X、Y、Z 轴转动的圆,进给坐标轴分别用 A、B、C 表示,坐标轴相互关系由右手螺旋法则而定。U、V、W 则表示与 X、Y、Z 轴平行的坐标轴。

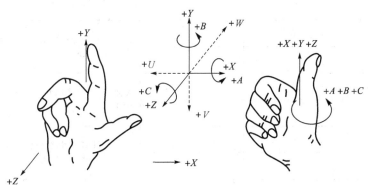

图 3-27　右手直角坐标系

01022	各轴属性的设定

0:既不是平行轴也不是基本轴;1:基本轴中的 X 轴;2:基本轴中的 Y 轴;3:基本轴中的 Z 轴;5:平行轴 U 轴;6:平行轴 V 轴;7:平行轴 W 轴。

01023	各轴的伺服轴号

此参数设定各控制轴与第几号伺服轴对应。通常将控制轴号与伺服轴号设定为相同值。

[数据形式]字节轴型　[数据范围]$1,2,3\cdots n$

01829	每个轴停止时的位置偏差极限

在没有给出移动指令时,位置偏差量超出该设定值时出现 SV0410 报警。

[数据类型]双字轴型　　[数据单位]检测单位　　[数据范围]$0 \sim 99\,999\,999$

（2）没有标准值的参数设定见表 3-10

表 3-10　　　　　　　　　　　需要手动设定的参数

基本组参数	设定值		含　义
01001#0	X	0	将 X 轴、Z 轴的最小移动单位设置为公制单位（系统默认）
	Z	0	
01005#0	X	0	回零方式设定，X 轴、Z 使用有挡块回参考点方式，一般适用于增量编码器。绝对编码器一般设置为无挡块方式
	Z	0	
01005#1	X	1	未建立参考点时，不发生报警，允许轴移动
	Z	1	
01006#0	X	0	将 X 轴、Z 轴设为直线轴（系统默认）
	Z	0	
01006#3	X	1	X 轴的移动指令为直径指定值
	Z	0	
01013#0,#1	X	0	X 轴、Z 轴最小输入单位、移动单位为 0.001 mm
	Z	0	
01815#1	X	0	X 轴、Z 轴为半闭环。若为全闭环，设定值为 1
	Z	0	
01815#4	X	0	使用增量编码器，此位为 0；绝对编码器参考点建立后设置此位为 1
	Z	0	
01815#5	X	0	X 轴、Z 轴为增量编码器，若为绝对编码器，设定值为 1
	Z	0	
01825	X	5 000	伺服环增益设置较大值时，位置控制响应加快，但设定值过大会影响伺服系统的稳定性
	Z	5 000	
01826	X	10	X 轴、Z 轴到位宽度，单位为 μm。调试时此值可适当放大
	Z	10	
01828	X	8 000	移动中的位置偏差量极限 = 快移速度 ×1.2/（伺服环增益×60）
	Z	8 000	

表 3-10 中参数设置说明：

	#7	#6	#5	#4	#3	#2	#1	#0
01001								INM

#0：INM，直线轴的最小移动单位。0 为公制单位；1 为英制单位。

	♯7	♯6	♯5	♯4	♯3	♯2	♯1	♯0
01005							DLZx	ZRNx

　　♯0:ZRNx,未建立参考点,运行 G0028 指令以外的轴移动。0 为发生报警 224,禁止轴移动;1 为不发生报警 224,允许轴移动。

　　♯1:DLZx,0 为使用挡块回参考点;1 为无挡块回参考点。

	♯7	♯6	♯5	♯4	♯3	♯2	♯1	♯0
01006					DIAx			ROTx

　　♯0:ROTx,设定直线轴或旋转轴。0 为直线轴;1 为回转轴。

　　♯3:DIAx,各轴的移动指令。0 为半径指定;1 为直径指定。

	♯7	♯6	♯5	♯4	♯3	♯2	♯1	♯0
01013							ISCx	ISAx

　　♯1:ISCx;♯0:ISAx。各轴的设定单位如下:

设定单位	♯1 ISCx	♯0 ISAx	数据最小单位/mm
IS-A	0	1	0.01
IS-B	0	0	0.001
IS-C	1	0	0.0001

	♯7	♯6	♯5	♯4	♯3	♯2	♯1	♯0
01815			APCx	APZx			OPTx	

　　♯1:OPTx,位置检测器,0 为不使用分离式脉冲编码器;1 为使用分离式脉冲编码器。

　　♯4:APZx,位置检测器,使用绝对位置检测器时,机械位置与绝对位置检测器之间的位置对应关系,0 为尚未建立;1 为已经建立。

　　♯5:APCx,位置检测器,0 为绝对位置检测器以外的检测器;1 为绝对位置检测器(绝对脉冲编码器)。

01825	每个轴的伺服环增益

设定伺服响应,标准值设定为 3 000。位置偏差量＝进给速度/(60×环路增益)

［数据类型］字轴型　　　［数据单位］0.01/sec　　　［数据范围］1 ～ 65 535

01826	每个轴的到位宽度

　　机械位置和指令位置的偏离(位置偏差量的绝对值)比到位宽度还要小时,假定机械已经达到指令位置,即视其已经到位。

［数据类型］双字轴型　　　［数据单位］检测单位　　　［数据范围］0 ～ 99 999 999

01828	每个轴在移动中的位置偏差量极限

　　移动中位置偏差量超过移动中的位置偏差量极限值时,发出伺服报警(SV0411),操作瞬时停止(与紧急停止相同)。

［数据类型］双字轴型　　［数据单位］检测单位　　［数据范围］0 ～ 99 999 999

步骤 2 坐标组设置。

基本组参数设定后,会进入"轴设定(坐标)"界面,如图 3-28 所示。坐标组参数值的设定见表 3-11,该组参数没有标准值。

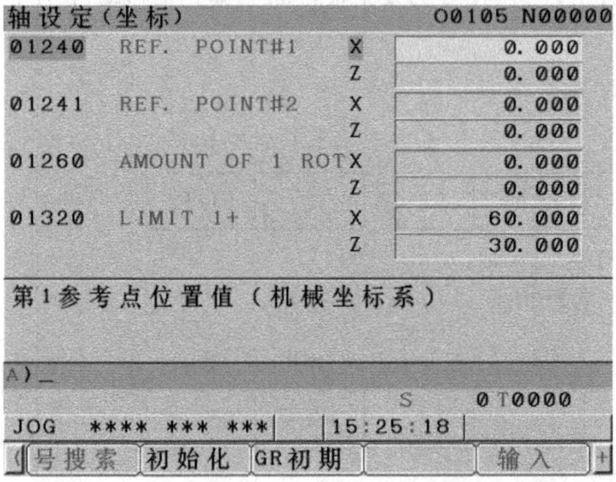

轴设定(坐标)			O0105 N00000
01240	REF. POINT#1	X	0.000
		Z	0.000
01241	REF. POINT#2	X	0.000
		Z	0.000
01260	AMOUNT OF 1 ROT	X	0.000
		Z	0.000
01320	LIMIT 1+	X	60.000
		Z	30.000

第1参考点位置值(机械坐标系)

A)_

S 0 T0000

JOG **** *** *** 15:25:18

[号搜索][初始化][GR初期][   ][输入][+

(a)

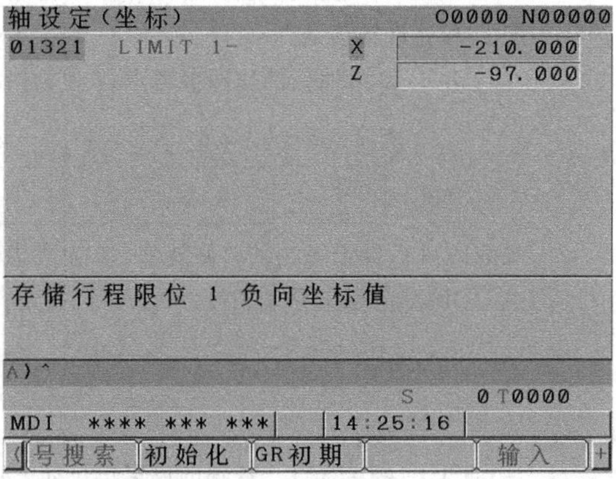

轴设定(坐标)			O0000 N00000
01321	LIMIT 1-	X	-210.000
		Z	-97.000

存储行程限位 1 负向坐标值

A)^

S 0 T0000

MDI **** *** *** 14:25:16

[号搜索][初始化][GR初期][   ][输入][+

(b)

图 3-28 "轴设定(坐标)"界面

表 3-11　　　　　　　　　　　坐标组需设定的参数

坐标组参数	设定值		坐标组参数	设定值	
01240	X	0	01320	X	99 999 999(最大)
	Z	0		Z	99 999 999(最大)
01241	X	0	01321	X	-99 999 999(最小)
	Z	0		Z	-99 999 999(最小)

01240	第 1 参考点在机械坐标系的坐标值

[数据类型]实数轴型　[数据单位]mm、inch、度(机械单位)　[数据范围]最小设定单位的 9 位数

01241	第 2 参考点在机械坐标系的坐标值

第 2 参考点通常用于加工中心换刀位置,G0030 机床自动返回到这一点。

01320	各轴的存储行程限位 1 的正方向坐标值 I

01321	各轴的存储行程限位 1 的负方向坐标值 I

[数据类型]实数轴型　[数据单位]mm、inch、度(机械单位)　[数据范围]最小设定单位的 9 位数

步骤 3 进给速度组的设置。

进给速度的设置与机床结构有很大的关系,没有标准值,请按表 3-12 给出的参数号进行进给速度组参数设置,数值根据机床具体要求进行调整。

表 3-12　　　　　　　　　　　　　　进给速度组需设定的参数

坐标组参数		设置值	坐标组参数
01401#0	X	0	通电后参考点返回完成之前,将手动快速移动设定为无效
	Z	0	
01410	X	1 000	空运行速度。若是 0.001 mm,其范围为 0.0～＋999 000.0
	Z	1 000	
01420	X	5 000	各轴的快速移动速度
	z	5 000	
01421	X	2 000	每个轴的快速移动倍率的 F0 速度
	Z	2 000	
01423	X	1 000	每个轴的 JOG 进给速度
	Z	1 000	
01424	X	3 000	每个轴的手动快速移动速度
	Z	3 000	
01425	X	300	每个轴的手动返回参考点的 FL 速度
	Z	300	
01428	X	1 000	每个轴的参考点返回速度
	Z	1 000	
01430	X	1 500	每个轴的最大切削进给速度
	Z	1 500	

步骤 4　进给控制组的设置。

该组无标准参数,需要手工设置,需设置的参数见表 3-13。

表 3-13　　　　　　　　　　　　　　进给控制组需设定的参数

坐标组参数		设置值	坐标组参数
01610#0	X	1	切削进给、空运行的加减速为指数函数型加减速
	Z	1	
01610#4	X	0	JOG 进给的加减速为指数函数型加减速
	Z	0	
01620	X	100	每个轴的快速移动直线加减速的时间常数
	Z	100	
01622	X	32	切削进给的加减速时间常数
	Z	32	
01623	X	0	切削进给插补后加减速的 FL 速度
	Z	0	
01624	X	100	JOG 进给的加减速时间常数
	Z	100	
01625	X	0	JOG 进给的指数函数型加减速的 FL 速度
	Z	0	

	#7	#6	#5	#4	#3	#2	#1	#0
01610				JGLx				CTLx

#0:CTLx,切削进给、空运行的加减速。0 为指数函数型加减速;1 为直线型加减速。

#4:JGLx,JOG 进给的加减速。0 为指数函数型加减速;1 为与切削进给相同的加减速。

步骤 5　主轴组的设置。

该组也没有标准值的参数设定。

	#7	#6	#5	#4	#3	#2	#1	#0
03716								A/Ss

#0:A/Ss,主轴电动机的种类。0 为模拟主轴;1 为串行主轴。

4.其他相关参数设定

(1)常用参数设定

通常情况下,按下[SYSTEM]功能键,再按[参数]软键,找到"参数设置"界面,输入参数号,再按[号搜索]软键就可以搜索到对应的参数,需设置的参数见表 3-14。

表 3-14　　　　　　　　　　　需设置的参数

参数号	数值	参数说明
00020	4	存储卡接口
03003#0	1	使所有轴互锁信号无效
03003#2	1	使各轴互锁信号无效
03003#3	1	使不同轴向的互锁信号无效
03004#5	1	不进行超程信号的检查
03105#0	1	显示实际速度
03105#2	1	显示实际主轴速度和 T 代码
03106#4	1	操作履历界面显示
03106#5	1	显示主轴倍率值
03108#6	1	主轴负载表显示
03108#7	1	在当前位置显示界面和程序检查界面上显示 JOG 进给速度或者空运行速度
03111#0	1	伺服调整界面显示
03111#1	1	主轴设定界面显示
03111#2	1	主轴调整界面显示
03111#5	1	操作监控界面显示
03112#2	1	外部操作信息履历界面显示
08130	2	控制轴数

(2)与手轮有关的参数

①PRM08131#0=1,手轮功能有效。

②PRM07113=100,手轮×100 挡倍率。

③PRM07114=1000,如果手轮有×1000 挡则进行设定。

三　任务训练

任务　基本组参数清除后,记录报警号,进行轴基本参数设定及伺服初始化,在调试过程中,注意参数设置与报警之间的关系并记录。

1.数控系统参数的全清。

上电的同时按 MDI 面板上[RESET]+[DEL]键,直到系统显示 IPL 初始程序加载页面。

出现提示:ALL FILE INITIALIZE OK? 选择 YES。

ADJUST THE DATE/TIME(年/月/日 时/分/秒),若不想修改日期,选择 NO。

出现 IPL 菜单,如图 3-29 所示,输入 0 选择"END IPL",系统启动 CNC,出现如图 3-30 所示的报警界面。

```
IPL MENU
  0.END IPL
  1.DUMP MEMORY
  2.DUMP FILE
  3.CLEAR FILE
  4.MEMORY CARD UTILITY
  5.SYSTEM ALARM UTILITY
  6.FILE SRAM CHECK UTILJTY
  7.MACRO COMPILER UTILITY
  8.SYSTEM SETTING UTILITY
  9.CERTIFICATION UTILITY
 11.OPTION RESTORE
  ?
```

图 3-29　IPL 菜单

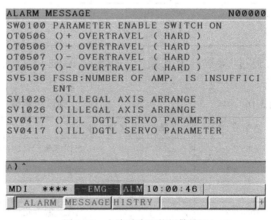

图 3-30　全清后出现的报警界面

2.语言切换。

全清后 CNC 页面的显示语言为英语,用户可动态进行语言切换。

(1)对于 FANUC 0i-D/Mate D 系统,语言切换时无须断电重启,即可生效。

(2)如需语言切换,可进行如下操作:[SYSTEM]→[OFS/SET]→右扩展键几次→[LANGUAGE](语种)→用光标选择语言→[(OPRT)](操作)→[确定],如图 3-31 所示。

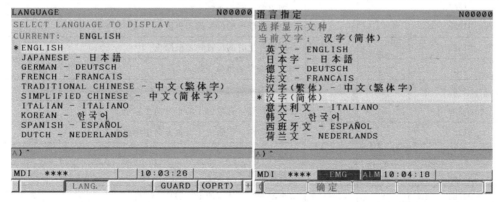

图 3-31　语言切换设置

FANUC 0i-D/Mate D 可以通过将修改语言切换的参数设置为♯3281,输入 15"简体中文",达到语言切换的目的。

语言转换完之后,根据实际报警界面,将报警内容记录在表 3-15 中,解决方法在参数调试中进行记录。

表 3-15　　　　　　　　　　　　　　　　报警记录表

报警号	处理方法	
	内容	
	解决方法	
	内容	
	解决方法	
	内容	
	解决方法	
	内容	
	解决方法	

3.通过"参数设定支援"界面进行 X 轴和 Z 轴参数设定,填入表 3-16 并进行伺服初始化。

表 3-16　　　　　　　　　　　　　　　　轴设定参数

参数号	X 轴	Z 轴	参数定义
01005♯0			未回零执行自动执行时,调试时为1,否则有 PS224 报警
01005♯1			回参考点有无挡块
01006♯0			直线轴,一般是直线运动的轴
01006♯3			各轴的移动指令(0:半径指定,1:直径指定)
01020			各轴的程序名称
01022			基本坐标轴的设定
01023			各轴的伺服轴号
01825			各轴的伺服环增益
01826			各轴到位宽度
01827			各轴切削时到位宽度
01828			每个轴移动中的位置偏差极限值
01829			每个轴停止时的位置偏差极限值
01240			第 1 参考点的机械坐标
01241			第 2 参考点的机械坐标
01320			各轴的存储行程限位 1 的正方向坐标值 I
01321			各轴的存储行程限位 1 的负方向坐标值 I
01410			空运行速度
01420			各轴的快速移动速度
01421			每个轴的快速倍率的 F0 速度

续表

参数号	X 轴	Z 轴	参数定义
01423			每个轴的 JOG 进给速度
01424			每个轴的手动快速移动速度
01425			每个轴的手动返回参考点的 FL 速度
01430			每个轴最大切削进给速度
01620			每个轴的快速移动直线加/减速的时间常数(T),每个轴的快速移动铃型加/减速的时间常数 T_1
01622			每个轴的切削进给加/减速时间常数
01624			每个轴的 JOG 进给加/减速时间常数

4.运行验证。

(1)在 JOG 方式下,运行各轴,观察点动方向是否正确,若不正确,在伺服参数中进行方向修改。

(2)在手轮方式下,移动所选轴,观察位置显示变化。若不发生变化,查找参数,看手轮是否激活。

(3)在回参考方式下,进行坐标轴回零,观察坐标轴能否正确回零,若不能,查找回参考点参数的设置。

四 任务小结

1.在参数写入后,若出现 PS 报警"000",报警的含义是切断电源。因为输入了要求断电后才生效的参数,此时需要系统重新启动。

2.当系统参数全清后或数控系统初次上电进行参数设定时,可以进入"参数设定支援"界面进行参数分组设定,对参数掌握比较熟练后,可以在参数设置界面输入参数号再按[号搜索]软键就可以搜索到对应的参数,从而进行参数的修改。

3.进行参数设定时,必须对参数的意义和其对应的功能一定要清楚了解,查阅 FANUC 0i 参数说明书。

五 拓展提高——轴和伺服放大器的屏蔽

当伺服模块组中有任何一个单元出现故障报警,均会引起所有单元的 VRDY_OFF(伺服准备就绪跳掉),有时很难判断故障点,这时就需要将某个轴"虚拟化",或称之为"屏蔽",也就是数控系统不向该伺服放大器发指令,同时也不读这个轴的反馈数据,即便这个轴有故障,也把这个轴的信号"屏蔽掉",让其他伺服放大器可以吸合1,使其他轴正常工作。

1.轴的屏蔽

伺服放大器仍然连接,但伺服电动机未连接,在不使用该电动机的情况下,应去掉该电动机及该电动机的动力电缆、反馈电缆,如图 3-32 所示。去掉第 3 轴 A 轴,通常有两种方法。

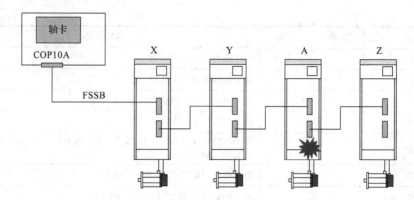

图 3-32　伺服连接示意图

方法一　轴脱开

（1）PRM01005♯7RMB＝1，轴脱开功能有效。

（2）PRM00012♯7RMV＝1，使用参数实现轴脱开功能（不设置，将出现 368♯ 报警），或使用 PMC 轴脱开信号 G124♯。

（3）伺服电动机反馈电缆接口 JFX 11～12 短接（不使用，将出现 401♯ 报警）。

（4）使用轴取出，绝对位置原点会丢失。

方法二　虚拟反馈

（1）PRM02009♯0DUMY＝1，轴抑制有效。

（2）PRM02165＝0，放大器最大电流值。

（3）伺服电动机反馈电缆接口 JFX 11～12 短接。

此时屏幕仍然显示 3 轴，被封住的轴如果移动会出现 411♯ 报警，未被封住的轴可正常移动。

2. 伺服放大器的屏蔽

如果需要将图 3-33 所示的伺服放大器 A 屏蔽，其设置方法如下：

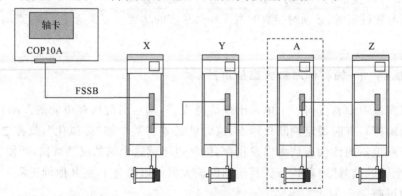

图 3-33　需屏蔽的伺服放大器

可以将所屏蔽的轴参数的 01023 设定为－1 或（－128）将该伺服放大器屏蔽，然后根据实际情况进行 FSSB 的设定。

原设定：01023　X　1　Y　2　A　3　　　Z　4

现设定：01023　X　1　Y　2　A　－128　Z　3

如果不想在界面上显示该轴，可将该轴参数的 03115♯0 NDP 设定为 1，不进行相关轴的显示。

	#7	#6	#5	#4	#3	#2	#1	#0
03115								NDP

NDP：是否进行当前位置显示。0 为予以显示；1 为不予以显示。

屏蔽伺服时，会有报警 404# 出现，可以通过设置参数忽略报警，PRM01800 #1＝1 表示忽略伺服上电顺序。

	#7	#6	#5	#4	#3	#2	#1	#0
01800							CVR	

CVR：位置控制就绪信号。PRDY 接通之前，速度控制信号 VRDY 先接通。0 为出现伺服报警；1 为不出现伺服报警。

课后练习

1. 什么是软限位？如何在 FANUC 0i-D/Mate D 系统中设置软限位？

2. 如何判断 FANUC 0i-Mate D 系统数控机床编码器是绝对编码器还是增量编码器？对哪个参数进行设置？

任务 4 机床运行准备编程调试

一 任务介绍

【任务环境】

本任务需要配置 FANUC 0i-D/Mate D 数控系统的实训装置、FANUC 数控系统功能手册、FANUC 数控系统编程手册以及装有 FANUC LADDER-Ⅲ 的计算机。

【任务目标】

通过对数控机床准备控制功能、工作方式 PMC 控制的流程和实现方法的学习，理解机床输入/输出信号与 G、F 信号的关系，根据要求完成相关功能 PMC 编程。

【任务导入】

当数控系统硬件连接完成后，根据机床运行准备控制功能要求，把紧急停止信号和超程信号等输入 CNC，使 CNC 处于运行准备状态。实际上，数控机床 PMC 编程主要完成的是操作面板控制功能程序编制，无论哪种数控机床，操作面板上的功能内容基本相同，机床操作面板如图 3-34 所示，主要按钮功能如下：

(1)操作方式开关和状态灯(自动、手动、手轮、返回参考点、编辑、MDI 等)。

(2)程序运行控制和状态灯(单段、空运行、轴禁止、选择性跳跃等)。

（3）手动主轴正转、反转、停止和状态灯以及主轴倍率开关。

（4）手动进给轴方向及快进键。

（5）冷却控制开关和状态灯。

（6）手轮轴选择和手轮倍率（×1、×10、×100、×1000）。

（7）手动和自动进给倍率。

（8）急停按钮等其他辅助开关。

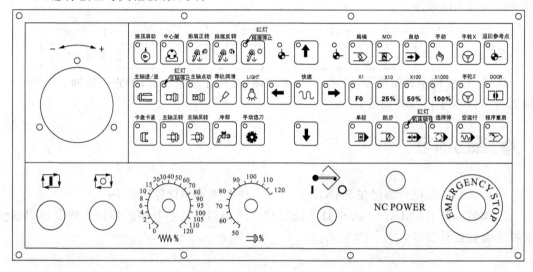

图 3-34　机床操作面板

二　必备知识

1. 机床的保护信号

机床设计人员设计调试机床 PMC 的第一步，应事先处理机床的保护信号，如急停、复位、垂直轴的刹车、行程限位等，以防在调试过程中出现紧急情况，可以中断系统的运行。

（1）急停信号

＊X0008.4：作为系统的高速输入信号，可不经过 PMC 的处理而直接响应。

＊G0008.4（＊ESP）：PMC 输入到 CNC 的急停信号。

只要以上两个信号中的任意一个信号为低电平，系统就会产生急停报警。为了保证安全，机床急停时，必须保证机床各轴锁住，主轴停转，FANUC 0i-D 系统也给了相应的控制信号及参数。

＊G0008.0（＊IT）：PMC 输入到 CNC 的全部轴互锁信号，若在程序中不处理，也可以通过参数 03003#2 进行设定。

	#7	#6	#5	#4	#3	#2	#1	#0
03003						ITx		

PRM03003#2（ITx）：0 为使用各轴互锁信号；1 为不使用各轴互锁信号。

＊G0071.1（＊ESPA）：主轴急停控制信号。

＊G0029.6（＊SSTP）：主轴停止信号。

在梯形图中,急停一般处理如图 3-35 所示。

图 3-35 梯形图中急停一般处理

(2)硬件超程信号

机床的行程保护一般有三级,第一级为软限位保护,可通过参数进行设定;第二级为硬限位保护,即通过外部限位开关接通 CNC 的 G0114/G0116 信号;最后一级为机床死挡铁,这是机床的机械限位。通常,我们没有建立原点时软限位是无效的,必须通过机床的行程限位信号来保护机床。但机床在某一方向超程时,系统会产生♯506＋或♯507—的限位报警,这时机床只能向反方向运动了。目前,采用坐标轴绝对编码器的数控机床不采用外部限位开关时,也可以通过设置 PRM03004♯5(OTH)使超程限位无效。

	♯7	♯6	♯5	♯4	♯3	♯2	♯1	♯0
G0114				＊＋L5	＊＋L4	＊＋L3	＊＋L2	＊＋L1

	♯7	♯6	♯5	♯4	♯3	♯2	♯1	♯0
G0116				＊－L5	＊－L4	＊－L3	＊－L2	＊－L1

	♯7	♯6	♯5	♯4	♯3	♯2	♯1	♯0
03004			OTH					

PRM03004♯5(OTH):设置超程限位。0 为超程限位有效;1 为超程限位无效。

硬件限位保护若通过梯形图处理,则首先要将硬件限位开关输入到 PMC,如图 3-36 所示。在梯形图中程序的处理如图 3-37 所示。

(3)复位信号

系统的复位信号分两类,一类是内部复位信号,一类是外部复位信号。梯形图处理如图 3-38 所示。

F0001.1(RST):当系统的 MDI 键盘上的[RESET]键按下时,系统执行内部复位操作,中断当前系统的操作,同时输出此信号给 PMC,用来中断机床其他的辅助动作。

G0008.7(ERS):外部复位信号。此信号

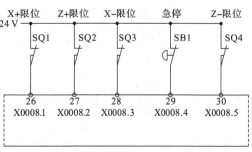

图 3-36 PMC 硬件接线

为 1 时，系统中断当前的操作，可以作为 DM02 的输出。

G0008.6(RRW)：外部复位信号。此信号为 1 时，系统中断当前操作的同时执行倒带动作，返回程序的开头，可以作为 DM30 的输出。

图 3-37　硬件限位保护梯形图处理

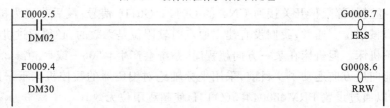

图 3-38　复位信号在梯形图中的处理

（4）垂直轴的刹车控制信号

对于铣床的 Z 轴和斜床身车床的 X 轴来说，当系统和伺服正常启动后，依靠伺服电动机本身所输出的力矩来抵抗因重力所产生的下滑。当系统或伺服断电、报警时，伺服电动机会成自由状态，同时依靠外部的刹车装置，如电动机的刹车碟片、丝杠的刹车器等来抵抗重力下滑。所以我们需要一个控制信号，用来当伺服电动机通电后控制外部刹车装置打开的信号，在 PMC 中处理如图 3-39 所示。

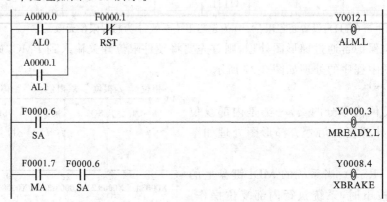

图 3-39　抱闸控制在梯形图中的处理

F0001.7(MA):系统准备就绪。

F0000.6(SA):伺服准备就绪。此信号可用来做刹车解除的控制信号,此信号为1时刹车关闭,当伺服或系统产生报警使其变为0时刹车打开。

Y0000.3:机床准备好指示灯。

Y0008.4:X轴抱闸线圈。

2. 数控机床工作方式编程

数控机床操作面板上工作方式的控制开关有波段式和按键式两种,图3-40(a)为波段式,图3-40(b)为按键式。

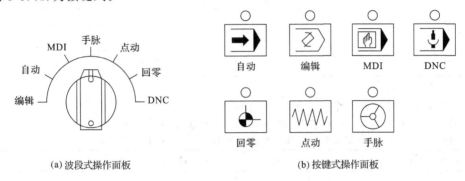

图3-40　数控机床工作方式

(1)CNC工作方式的选择与PMC之间的信号

①运行方式切换信号:MD1、MD2、MD4

	#7	#6	#5	#4	#3	#2	#1	#0
地址　G0043	ZRN		DNCI			MD4	MD2	MD1

原点返 回信号　　　　DNC 运行　　　　　　方式切换信号

②运行方式确认信号

	#7	#6	#5	#4	#3	#2	#1	#0
地址　F0003		MEDT	MMEM	MRMT	MMDI	MJ	MH	MINC

	#7	#6	#5	#4	#3	#2	#1	#0
地址　F0004			MREF					

CNC通过接收MD1、MD2、MD4、DNCI、ZRN五个G信号的不同组合,来选择相应的工作方式,并向PMC回送相应工作方式的确认信号。具体见表3-17。

表 3-17　　　　　　　　　　　　　CNC工作方式选择

工作方式	ZRN G0043.7	DNCI G0043.5	MD4 G0043.2	MD2 G0043.1	MD1 G0043.0	F确认信号
自动	—	0	0	0	1	MMEM(F0003.5)
编辑	—	—	0	1	1	MEDT(F0003.6)
手动数据输入	—	—	0	0	0	MMDI(F0003.3)

工作方式	ZRN G0043.7	DNCI G0043.5	MD4 G0043.2	MD2 G0043.1	MD1 G0043.0	F 确认信号
远程运行	—	1	0	0	1	MRMT(F0003.4)
回参考点	1	—	1	0	1	MREF(F0004.5)
手动连续进给	0	—	1	0	1	MJ(F0003.2)
增量进给	—	—	1	0	0	MINC(F0003.0)
手轮进给	—	—	1	0	0	MH(F0003.1)
手动示教	—	—	1	1	0	MTCHIN+MJ
手轮示教	—	—	1	1	1	MTCHIN+MH

注:"—"符号表示 0、1 都无效。

(2)按键式数控机床工作方式 PMC 硬件输入、输出

按键式数控机床工作方式 PMC 硬件输入、输出地址见表 3-18。

表 3-18 **按键式数控机床工作方式 PMC 硬件输入、输出地址**

PMC 输入功能	符号	地址	PMC 输出功能	符号	地址
自动工作 方式按键	AUTO.K	X0004.0	自动工作 方式指示灯信号	AUTO.L	Y0004.0
编辑工作 方式按键	EDIT.K	X0004.1	编辑工作 方式指示灯信号	EDIT.L	Y0004.1
手动数据输入 工作方式按键	MDI.K	X0004.2	手动数据输入 工作方式指示灯	MDI.L	Y0004.2
远程运行 工作方式按键	DNC.K	X0004.3	远程运行 工作方式指示灯	DNC.L	Y0004.3
回参考点 工作方式按键	REF.K	X0006.4	回参考点 工作方式指示灯	ZRN.L	Y0006.4
手动连续进给 工作方式按键	JOG.K	X0006.5	手动连续进给 工作方式指示灯	JOG.L	Y0006.5
增量进给 工作方式按键	INC.K	X0006.6	增量进给 工作方式指示灯	INC.L	Y0006.6
手轮进给 工作方式按键	HND.K	X0006.7	手轮进给 工作方式指示灯	HND.L	Y0006.7

(3)按键式数控机床工作方式 PMC 梯形图设计

按键式数控机床工作方式 PMC 梯形图设计如图 3-41 所示。

自动工作方式 PMC 控制过程分析如下:

按下自动工作方式按键,使 CNC 处于自动工作方式状态,自动工作方式指示灯亮,松开自动工作方式按键,CNC 仍处于自动工作方式状态,自动工作方式指示灯仍亮。

自动工作方式的控制流程如图 3-42 所示。

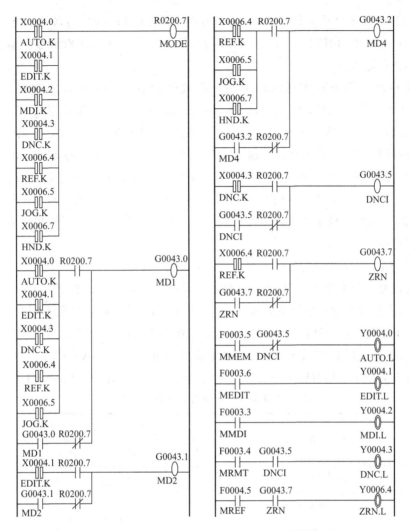

图 3-41 按键式数控机床工作方式 PMC 梯形图

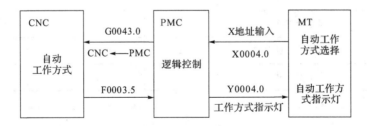

图 3-42 自动工作方式的控制流程

当按下自动工作方式按键时,AUTO. K 信号(X0004. 0)为 1,工作方式转换信号 MODE(R0200. 7)输出有效,工作方式选择状态信号 1 MD1(G0043. 0)输出有效,工作方式选择状态信号 2 MD2(G0043. 1)输出无效,工作方式选择状态信号 3 MD4(G0043. 2)输出无效,远程运行工作方式选择信号 DNCI(G0043. 5)输出无效。PMC 向 CNC 发出的 MD1、MD2、MD4 和 DNCI 的信号组合为 1、0、0、0,使 CNC 进入自动工作方式。同时 CNC 向

PMC 回送,CNC 处于自动工作方式,确认信号的 MMEM(F0003.5),CNC 处于自动工作方式,信号 AUTO 输出有效,自动工作方式指示灯信号 AUTO.L(Y0004.0)输出有效,自动工作方式指示灯亮。

当松开自动工作方式按键时,AUTO.K 信号(X0004.0)为 0,工作方式转换信号 MODE(R0200.7)输出无效,工作方式选择信号 1 MD1(G0043.0)输出有效,工作方式选择信号 2 MD2(G0043.1)输出无效,工作方式选择信号 3 MD4(G0043.2)输出无效,远程运行工作方式选择信号 DNCI(G0043.5)输出无效。PMC 向 CNC 发出的 MD1、MD2、MD4 和 DNCI 的信号组合仍为 1、0、0、0,使 CNC 仍处于自动工作方式。同时 CNC 仍向 PMC 回送,CNC 处于自动工作方式确认信号 MMEM(F0003.5)时,CNC 处于自动工作方式,信号 AUTO 仍输出有效,自动工作方式指示灯信号 AUTO.L(Y0004.0)仍输出有效,自动工作方式指示灯仍亮。

(4)8421 码波段式开关的机床工作方式 PMC 程序设计

将旋转式波段开关置于某挡位时,信号一直是接通或断开的。按键式开关在按下去时信号就接通,手松开按键时信号就会断开,因此两者的 PMC 控制程序是不同的。

采用一个三层八位的波段式开关实现系统工作方式的切换,波段式开关每层一根,共三根,信号输入线连接到 PMC I/O 模块,信号地址分别为 X0012.1、X0012.0、X0011.7。不同挡位与各输入信号状态的对应关系见表 3-19,波段式开关示意图如图 3-43 所示。

表 3-19　　　波段式开关挡位与输入信号的状态关系

机床工作方式	输入信号		
	X0012.1	X0012.0	X0011.7
程序编辑	0	0	0
自动方式	0	0	1
手动数据输入方式	0	1	0
手轮进给方式	0	1	1
手动连续进给方式	1	0	0
手动回参考点方式	1	0	1
DNC 方式	1	1	0

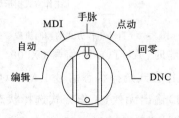

图 3-43　波段式开关示意图

波段式开关工作方式的 PMC 梯形图参考程序如图 3-44 所示。

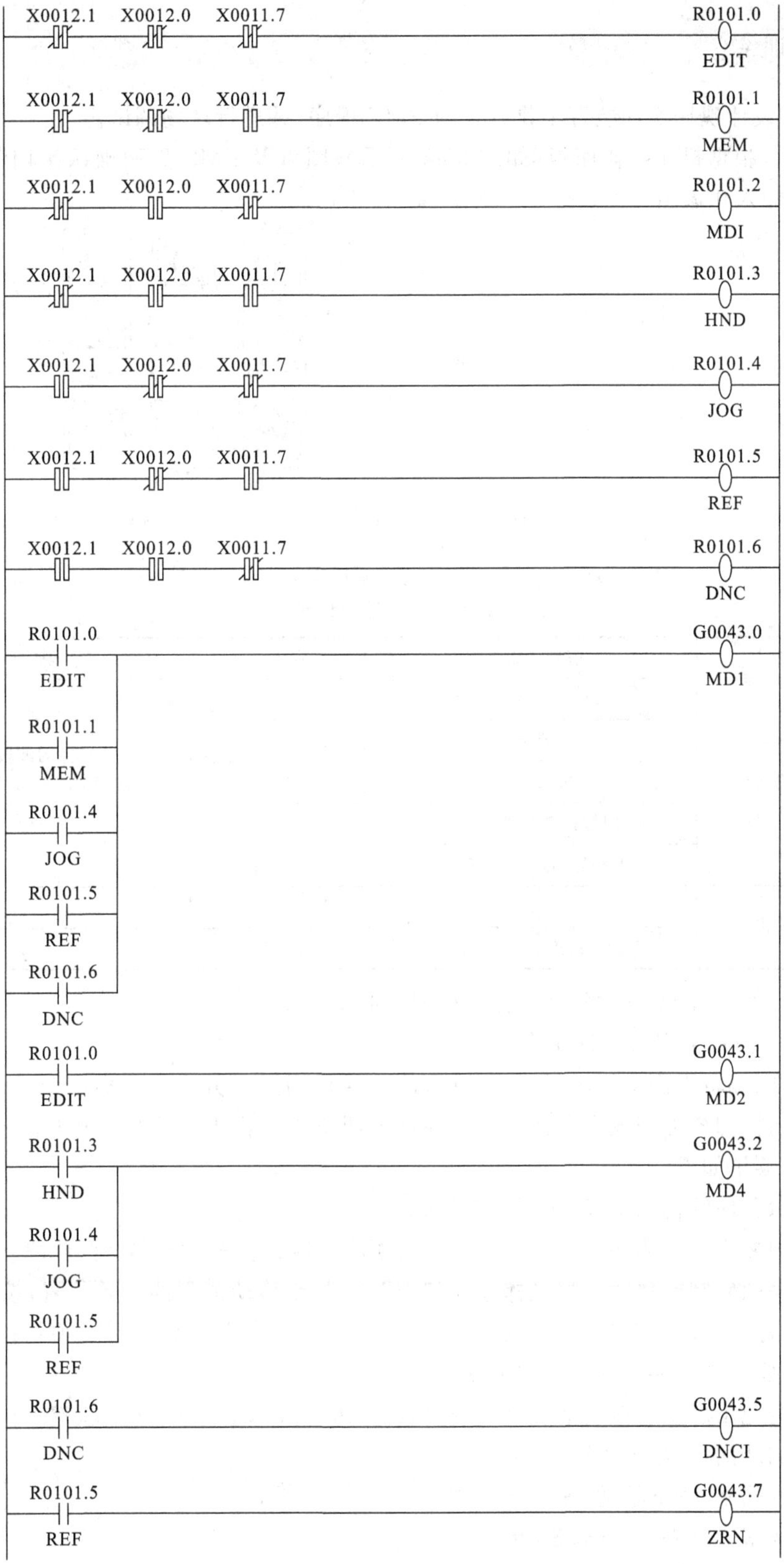

```
X0012.1  X0012.0  X0011.7                                    R0101.0
  ┤╫├     ┤╫├     ┤╫├                                          ○
                                                             EDIT

X0012.1  X0012.0  X0011.7                                    R0101.1
  ┤╫├     ┤╫├     ┤├                                           ○
                                                              MEM

X0012.1  X0012.0  X0011.7                                    R0101.2
  ┤╫├     ┤├       ┤╫├                                         ○
                                                              MDI

X0012.1  X0012.0  X0011.7                                    R0101.3
  ┤╫├     ┤├       ┤├                                          ○
                                                              HND

X0012.1  X0012.0  X0011.7                                    R0101.4
  ┤├       ┤╫├     ┤╫├                                         ○
                                                              JOG

X0012.1  X0012.0  X0011.7                                    R0101.5
  ┤├       ┤╫├     ┤├                                          ○
                                                              REF

X0012.1  X0012.0  X0011.7                                    R0101.6
  ┤├       ┤├       ┤╫├                                        ○
                                                              DNC

R0101.0                                                      G0043.0
  ┤├                                                           ○
 EDIT                                                         MD1
R0101.1
  ┤├
 MEM
R0101.4
  ┤├
 JOG
R0101.5
  ┤├
 REF
R0101.6
  ┤├
 DNC

R0101.0                                                      G0043.1
  ┤├                                                           ○
 EDIT                                                         MD2

R0101.3                                                      G0043.2
  ┤├                                                           ○
 HND                                                          MD4
R0101.4
  ┤├
 JOG
R0101.5
  ┤├
 REF

R0101.6                                                      G0043.5
  ┤├                                                           ○
 DNC                                                         DNCI

R0101.5                                                      G0043.7
  ┤├                                                           ○
 REF                                                          ZRN
```

图 3-44 波段式开关工作方式 PMC 梯形图参考程序

三 任务训练

任务 设计现场实训装置工作方式的 PMC 程序,并进行现场调试。

步骤 1 根据机床操作面板(如图 3-45 所示)、图纸及 PMC 界面确认实训装置工作方式的 PMC 输入和输出地址(见表 3-20)。

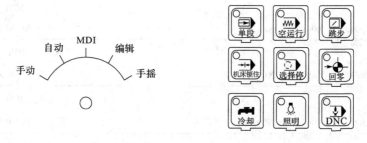

(a)方式选择   (b)操作选择

图 3-45 机床操作面板

表 3-20   PMC 输入/输出地址

资源类型	信号功能	地址	说明
PMC 输入	方式 A	X0031.2	对应方式选择的波段开关,方式分别为自动/手动/MDI/编辑/手摇
	方式 B	X0031.3	
	方式 C	X0031.4	
	回零按键 REF.K	X0033.5	
	DNC 按键 DNC.K	X0034.0	
PMC 输出	回零方式指示灯 REF.L	Y0012.5	
	DNC 方式指示灯 DNC.L	Y0013.0	

步骤 2 编写 PMC 程序,参考程序如图 3-46 所示。

步骤 3 内置编程器的程序输入。

在梯形图编辑界面上编辑梯形图程序,改变梯形图运行方式。在梯形图显示界面上单击"编辑",切换到梯形图编辑界面。可以在梯形图编辑界面上对梯形图程序进行的编辑操作及对应的菜单如下:

(1)显示程序结构的组成,按下软键[列表]。

(2)以网格为单位删除。将光标移动到要删除的网格位置,按下软键[删除]。

(3)程序的复制或移动。将光标移动到需要复制或移动范围的起始位置,按下软键[选择],通过光标移动确定范围后,复制时按下软键[复制];移动时按下软键[剪切]。最后将光标移动到需要复制或移动的位置按下软键[粘贴]。

(4)为避免出现重复使用地址号的现象,设置地址号自动分配,按下软键[自动]。

(5)追加新网格,按下软键[产生]。

(6)修改网格,按下软键[缩放]。

(7)反映编辑结果,按下软键[更新]。

(8)恢复到编辑前的状态,按下软键[恢复],更新之前有效。

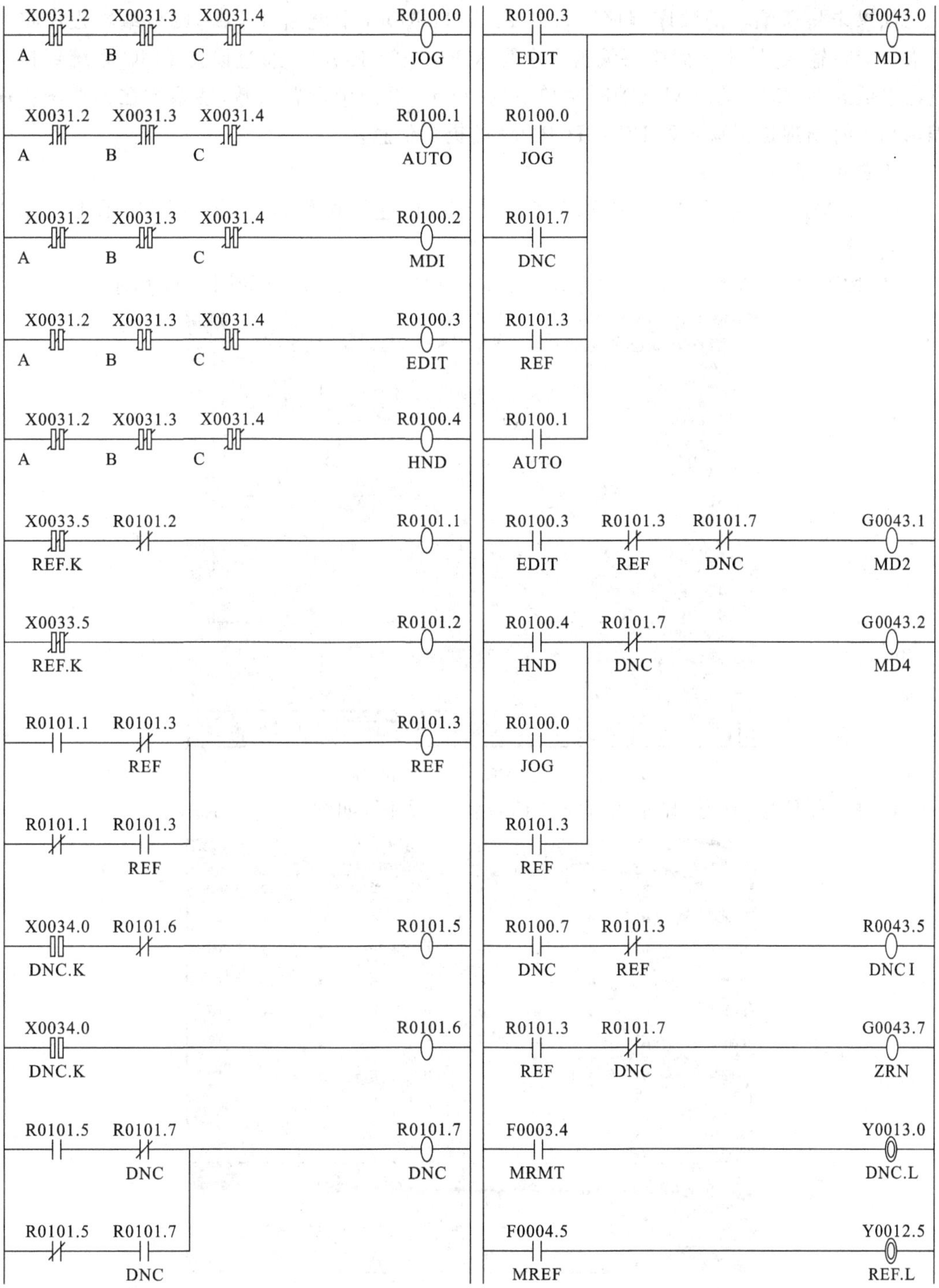

图 3-46　操作面板工作方式程序

不管处在运行中还是停止中,都可以编辑梯形图。但是,要执行已编辑的梯形图程序,必须更新梯形图程序的操作。操作方法为单击[更新]或者退出梯形图编辑界面时进行更新。

如果未将所编辑的顺序程序写入到 FLASH ROM 中就断开电源,则该编辑程序将会丢失。应在输入/输出界面中将编辑程序写入 FLASH ROM。通过设置 PMC 系统保持继电器参数或在 PMC 的[PMCCNF]菜单下的[设定]页面中设置参数,使系统在梯形图程序编辑结束时出现是否写入到 FLASH ROM 的提示信息。

步骤 4　程序调试。

(1)在 MDI 方式下按下[SYSTEM]功能键,再连续按软键[+],直到显示出[PMC-MNT]软键。

(2)按下[PMCMNT]软键,显示出"PMC 数据输入/出"界面,如图 3-47 所示。

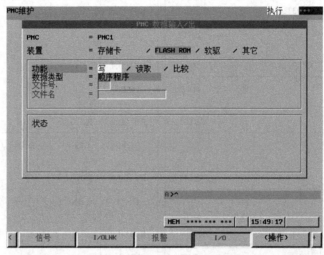

图 3-47　"PMC 数据输入/出"界面

(3)按下[信号]软键,显示出"PMC 信号状态"界面,如图 3-48 所示。

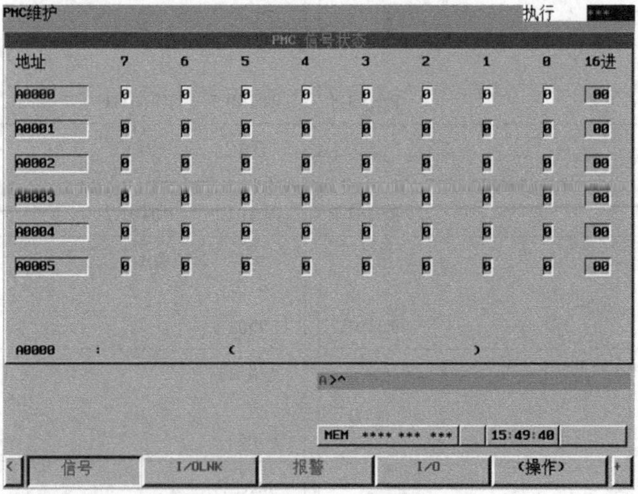

图 3-48　"PMC 信号状态"界面

(4)在"PMC 信号状态"界面上,通过 MDI 面板上的数据键输入"G43",如图 3-49 所示。

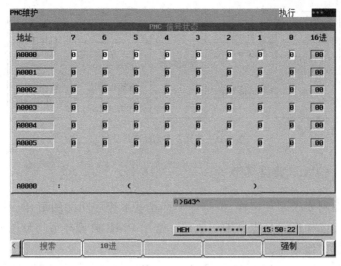

图 3-49 输入"G43"界面

(5)按下[搜索]软键,显示出 G0043 信号状态界面。

(6)依次旋转到自动工作方式、编辑工作方式、手动数据输入工作方式和手轮工作方式,在 G0043 信号状态下,观察工作方式选择 G0043 信号的状态是否被改变,如果改变,改变之后的状态是否正确,如图 3-50 所示。

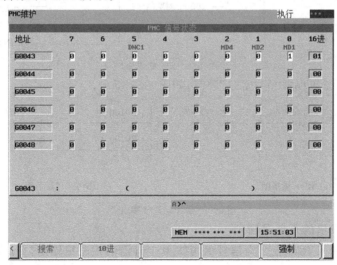

图 3-50 G0043 信号状态界面

四 任务小结

(1)数控机床工作方式在操作面板上通常有两种:波段方式和按键方式,这两种方式在 PMC 编程上略有不同,按键方式在进行工作方式选择时要自锁而波段方式则不需要。

(2)数控机床工作方式选择工作过程如图 3-51 所示。

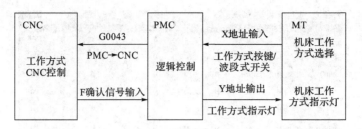

图 3-51　工作方式选择工作过程

五　拓展提高——PMC 典型环节

数控机床的控制要求多种多样,但基本上都是基本程序功能的组合,因此掌握典型环节的编程可以帮助阅读梯形图及提高编程效率。常用 PMC 典型环节梯形图设计如下:

1. 常"0"与常"1"信号

(1)利用 FANUC 0i 系统内部寄存器 R9091,R9091♯0 一直关断(可用作常"0"信号),R9091♯1 一直接通(可用作常"1"信号),R9091 说明如图 3-52 所示。

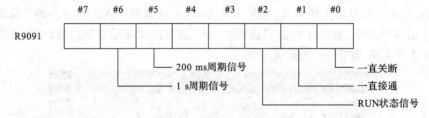

图 3-52　R9091 说明

(2)利用梯形图实现常"0"/常"1"环节,如图 3-53 所示。

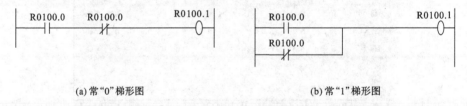

(a) 常"0"梯形图　　　　　　　　　　　　(b) 常"1"梯形图

图 3-53　常"0"/常"1"梯形图

2. 取信号上升沿的正负逻辑

(1)正逻辑:信号 R0030.2 为信号 X0013.0 上升沿的正逻辑输出,梯形图及时序周期如图3-54 所示。

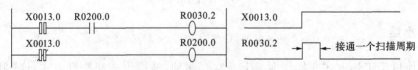

图 3-54　上升沿脉冲正逻辑控制环节

(2)负逻辑:信号 R0031.0 为信号 X0014.0 上升沿的负逻辑输出,梯形图及时序周期如图3-55 所示。

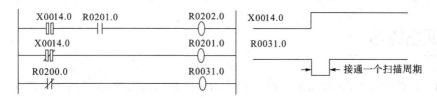

图 3-55 上升沿脉冲负逻辑控制环节

在 PMC SB7 中可以直接使用功能指令 DIFU(SUB 57)取出信号上升沿,但 PMC SA1 不支持该功能指令。在将 SB 7 类型 PMC 转换为 SA1 类型 PMC 之前可以参考以上逻辑电路转变功能指令 DIFU,否则会出现转换错误。

3. 取信号下降沿的正负逻辑

(1)正逻辑:信号 R0032.0 为信号 X0015.0 下降沿的正逻辑输出,梯形图及时序周期如图 3-56 所示。

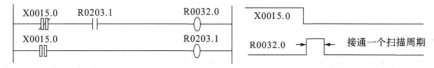

图 3-56 下降沿脉冲正逻辑控制环节

(2)负逻辑:信号 R0033.0 为信号 X0016.0 下降沿的负逻辑输出,梯形图及时序周期如图 3-57 所示。

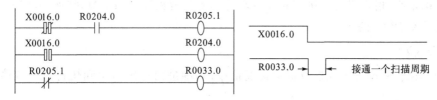

图 3-57 下降沿脉冲负逻辑控制环节

在 PMC SB 7 中可以直接使用功能指令 DIFD(SUB 58)取出信号下降沿,但 PMC SA1 不支持该功能指令。在将 SB 7 类型 PMC 转换为 SA1 类型 PMC 之前可以参考以上逻辑电路转变功能指令 DIFD,否则会出现转换错误。

4. 触发接通/关断逻辑

对于点动按钮 X0017.0,图 3-58 实现了按一次按键,Y0012.0 接通,再按一次,Y0012.0 断开,信号 Y0012.0 在每次接通信号 X0017.0 时交替接通和关断。

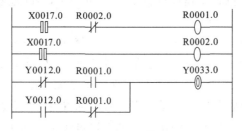

图 3-58 触发接通/关断逻辑

● 课后练习

设计 PMC 梯形图,实现如下控制:按下 MDI 键盘上的按键(X0015.6),其对应指示灯亮(Y0011.4),再按一下,解除相应的运行状态。

任务5   进给倍率编程

一   任务介绍

【任务环境】

本任务需要配置 FANUC 0i-Mate D 数控系统的实训装置、FANUC 数控系统参数手册、FANUC 数控系统维修手册。

【任务目标】

通过对格雷码、格雷码与二进制转换及功能指令等编程知识的学习,掌握手动进给倍率和切削进给倍率 PMC 的实现方法。

【任务导入】

进给轴的速度修调有手动连续进给速度倍率、切削进给速度倍率和快速移动速度倍率三种。

1. 手动连续进给速度倍率

通过进给速度倍率开关选择百分比(%)来增加或减少进给速度,进行手动连续进给速度倍率控制时,旋转进给速度倍率开关,可对 X、Y、Z 轴的手动连续进给速度进行 0～120% 的修调,实际进给速度为系统参数 No. 1423 所设定的值乘以开关倍率值。

2. 切削进给速度倍率

切削进给速度倍率与手动连续进给速度倍率一般使用同一个开关,旋转进给速度倍率开关,可对 X、Y、Z 轴的切削进给速度进行 0～120% 修调,实际进给速度为编程的 F 值乘以开关倍率值。

3. 快速移动速度倍率

数控机床无论是自动运行快速移动还是手动快速移动,或是在系统参数中设定各轴的快速移动速度(倍率为 100% 的速度),在加工程序中都无须指定。自动运行快速移动包括所有的快速移动,如固定循环定位、自动参考位置返回等,而不仅是 G0000 移动指令。手动快速移动也包含了参考位置返回中的快速移动。通过快速移动速度倍率信号可为快速移动速度施加倍率,快速移动速度倍率为 F0、25%、50% 和 100%,其中 F0 由系统参数设定各轴固定进给速度。实际进给速度为系统参数 No. 1420 所设定的值乘以开关倍率值。

在本任务中,学习如何通过 PMC 将倍率开关对应的修调值送入数控装置。

二 必备知识

对倍率开关进行编程时,要首先了解倍率开关的输入形式。数控机床倍率开关的输入有格雷码和二进制码两种形式,目前应用比较广泛的是格雷码。

1.格雷码的概念

格雷码(Gray Code)又叫循环二进制码或反射二进制码,是 1880 年由法国工程师 Jean-Maurice-Emlle Baudot发明的一种编码方式,是一种绝对编码方式。

格雷码在任意两个相邻的数之间转换时,只有一个数位发生变化,这大大地减少了从一个状态到下一个状态时逻辑的混淆。另外,由于最大数与最小数之间也仅有一个数不同,故通常又叫格雷反射码或循环码。表 3-21 为几种二进制码与格雷码的对照表。

表 3-21   二进制码与格雷码的对照表

十进制数	普通二进制码	格 雷 码	十进制数	普通二进制码	格 雷 码
0	0000	0000	8	1000	1100
1	0001	0001	9	1001	1101
2	0010	0011	10	1010	1111
3	0011	0010	11	1011	1110
4	0100	0110	12	1100	1010
5	0101	0111	13	1101	1011
6	0110	0101	14	1110	1001
7	0111	0100	15	1111	1000

2.格雷码与二进制码的转换

一般情况下,普通二进制码与格雷码可以按以下方法互相转换。

(1)二进制码转换为格雷码(编码):从最右边一位起,依次将每一位与左边一位异或,作为对应格雷码该位的值,最左边一位不变(相当于左边是 0)。

(2)格雷码转换为二进制码(解码):最左边一位保持不变,从左边第二位起,将每位与左边一位解码后的值异或,作为该位解码后的值,格雷码转换二进制码如图 3-59 所示。

(3)格雷码与二进制码转换的梯形图如图 3-60 所示。

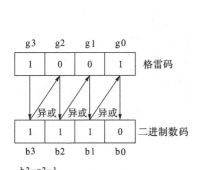

b3=g3=1
b2=g3+g2=1+0=1
b1=g3+g2+g1=b2+g1=1+0=1
b0=g3+g2+g1+g0=b1+g0=1+1=0

图 3-59 格雷码转换二进制码过程

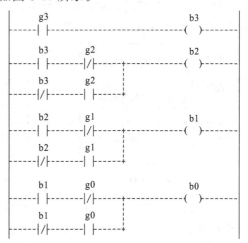

图 3-60 格雷码与二进制码转换的梯形图

3. 切削进给速度倍率 PMC 编程

(1)切削进给速度倍率开关 PMC 控制流程

如图 3-61 所示的进给速度倍率开关共有 21 个挡位,倍率开关上的每一个倍率挡位都对应着五个输入信号的不同组合,即不同码值(十进制数 0～20)。需特别注意的是,进给速度倍率开关的输入信号通常采用格雷码的形式,见表 3-22,通过 PMC 编程转换为相应的二进制码,之后将不同挡位对应的倍率值 0～120% 存入数据表中,通过功能指令将表内数据传给 CNC。

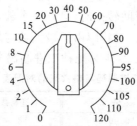

图 3-61　切削进给速度倍率开关

表 3-22　　　　　　　　　　　　操作面板倍率开关的格雷码输出

倍率值/%	0	1	2	4	6	8	10	15	20	30	40	50	60	70	80	90	95	100	105	110	120
$X_m+0.0$	0	1	1	0	0	1	1	0	0	1	1	0	0	1	1	0	0	1	1	0	0
$X_m+0.1$	0	0	1	1	1	1	0	0	0	0	1	1	1	1	0	0	0	0	1	1	1
$X_m+0.2$	0	0	0	0	1	1	1	1	1	0	0	0	0	0	0	0	0	0	0	0	1
$X_m+0.3$	0	0	0	0	0	0	0	0	0	1	1	1	1	1	1	1	1	1	1	1	1
$X_m+0.4$	0	0	0	0	0	0	0	0	0	0	0	0	0	0	0	1	1	1	1	1	1
倍率开关挡位	0	1	2	3	4	5	6	7	8	9	10	11	12	13	14	15	16	17	18	19	20

(2)切削进给速度倍率代码转换指令(COD、CODB)

①COD 指令

COD 指令是把 2 位 BCD 代码(0～99)数据转换成 2 位或 4 位 BCD 代码数据的指令。具体功能是把 2 位 BCD 代码指定的表内号数据(2 位或 4 位 BCD 代码)输出到转换数据的输出地址中,COD 指令格式及应用如图 3-62 所示。

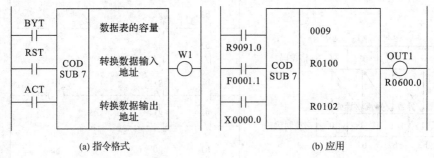

图 3-62　COD 指令格式及应用

②CODB 指令

CODB 指令是把 2 个字节的二进制代码(0～256)数据转换成 1 个字节、2 个字节或 4 个字节的二进制数据指令。具体功能是把 2 个字节二进制数指定的表内号数据(1 个字节、2个字节或4个字节的二进制数据)输出到转换数据的输出地址中。CODB指令格式及应用如图3-63所示。

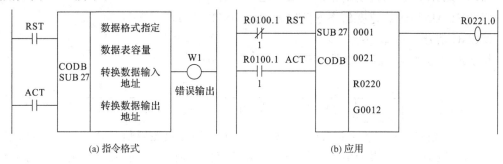

(a) 指令格式   (b) 应用

图 3-63　CODB指令格式及应用

● 指令说明

控制条件：

RST：错误输出复位条件。RST＝0，取消复位，输出不变；RST＝1，错误输出，复位。

ACT：执行条件。ACT＝0，不执行CODB指令；ACT＝1，执行CODB指令。

参数：

数据格式指定：指定数据表中二进制数据的字节数，0001表示指定1个字节二进制数据；0002表示指定2个字节二进制数据；0004表示指定4个字节二进制数据。

数据表容量：指定数据表的容量，最多可容纳256个数据。0021表示编程进给速度倍率数据表的容量为21个数据，表内号范围是0000～0020。

转换数据输入地址：数据表中的数据可以通过指定表内号取出，指定表内号的地址为转换数据输入地址，表内号为1个字节二进制数据，R0220表示编程进给速度倍率数据表的表内号地址。

转换数据输出地址：指定数据表中的1个字节、2个字节或4个字节的二进制数据转换后的输出地址，G0012表示转换数据输出地址。

错误输出：在执行CODB指令时如果出现错误，R0221.0为1，否则为0。

● CODB指令转换过程如图3-64所示。

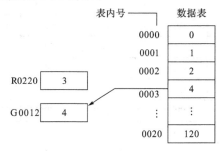

图 3-64　CODB转换过程说明

(3)切削进给速度倍率格雷码转换PMC控制主要相关信号

①PMC输入信号。

FEOVRAD 0：进给速度倍率开关输入地址1(X0020.0)。

FEOVRAD 1：进给速度倍率开关输入地址2(X0020.1)。

FEOVRAD 2:进给速度倍率开关输入地址 3(X0020.2)。

FEOVRAD 3:进给速度倍率开关输入地址 4(X0020.3)。

FEOVRAD 4:进给速度倍率开关输入地址 5(X0020.4)。

②CNC 信号。

切削进给速度倍率信号处理 *FV0～*FV7(G0012)

	#7	#6	#5	#4	#3	#2	#1	#0
G0012	*FV7	*FV6	*FV5	*FV4	*FV3	*FV2	*FV1	*FV0

速度倍率信号 *FV0～*FV7(G0012.0～G0012.7)为负逻辑信号,"0"时有效,倍率单位为 1%,所以倍率数据表的倍率数据均为实际倍率的反码,可表示成相应负整数的补码,具体对应关系为实际倍率的反码＝－(实际倍率＋1)或者实际倍率的反码＝255－实际倍率。见表 3-23。

表 3-23　　　　　　　　　　　切削进给速度倍率转换表

倍率值/%	FEOVRAD 0～4 (格雷码)	倍率数据表				实际 倍率数据 (二进制)
		表内号(R0220)		倍率数据(G0012)		
		二进制	十进制	十进制	二进制	
0	00000	00000	000	－00001	11111111	00000000
1	00001	00001	001	－00002	11111110	00000001
2	00011	00010	002	－00003	11111101	00000010
4	00010	00011	003	－00005	11111011	00000100
6	00110	00100	004	－00007	11111001	00000110
8	00111	00101	005	－00009	11110111	00001000
10	00101	00110	006	－00011	11110101	00001010
15	00100	00111	007	－00016	11110000	00001111
20	01100	01000	008	－00021	11101011	00010100
30	01101	01001	009	－00031	11100001	00011110
40	01111	01010	010	－00041	11010111	00101000
50	01110	01011	011	－00051	11001101	00110010
60	01010	01100	012	－00061	11000011	00111100
70	01011	01101	013	－00071	10111001	01000110
80	01001	01110	014	－00081	10101111	01010000
90	01000	01111	015	－00091	10100101	01011010
95	11000	10000	016	－00096	10100000	01011111
100	11001	10001	017	－00101	10011011	01100100
105	11011	10010	018	－00106	10010110	01101001
110	11010	10011	019	－00111	10010001	01101110
120	11110	10100	020	－00121	10000111	01111000

③切削进给速度倍率格雷码转换 PMC 控制梯形图如图 3-65 所示。

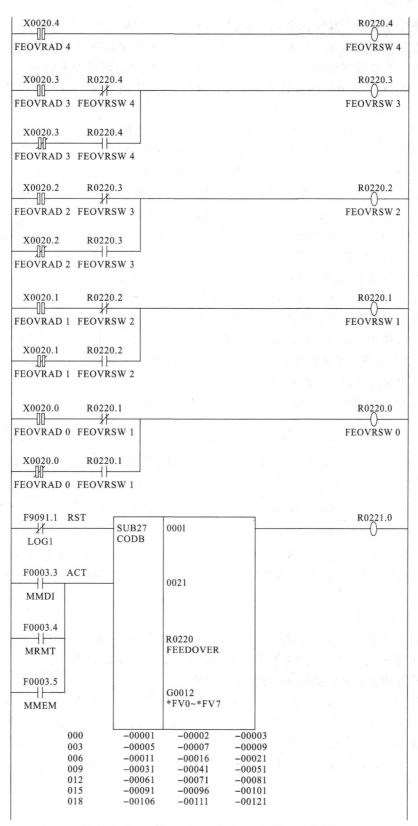

图 3-65 切削进给速度倍率格雷码转换 PMC 控制梯形图

切削进给速度倍率数据表的表内号地址为 R0220。具体控制过程如图 3-65 所示,当旋转进给速度倍率开关为某一倍率挡位时,进给速度倍率开关的输入信号 FEOVRAD 0～FEOVRAD 4 将以格雷码的形式送入 PMC,PMC 首先把格雷码转换为倍率数据表的表内号,并存入 R0220。再通过执行代码转换指令 CODB 把表内号所对应的倍率数据传送到 G0012.0～G0012.7 中,

若旋转进给速度倍率开关为 10% 倍率挡位,如图 3-66 所示,10% 的挡位号为 6,从 000 开始数即 000、001、002、003、004、005、006。经过格雷码转换之后,倍率数据表的表内号地址 R0220 内容为二进制表内号 00110,即十进制表内号 006,再通过执行代码转换指令 CODB 把表内号 006 所对应的十进制倍率数据－00011,即－(10＋1),以 8 位二进制倍率数据 11110101 的形式输出到 G0012.0～G0012.7 中,向 CNC 传送编程进给速度倍率信号 *FV0～*FV7。

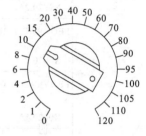

图 3-66　进给速度倍率
开关 10% 挡位

若旋转进给速度倍率开关为 30% 倍率挡位,经过格雷码转换之后,倍率数据表的表内号地址 R0220 内容为二进制表内号 01001,即十进制表内号 009,再通过执行代码转换指令 CODB 把表内号 009 所对应的十进制倍率数据－00031,即－(30＋1),以 8 位二进制倍率数据 11100001 的形式输出到 G0012.0～G0012.7 中,向 CNC 传送编程进给速度倍率信号 *FV0～*FV7,依此类推。

4. 手动连续进给速度倍率 PMC 编程

(1)手动连续进给倍率信号处理 *JV0～*JV15 (G0010～G0011)

	#7	#6	#5	#4	#3	#2	#1	#0
G0010	*JV7	*JV6	*JV5	*JV4	*JV3	*JV2	*JV1	*JV0

	#7	#6	#5	#4	#3	#2	#1	#0
G0011	*JV15	*JV14	*JV13	*JV12	*JV11	*JV10	*JV9	*JV8

(2)数据表中的设定值

手动连续进给倍率信号 *JV0～*JV15 是低电平有效,数据表中较为简便的设定方法是:将实际倍率值乘以 100,加 1 取反后,将结果设到对应项中,即设定值＝－(实际倍率×100＋1)。

(3)PMC 梯形图

手动连续进给速度倍率与切削进给速度倍率使用同一倍率开关,只是工作方式是手动时进行倍率转换,手动连续进给速度倍率代码转换梯形图如图 3-67 所示。

5. 应用逻辑非功能实现进给倍率负逻辑转换

在设计中,对数值转换不熟悉时,还可以应用逻辑非功能实现进给速度倍率负逻辑转换,如图 3-68 所示。PMC 将格雷码转换数据表的表内号存于 R0220,通过代码转换指令 CODB 把表内号所对应的倍率值传送到 R0240 中,由于 G0010、G0011 或 G0012 为负逻辑信号,"0"时有效,通过 NOT 指令把 R0240 中的数据取反后输出到 G0010、G0011 或 G0012 中即可。

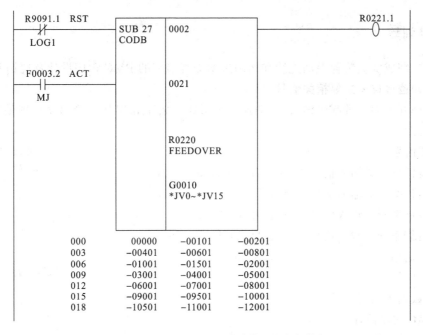

图 3-67　手动连续进给速度倍率代码转换梯形图

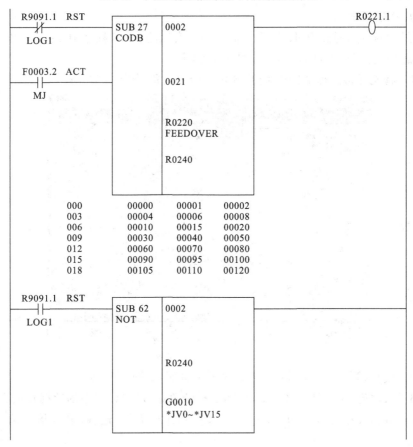

图 3-68　逻辑非功能进给速度倍率转换

三　任务训练

任务　完成实训装置手动连续和切削进给速度倍率的 PMC 程序设计及现场调试。

1. 已知速度倍率主要相关信号

该倍率开关为二进制码输入,手动连续进给速度倍率和切削进给速度倍率使用同一倍率开关,如图 3-69 所示。

(1)X 信号

F-S1:倍率开关输入信号 1,地址为 X0031.5。

F-S2:倍率开关输入信号 2,地址为 X0031.6。

F-S3:倍率开关输入信号 3,地址为 X0031.7。

F-S4:倍率开关输入信号 4,地址为 X0032.0。

F-S5:倍率开关输入信号 5,地址为 X0032.1。

(2)R 信号

倍率数据表的表内号地址为 R0001。

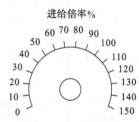

图 3-69　进给倍率数值

2. PMC 程序设计

请根据前面所学知识,自行编写程序。

3. PMC 程序调试

将编写好的程序,通过 PMC 操作界面添加到实训的 PMC 程序中,使倍率开关生效。

(1)熟悉功能指令 CODB 转换指令数据表的输入。

步骤 1　将光标移到梯形图中 CODB 转换指令位置,如图 3-70 所示。

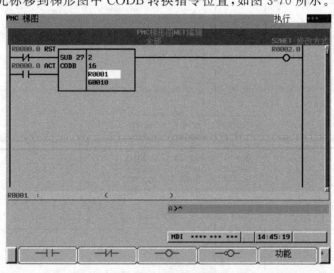

图 3-70　CODB 转换指令

步骤 2　按软键[＋]→[表]显示数据表编辑页面,如图 3-71 所示。

步骤 3　按软键[＋]或[PAGE DOWN]→[计数数]设定数据表的数据转换个数。

步骤 4　数据大小可以通过软键[字节]、[字]、[双字]来选择,输入倍率值,如图 3-72 所示。

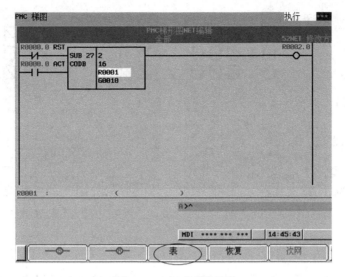

图 3-71　CODB 数据表编辑

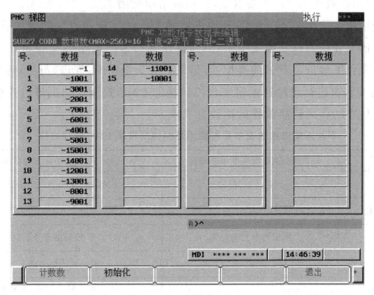

图 3-72　数据表数值输入

（2）程序检验

①按下[POS]功能键，显示位置界面。按下自动工作方式按键，观察自动工作方式指示灯是否点亮，界面状态栏是否显示"MEM"；从 0～120％依次旋转进给速度倍率开关挡位，在"位置"界面下，观察空运行速度"DRN F"是否被改变，若改变，改变之后是否正确，如图 3-73 所示。

②按下手动连续进给工作方式按键，观察手动连续进给工作方式指示灯是否点亮，界面状态栏是否显示"JOG"；从 0～120％依次旋转进给速度倍率开关挡位，在位置界面下，观察手动连续进给速度"JOG F"是否被改变，若改变，改变之后是否正确，如图 3-74 所示。

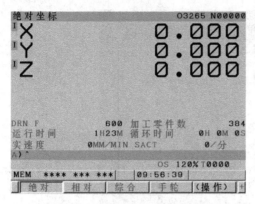

图 3-73 空运行速度 DRN F 界面

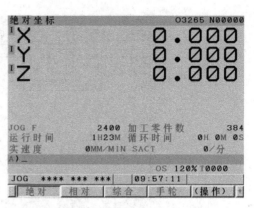

图 3-74 手动连续进给速度 JOG F 界面

四 任务小结

1.倍率信号为负逻辑信号,"0"时有效,可以应用实际倍率的反码进行数据表倍率值的填写,也可以应用逻辑非 NOT 功能指令,实现进给速度倍率的 PMC 控制。

2.通过进给速度倍率 PMC 编程,知道进给轴关于速度修调有切削进给速度倍率、手动连续进给速度倍率和快速移动速度倍率三种,快速移动速度倍率的编程将在下一任务中学习。编程时首先要了解倍率开关的类型,若倍率开关为格雷码,先进行进给速度倍率格雷码转换的 PMC 控制,再进行进给速度倍率代码转换的 PMC 控制。切削进给速度倍率和手动连续进给速度倍率的代码转换编程的比较见表 3-24。

表 3-24 手动连续进给速度倍率与切削进给速度倍率 PMC 编程比较

参数	手动连续进给速度倍率编程	切削进给速度倍率编程
启动条件	F0003.2(JOG)	F0003.5(MEM)/F0003.3(MDI)/F0003.4(DNC)
数据表字节数	2	1
数据表容量	根据倍率开关设定	根据倍率开关设定
数据表转换输出地址	G0010 和 G0011	G0012
倍率值输入	输入倍率值＝－(实际倍率×100＋1)	输入倍率值＝－(实际倍率＋1)或 输入倍率值＝255－实际倍率

五 拓展提高——保持型继电器在 PMC 中的应用

保持型继电器界面如图 3-75 所示,设置时界面中的 K0000～K0099(0i-Mate D 系统中为 K0000～K0019)用户可自行定义使用,可以按 MDI 面板上的功能键[SYSTEM],再按软键[＋]、[PMCCNF]、[＋]、[K 参数]进入 PMC K 参数设定界面进行设定,在编程时可以直接使用相应的触点,如 K0001.0 等。

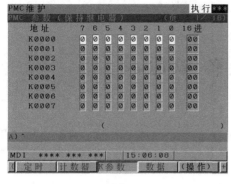
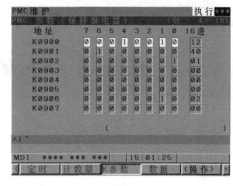

(a)   (b)

图 3-75 PMC K 参数设定页面

K0900～K0999 具有特殊含义,用户不要随意使用。K0900～K0999 主要涉及 PMC 程序显示、编辑菜单、编辑使能、PMC 参数的隐含、数据表等。设定页面参数设置与 K0900～K0999 系统保持型继电器的对应关系见表 3-25。

表 3-25   PMC 参数与系统保持型参数的对应关系

PMC 参数功能	PMC 设置	K 参数	PMC 参数功能	PMC 设置	K 参数
追踪功能	手动	K0906.5＝0	隐含 PMC 参数	否	K0900.0＝0
	自动	K0906.5＝1		是	K0900.0＝1
PMC 编辑有效	否	K0901.6＝0	I/O 模块选择页面	隐含	K0906.1＝0
	是	K0901.6＝1		显示	K0906.1＝1
PMC 编辑自动写入 FLASH ROM	否	K0902.0＝0	保持型 继电器	隐含	K0906.6＝0
	是	K0902.0＝1		显示	K0906.6＝1
强制功能	禁止	K0904.0＝0	梯形图开始	自动	K0900.2＝0
	不禁止	K0904.0＝1		手动	K0900.2＝1
数据表管理 页面显示	是	K0900.7＝0	允许 PMC 停止	否	K0902.2＝0
	否	K0900.7＝1		是	K0902.2＝1
保护 PMC 参数	否	K0902.7＝0	内置编程功能	否	K0900.1＝0
	是	K0902.7＝1		是	K0900.1＝1

课后练习

1. 把格雷码转换成普通二进制码的转换规则是什么?

2. 若编程进给倍率为 1%,倍率数据表中的倍率数应该输入多少能直接送入 G0012 中?

3. 某倍率开关输入信号是格雷码,信号地址分别为 X0001.0、X0001.1、X0001.2、X0001.3,请用 PMC 程序转换为二进制信号。

任务6　手动进给功能编程

一　任务介绍

【任务环境】

本任务需要配置 FANUC 0i-D/Mate D 数控系统的实训装置、FANUC 数控系统功能手册、FANUC 数控系统编程手册以及装有 FANUC LADDER-Ⅲ软件的计算机。

【任务目标】

通过对数控机床手动连续进给和增量进给 PMC 控制的流程和实现方法的学习,具有 PMC 程序设计和调试的能力。

【任务导入】

数控机床进给轴的操作主要有:手动连续进给(JOG 进给)、手动增量进给、手动回参考点控制及手轮进给控制。下面我们通过数控车床操作面板(图 3-76)来回顾一下进给轴的手动操作。

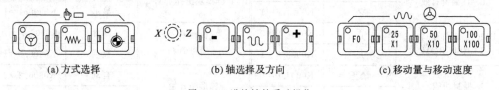

(a)方式选择　　　　(b)轴选择及方向　　　　(c)移动量与移动速度

图 3-76　进给轴的手动操作

二　必备知识

1.JOG 进给与手动增量进给 PMC 相关信号

在坐标轴手动控制中,主要有 JOG 进给和手动增量进给,在手动增量进给中要选择移动量,在手动连续进给中不需要选择。PMC 主要控制信号见表 3-26。

表 3-26　　　　　　　　手动连续进给与手动增量进给 PMC 信号一览表

选择的种类	JOG 进给	手动增量进给
方式的选择	MD4,MD2,MD1(1,0,1);MJ(F0003.1)	MD4, MD2, MD1 (1, 0, 0); MINC (F0003.2)
移动轴的选择	+J1,−J1,+J2,−J2,…	
移动方向的选择		
移动量的选择		MP1,MP2
移动速度的选择	*JV0~ *JV15,RT,ROV1,ROV2	

(1)PMC 与 CNC 之间轴选择信号及相关参数

机床手动连续进给控制时,需要知道表 3-27 PMC 与 CNC 之间轴选择信号及图 3-77

中设定的同时进给轴数。在手动方式、增量方式、回零方式下选择相应轴的进给方向,当信号为"1"时轴开始运动。信号名中的信号(+、-)指明进给方向,J 后面所跟的数字表明所控制的轴。

表 3-27　　　　　　　　　　　PMC 与 CNC 之间轴选择信号

地址	#7	#6	#5	#4	#3	#2	#1	#0
G0100	+J8	+J7	+J6	+J5	+J4	+J3	+J2	+J1
G0102	-J8	-J7	-J6	-J5	-J4	-J3	-J2	-J1

	#7	#6	#5	#4	#3	#2	#1	#0
1002								JAX

JAX　0:手动连续进给时同时控制的轴数为1
　　　1:手动连续进给时同时控制的轴数最多为3

图 3-77　设定手动连续进给时同时控制的轴数

(2)速度信号

在上一任务中,学习了手动连续进给速度倍率的编程 G0010、G0011,在坐标轴移动中还有快速移动速度倍率和快速功能可以选择,PMC 手动连续进给速度倍率信号如图 3-78 所示。通过表 3-28 来说明手动功能速度参数与各倍率的关系。

	#7	#6	#5	#4	#3	#2	#1	#0
Gn010	*JV7	*JV6	*JV5	*JV4	*JV3	*JV2	*JV1	*JV0
Gn011	*JV15	*JV14	*JV13	*JV12	*JV11	*JV10	*JV9	*JV8
Gn019	RT							

ROV2(G0014.1)	ROV1(G0014.0)	倍率值
0	0	100%
0	1	50%
1	0	25%
1	1	F0

图 3-78　PMC 编程手动连续进给速度信号

表 3-28　　　　　　　　　　　手动功能速度参数与各倍率的关系

参数	参数作用	与进给速度的关系
1420	每个轴的快速移动速度	/G00 速度,RT 乘以 G0010、G0011
1421	快速移动速度倍率的最低速度 F0	F0
1423	每个轴的 JOG 进给速度	JOG 乘以 G0010、G0011
1424	每个轴的手动快速移动速度	RT 乘以快速倍率值 F25/F50/F100

2. 手动回参考点相关的信号与参数

基于增量编码器的半闭环控制的数控机床,其手动回参考点功能是保证机床加工精度的重要功能,当机床进行了手动回参考点操作,建立机床坐标系后,各轴的软限位设置、反向间隙、螺距误差补偿等数据生效。

与手动回参考点相关的控制信号见表 3-29,地址见表 3-30。

表 3-29 　　　　　　　　　与手动回参考点有关的控制信号

选择的种类	手动参考点返回
方式的选择	ZRN、MD4、MD2、MD1(1、0、1);MREF (F0004.5)
移动轴的选择 移动方向的选择	+J1、−J1、+J2、−J2、…
移动速度的选择	ROV1,ROV2
参考点返回完成信号	ZP1,ZP2,ZP3,…
参考点建立信号	ZRF1,ZRF2,ZRF3,…

表 3-30 　　　　　　　　与手动回参考点有关的控制信号的地址

地址	#7	#6	#5	#4	#3	#2	#1	#0
X0009					* DEC4	* DEC3	* DEC2	* DEC1
F0094				ZP5	ZP4	ZP3	ZP2	ZP1
F0120				ZRF5	ZRF4	ZRF3	ZRF2	ZRF1

说明:F0094.0～F0094.4 是参考点返回完成信号。表示返回参考点完成,且在参考点上,当轴移动后,由"1"变为"0"。F0120.0～F0120.4 是参考点建立信号,坐标轴回过参考点后,始终保持为"1",该信号一般作为回参考点指示灯的信号。

3. 与手轮相关的信号与参数

使用手轮进给轴选择信号时,通过 G0018 和 G0019 来选择三台手摇脉冲发生器,控制信号如图 3-79 所示,信号地址见表 3-31。手轮进给速度倍率信号由 MP1、MP2 组合得到手轮进给倍率,见表 3-32。

```
        #7    #6    #5    #4    #3    #2    #1    #0
G0018 | HS2D | HS2C | HS2B | HS2A | HS1D | HS1C | HS1B | HS1A |

        #7    #6    #5    #4    #3    #2    #1    #0
G0019 |      |      | MP2  | MP1  | HS3D | HS3C | HS3B | HS3A |
```

HS1A~HS1D:第一手轮进给轴选择信号; HS2A~HS2D:第二手轮进给轴选择信号;
HS3A~HS3D:第三手轮进给轴选择信号

图 3-79　手轮进给轴选择信号

表 3-31 　　　　　　　　　　手轮进给轴选择信号

手轮进给轴选择信号				进给轴
HS1D(G0018.3)	HS1C(G0018.2)	HS1B(G0018.1)	HS1A(G0018.0)	
0	0	0	0	无选择
0	0	0	1	第 1 轴
0	0	1	0	第 2 轴
0	0	1	1	第 3 轴
0	1	0	0	第 4 轴
0	1	0	1	第 5 轴

表 3-32 手轮进给速度倍率信号组合

MP2(G0019.5)	MP1(G0019.4)	手轮倍率
0	0	×1
0	1	×10
1	0	×M
1	1	×N

4. 坐标轴点动及回零梯形图的设计

(1)I/O 地址分配。

以数控车床为例,操作面板上轴选按钮分布示意图如图 3-80 所示,根据机床电气图纸,查找出该功能的 PMC I/O 地址分配,见表 3-33。

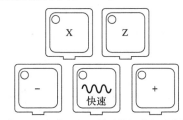

图 3-80 操作面板上轴选按钮分布示意图

表 3-33 PMC I/O 地址分配

按键名称	地址	输出指示灯	地址
X 轴选按键[X. K]	X0015.1	X 轴选指示灯 [X. L]	Y0014.2
Z 轴选按键[Z. K]	X0015.3	Z 轴选指示灯[Z. L]	Y0014.0
正方向按键[+. K]	X0018.7	正方向指示灯[+. L]	Y0014.3
负方向按键[-. K]	X0019.0	负方向指示灯[-. L]	Y0014.1
快速按键[RT. K]	X0018.4	快速指示灯[RT. L]	Y0015.6
X 回零指示灯 [X0. L]	Y0009.0	Z 回零指示灯 [Z0. L]	Y0009.1

(2)按键式轴选梯形图编制。

当数控机床的工作方式为增量进给方式(MINC)、手轮方式(MH)、手动方式(MJ)、回零方式(MREF)任意方式时,轴选方式有效,若按下 X、Z 任一轴选按钮时,产生 R0203.1 上升沿脉冲,以 X 轴为例,按下 X 轴轴选按钮时,即 X0015.1 为"1",R0203.0、R0203.1、R0203.2、R0203.3在第一个扫描周期为"1";在其他扫描周期中,R0203.0 为"1",R0203.1 为"0",R0203.2 为"1",R0203.3 依然为"1"。松开 X 轴轴选按钮时,X0015.1 为"0",R0203.0、R0203.1、R0203.2 在扫描周期为"0",R0203.3 依然为"1",即 X 轴轴选信号接通,梯形图设计如图3-81 所示。

(3)手动快速键的处理如图 3-82 所示。

(4)坐标轴点动与回零梯形图编制。

轴移动指令信号有效的前提是轴选信号和方向信号必须同时有效,轴控制包括点动方式和回零方式,坐标轴是正方向回零还是负方向回零在程序中由 K0010.1 的状态决定。K0010.0="1",X 坐标轴负方向回零;K0010.0="0",X 坐标轴正方向回零。如图 3-83 所示。

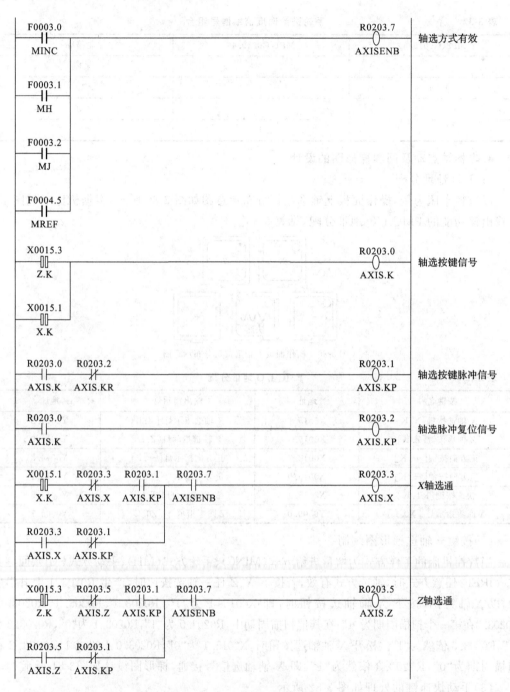

图 3-81　按键式轴选梯形图

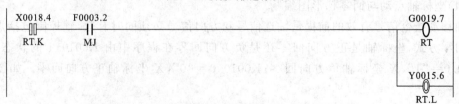

图 3-82　手动快速键的处理

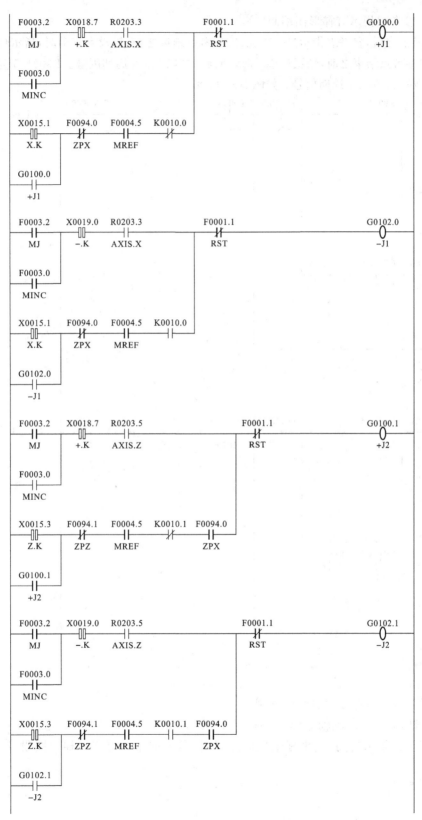

图 3-83　X、Z 轴点动与回参考点梯形图

（5）回参考点指示灯梯形图编制。

回参考点之后，参考点指示灯一直亮；回参考点结束之前，轴没有移动时，指示灯以 1 s 周期闪烁；回参考点结束之前，轴正在移动时，轴指示灯以 0.2 s 周期闪烁。R9091.5 为 0.2 s 周期信号，R9091.6 为 1 s 周期信号。如图 3-84 所示。

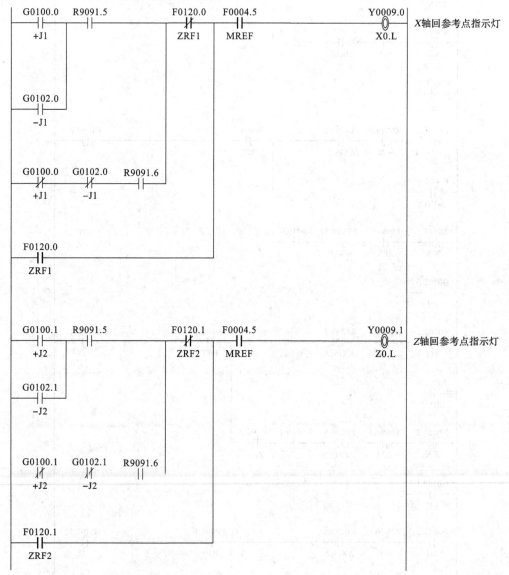

图 3-84　回参考点指示灯

（6）轴选及方向指示灯梯形图编制

当 X 轴选中时，X 轴轴选指示灯亮；当 Z 轴选中时，Z 轴轴选指示灯亮。当坐标轴正向运行时，正方向指示灯亮；当坐标轴反向运行时，负方向指示灯亮。梯形图设计如图 3-85 所示。

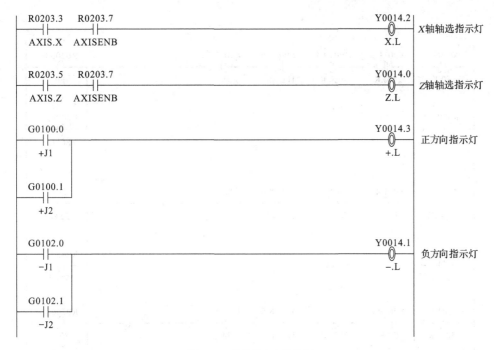

图 3-85　轴选及方向指示灯

5. 手动快速移动速度倍率与手轮增量进给 PMC 控制

操作面板手动快速移动速度倍率与手轮增量进给共用同一按钮,如图 3-86 所示,按钮输入地址及输出指示灯见表 3-34。

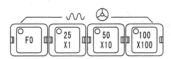

图 3-86　操作面板按钮示意图

表 3-34　　　　　　　　　　操作面板按钮输入地址及输出指示灯

输入按钮名称及符号	地址	输出指示灯符号	地址
F0 按钮[F0.K]	X0019.6	指示灯[F0.L]	Y0015.5
F25(×1)按钮[25%.K]	X0019.4	指示灯[25%.L]	Y0015.4
F50(×10)按钮[50%.K]	X0019.5	指示灯[50%.L]	Y0014.6
F100(×100)按钮[100%.K]	X0018.6	指示灯[100%.L]	Y0014.4

(1)手动快速移动倍率梯形图设计

手动快速移动速度倍率的梯形图设计如图 3-87 所示。

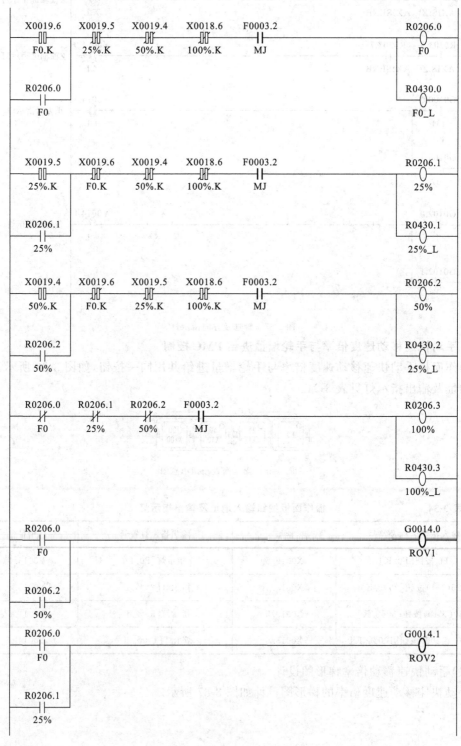

图 3-87 手动快速移动速度倍率的梯形图

（2）手轮增量进给梯形图设计

手轮增量进给梯形图主要包括手轮进给轴选择信号编程、手轮进给倍率信号选择，梯形图设计如图 3-88 所示。

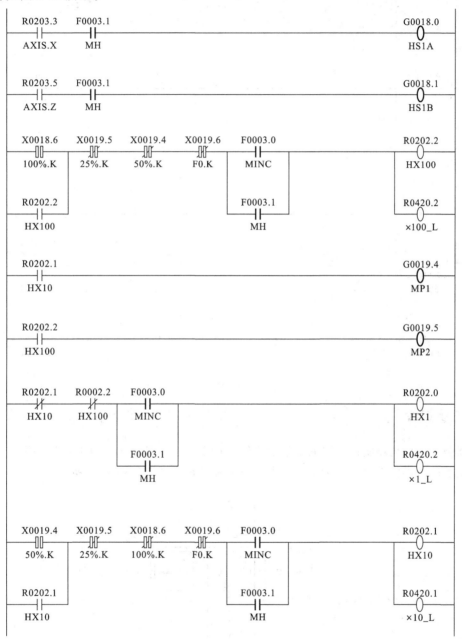

图 3-88 手轮增量进给梯形图

（3）手动快速移动倍率与手轮增量进给指示灯梯形图

手动快速移动速度倍率与手轮增量进给指示灯梯形图如图 3-89 所示。

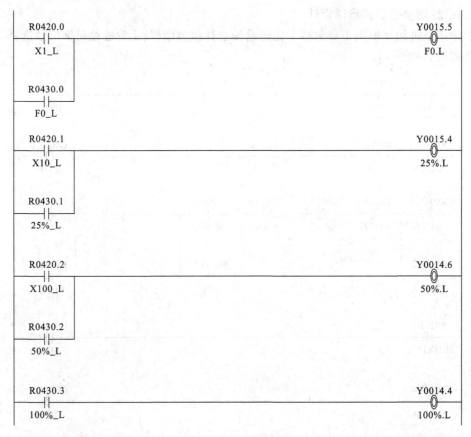

图 3-89 指示灯梯形图

三 任务训练

任务 完成现场实训装置的轴手动进给和按下+X、+Z 回参考点 PMC 程序。

现场设备操作面板的坐标轴控制点动及回零按钮示意图如图 3-90 所示。

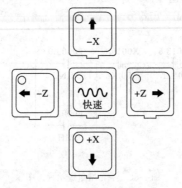

图 3-90 操作面板按钮示意图

1. PMC 相关的控制信号

坐标轴进给及回参考点控制需要的 PMC 输入、输出及 PMC 编程的内部资源信息,见表 3-35。

表 3-35　　　　　　　　　PMC 控制相关信号

信号类型	功能	地址	说明
按键输入	X 轴正向按钮[+X.K]	X0030.5	+X 按钮
	Z 轴正向按钮[+Z.K]	X0031.0	+Z 按钮
	X 轴负向按钮[−X.K]	X0031.1	−X
	Z 轴负向按钮[−Z.K]	X0030.6	−Z
参考点减速开关输入地址	X 轴参考点减速开关	X0009.0	DEC1
	Z 轴参考点减速开关	X0009.1	DEC2
按键指示灯输出地址	指示灯[+X.L]	Y0010.5	按键+X 指示灯
	指示灯[+Z.L]	Y0011.0	按键+Z 指示灯
	指示灯[−X.L]	Y0011.1	按键−X 指示灯
	指示灯[−Z.L]	Y0010.6	按键−Z 指示灯
回零指示灯	X 轴已回零指示灯	Y0013.4	X 轴零点指示灯
	Z 轴已回零指示灯	Y0013.5	Z 轴零点指示灯
PMC 编程内部资源	X 轴正向选择信号	G0100.0	+J1
	Z 轴正向选择信号	G0100.2	+J3
	X 轴负向选择信号	G0102.0	−J1
	Z 轴负向选择信号	G0102.2	−J3
	参考点返回确认信号	F0004.5	MREF
	X 轴返回参考点结束	F0094.0	ZP1
	Z 轴返回参考点结束	F0094.2	ZP3
	X 轴参考点建立	F0120.0	ZRF1
	Z 轴参考点建立	F0120.2	ZRF3

2.设计 PMC 程序并输入到数控系统中,调试 PMC 程序。
(1)编写 PMC 程序。
(2)进行程序调试。

四　任务小结

1.手动连续进给的 PMC 控制

在手动连续进给工作方式下,旋转进给速度倍率开关选择所需倍率,按下轴选及方向键(如+X),其相应的轴将连续以系统参数 No.1423 中设定值乘以开关倍率值后的速度移动。若同时按住快速移动键,其相应的轴将连续以系统参数 No.1420 中设定值乘以开关倍率值后的速度移动。

2.手轮进给的 PMC 控制

在手轮进给工作方式下,按下增量倍率选择键(如×1,×10,×100),进行手轮轴选后,若顺时针旋转手轮,相应轴正方向移动,每转一个刻度,手轮发出一个脉冲,每个脉冲轴移动的距离等于最小输入单位乘以增量倍率。若逆时针旋转手轮,相应轴负方向移动。

五　拓展提高——无挡块参考点返回功能

采用无挡块参考点返回设定时,数控机床各轴不需要安装回零减速开关及其挡块。若位置检测装置为绝对脉冲编码器,系统断电后,下次开机时不需要重新设定参考点。

1. 绝对式编码器返回参考点参数

P1005♯1＝1:无减速开关。

P1006♯5:确定回零方向。0 为正向;1 为负向。

P1815♯1＝0:OPT,不使用分离式脉冲编码器(一般为半闭环系统)。

P1815♯5＝1:APC,绝对编码器。

P1815♯4＝X:APZ,绝对编码器参考点建立与否。

2. 设定方法与步骤

(1)将参数 1815♯5(APC)和参数 1815♯4(APz)的 X、Y、Z 都设置为 0,关机/开机。JOG 方式下,移动 X 和 Z 轴到参考点位置。

(2)将 1815♯5(APC)的 X、Y、Z 都设置 1,机床关机重新启动。

(3)修改系统参数 1815♯4 设为 1,即当使用绝对位置检测装置时,机械位置与绝对位置检测装置的位置关系,1 为一致,0 为不一致。

(4)机床关机重新启动后零点设置完成,机床即可正常运行。

 课后练习

编程:某 FANUC 0i-D 系统数控机床采用手持式脉冲编码器,系统的第 1～4 轴的手轮控制轴选信号分别为 G0018.0～G0018.3,开关控制输入信号分别为 X0002.0～X0002.3(按钮式)。系统手轮倍率开关选择开关 G0019.4,G0019.5,信号"0,0"为倍率×1,信号"0,1"为倍率×10,信号"1,0"为倍率×M(系统参数 7113 设定 M,一般设为 100),信号"1,1"为倍率×N(系统参数 7114 设定 N,一般设为 1000),手轮倍率开关输入地址分别为 X0002.4～X0002.7(按钮式)。编制系统 PMC 梯形图。

数控机床模拟主轴连接与调试

知识点

1. 熟悉 CNC 与变频器的硬件连接。
2. 掌握变频器参数设置。
3. 掌握主轴正转、反转 M 代码 PMC 编程。
4. 掌握主轴倍率 PMC 编程。

技能点

1. 能够识读模拟主轴电气连接。
2. 能够对变频器、CNC 参数进行设置与调试。
3. 能够对主轴正转、反转、倍率等进行 PMC 调试。

任务1 模拟主轴硬件连接及参数设置

一 任务介绍

【任务环境】

本任务需要配置 FANUC 0i-D/Mate D 数控系统的实训装置、三菱变频器使用手册。

【任务目标】

通过对数控机床主轴中的变频器硬件端子功能及参数设置、CNC 模拟主轴相关参数含义及设置的学习,具有模拟主轴硬件连接及参数设置能力。

【任务导入】

FANUC 0i-Mate D 系统主轴控制可分为主轴串行输出(Spindle Serial Output)和主轴模拟输出(Spindle Analog Output)。在本任务中将学习数控机床模拟主轴的电气调试,用模拟量控制的主轴驱动单元(如变频器)和电动机称为模拟主轴,主轴的构成部件为 CNC、变频器、主轴电动机、主轴编码器,模拟主轴常用部件如图 4-1 所示。

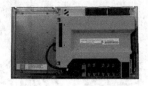

图 4-1　数控机床模拟主轴常用部件

二　必备知识

1. 变频器的工作原理

变频器的作用是将 50 Hz 的交流电源整流成直流电源,然后通过脉宽调制技术(PWM 技术)逆变成频率可变(0～400 Hz)的交流电源驱动三相异步电动机旋转。变频器可分为"交-交"型和"交-直-交"型两类。

我们知道,交流电动机的转速表达式为

$$n = 60 \times f \times (1-s)/p \tag{4-1}$$

式中　n——异步电动机的转速;

　　　s——电动机转差率;

　　　f——异步电动机的频率;

　　　p——电动机极对数。

由式(4-1)可知,转速 n 与频率 f 呈正比,只要改变频率 f 即可改变电动机的转速,当频率 f 在 0～50 Hz 的范围内变化时,电动机转速调节范围非常宽。变频器就是通过改变电动机电源频率实现速度调节的,这是一种理想的高效率、高性能的调速手段。

变频器的控制方式从最初的电压空间矢量控制(磁通轨迹法)到矢量控制(磁通定向控制),发展到现在,改进为直接转矩控制,这种方式能方便地实现无速度传感器化。脉宽调制技术从正弦 PWM 发展至优化 PWM 技术和随机 PWM 技术,减小了电流谐波畸变率,以实现电压利用率最高、效率最优、转矩脉冲最小及噪声强度大幅度削弱的目标。功率器件由 GTO、GTR、IGBT 发展到智能模块 IPM,智能模块 IPM 开关速度快、驱动电流小、控制驱动简单、故障率降低,干扰得到了有效控制,并进一步完善了保护功能。

随着数控控制的 SPWM 变频调速系统的发展,数控机床主轴驱动采用通用变频器控制也越来越多。所谓"通用",包含两方面的含义:一是可以和通用的笼型异步电动机配套应用;二是具有多种可供选择的功能,可应用于各种不同性质的负载。

2. 三菱变频调速系统的组成

目前,作为主轴驱动装置比较多的变频器有日本的安川变频器、三肯变频器、三菱变频器及富士变频器等,变频调速系统的硬件组成如图 4-2 所示。

(1)显示与操作单元

实现变频器的参数设定与调试。

(2)断路器

用于变频器主回路的短路保护,变频器内部一般无主回路短路保护器件,为防止整流、逆变功率器件故障引起的电源短路,必须在输入侧安装断路器或熔断器。

（3）主接触器

变频器原则上只要主电源接入便可工作,而且不允许通过主接触器来频繁控制电动机启停,故从正常工作的角度来看,主回路可以不加主接触器。但对带有外接制动电阻的变频器来说,必须在制动电阻单元上安装温度检测器件,并能通过主接触器切断电源。

（4）交流电抗器

用来抑制变频器产生的高次谐波,提高功率因数,减少谐波影响。

（5）直流电抗器

用来抑制直流母线上的高次谐波与浪涌电流,减少整流、逆变功率管的冲击电流,提高变频器功率因数。

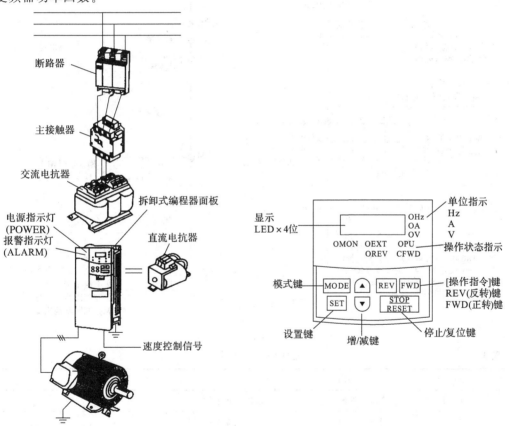

图 4-2　变频调速系统的硬件组成

3.三菱变频主轴的硬件接线

下面以三菱变频器为例说明三菱变频器作为模拟主轴驱动装置、主回路及控制回路的硬件连接,如图 4-3 所示。

（1）主回路连接

主回路端子说明见表 4-1。

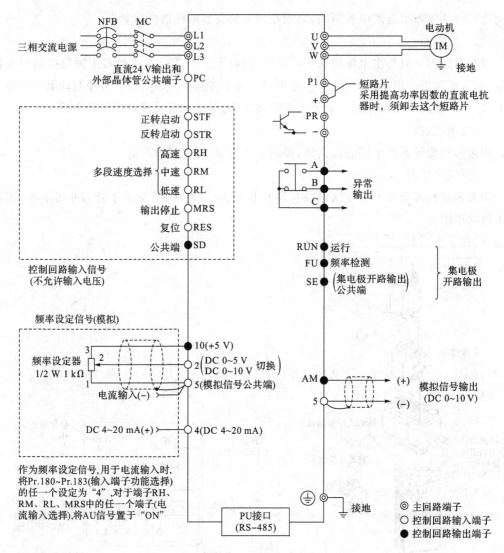

图 4-3　三菱变频器输入/输出端子

表 4-1 　　　　　　　　　　　　　　　　主回路端子说明

端子记号	端子名称	说　明
L1、L2、L3	交流电源输入	连接工频电源
U、V、W	变频器输出	接三相笼型电动机
+、PR	制动电阻器连接	在+、PR 之间连接选件制动电阻器(FR-ABR)
+、-	连接制动单元	连接选件 FR-BU2 型制动单元或共直流母线变流器(FR-CV)或高功率因数转换器(FR-HC)
+、P1	连接改善功率因数 DC 电抗器	拆开端子+-P1 间的短路片,连接选件改善功能因数用电抗器
⏚	接地	变频器外壳接地用,必须接大地

（2）控制回路连接

变频器的控制回路可分为开关量输入/输出回路(DI/DO)、模拟量输入/输出回路(AI/AO)两类。

①运行控制信号 STF/STR

正转、反转信号是变频器最基本的运行控制信号,而且其输入端一般不通过参数改变,故应按照变频器生产厂家的要求连接。STF 信号处于 ON 便正转,处于 OFF 便停止;STR 信号处于 ON 为反转,OFF 为停止。当 STF 和 STR 信号同时处于 ON 时,相当于给出停止指令。

②多段速度选择信号 RH/RM/RL

用 RH、RM 和 RL 信号的组合可以选择多段速度,多级变速用于每级速度固定的多级变速系统,多级变速的输出频率是有级别的,每级频率可在变频器参数上事先设定。

③输出停止信号 MRS

如果变频器运行中输出停止信号(MRS)变为 ON,将在瞬间使输出停止。如果事先将 MRS 信号变为 ON,即使向变频器输入启动信号,变频器也无法运行。

④复位信号 RES

变频器出厂时,通常设置为复位。根据 Pr.75 的设定,仅在变频器报警发生时可能复位。复位解除后约 1 秒恢复。

⑤公共端 SD/PC

SD 作为接点输入端子(漏型逻辑)的公共端子,当选择源型时,PC 作为接点输入端子的公共端子,接入方法如图 4-4 所示。

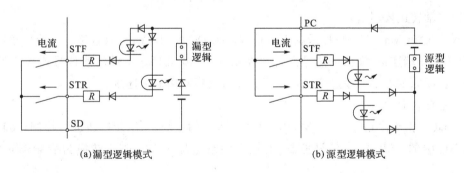

(a)漏型逻辑模式　　　(b)源型逻辑模式

图 4-4　漏型逻辑与源型逻辑输入公共端子处理

⑥变频器模拟量输入/输出信号 2/4/5

变频器模拟量输入/输出分为模拟电压与模拟电流两类,模拟量输入作为频率给定输入信号调节电动机转速,2 和 5 为模拟电压输入信号。为了便于用户使用无源输入元件,变频器通常可为频率给定电位器提供 DC 5 V 或 DC 10 V 电压输出。4 和 5 为 4～20 mA 模拟电流输出信号。

⑦变频器故障输出 A/B/C

A、B、C 指示变频器因保护功能动作而输出停止的转换接点,异常时,B-C 间不导通(A-C 间导通),正常时,B-C 间导通(A-C 间不导通)。

⑧变频器运行信号 RUN

变频器输出频率为启动频率(出厂时为 0.5 Hz,可变更)以上时为低电平,正在停止或正在直流制动时为高电平。

3. FANUC 0i-Mate D 数控装置与变频器的连接

以 FANUC 0i-Mate TD 为例,与三菱变频器和主轴电动机的连接如图 4-5 所示,图中 M 是变频主轴电动机。

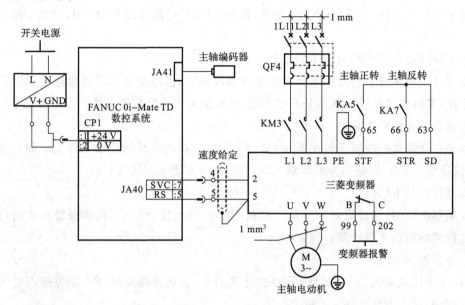

图 4-5　CNC 与变频器硬件连接图

(1)主轴转速控制信号

FANUC 0i-Mate TD 数控系统模拟量输出为 DC 0~10 V,可以直接与三菱变频器的速度给定端 2、5 端连接,模拟量信号来自数控系统 JA40 端口。主轴转速信号连接应使用屏蔽电缆,长度原则上不应超过 50 m,屏蔽层应与变频器接地端连接。

(2)主轴转向信号

主轴转向由程序指令 M03、M04 或操作面板上的主轴正、反转按钮进行控制,其转向统一由 CNC 中的 PMC 输出信号控制,通过中间继电器 KA5、KA7 转换为变频器正、反转信号。

(3)主轴编码器

为了车削螺纹,数控机床主轴需要安装检测主轴转角的主轴编码器,以便车削螺纹时保持 Z 轴进给与轴的同步,故主轴编码器只需要直接连接 CNC 上的 JA41 端口,在变频器上可以不进行闭环控制。

(4)变频器报警信号

变频器上 B、C 端子为系统提供变频器工作状态信息,一般接入 PMC 输入点,产生报警提示。

4. 三菱变频器相关参数说明

三菱变频器的参数设定在调试过程中是十分重要的。由于参数设定不当,不能满足生产的需要,导致启动、制动的失败,或工作时常跳闸的情况时有出现,严重时会烧毁功率模块 IGBT 或整流桥等器件。变频器的品种不同,参数亦不同。一般大多数可不变动,按出厂值即可,只要把使用时原出厂值不合适的予以重新设定即可。

注意　设置参数一定要在关闭变频器输出(非 RUN)状态下进行。

(1)操作模式选择(Pr.79＝0～7)

Pr.79＝0:电源投入时为外部操作模式。

Pr.79＝1:PU 操作模式,用操作面板的参数单元键进行数字设定。

Pr.79＝2:外部操作模式,启动需要来自外部的信号。

Pr.79＝3:外部/PU 组合操作模式 1。

Pr.79＝4:外部/PU 组合操作模式 2。

Pr.79＝5:无。

Pr.79＝6:切换模式,在运行状态下,进行 PU 操作和外部操作的切换。

Pr.79＝7:外部操作模式(PU 操作互锁)。

(2)模拟主轴时设定的参数

①上限频率(Pr.1＝0～120 Hz、出厂值 120 Hz)。

②下限频率(Pr.2＝0～120 Hz、出厂值 0 Hz)。

③基准频率(Pr.3＝0～400 Hz、出厂值 50 Hz)。

④加速时间(Pr.7＝0～3 600 s、出厂值 5 s)。

加速时间即变频器启动后,从启动频率(可以通过 P13 设置)到达设置频率值的时间,这个时间的出厂设置值为 5 s。很多时候电动机启动时,因启动电流过大而发生跳闸,此时可以通过延长这个加速时间来解决。

⑤减速时间(Pr.8＝0～3600 s、出厂值 5 s)。

有加速时间与减速时间的启动称为软启动。减速时间的设定要根据设备的工艺要求来定。

⑥电子过流保护(Pr.9)设定电动机的额定电流。

⑦适用负荷选择(Pr.14＝0～3、出厂值 0)。

⑧最高上限频率(Pr.18＝120～400 Hz、出厂值 120 Hz)。

⑨基准频率电压(Pr.19＝0～9999 V、出厂值 9999 V)。

⑩适用电动机(Pr.71)选择 0 时是适合标准电动机热特性。

⑪模拟量输入选择(Pr.73)0:0～10 V,1:0～5 V(此选项极性不可逆);
10:0～10 V,11:0～5 V(此选项极性可逆)。

(3)控制端子功能分配

在使用变频器控制主轴时,对 STF 和 STR 端子的功能进行分配,输入端子功能分配见表 4-2。

表 4-2　　　　　　　　　　　　输入端子的功能分配

	参数	名称	单位	初始值	范　围	内　容
输入端子的功能分配	178	STF 端子功能选择	1	60	0～5,7,8,10,12,14,16,18,24,25,37,60,62,65～67,9999	0:低速运行指令 1:中速运行指令 2:高速运行指令 3:第二功能选择 4:端子 4 功能选择 5:点动运行选择 7:外部热敏继电器输入 8:15 速选择 10:变频器运行许可信号 12:PU 外部运行互锁 14:PID 控制端子有效 16:PU/外部运行切换 18:V/F 切换 24:输出停止 25:启动自保持选择 37:三角波功能选择 60:正转指令 61:反转指令 62:变频器复位 65:PU/NET 运行切换 66:外部/网络运行切换 67:指令权切换 9999:无功能
	179	STR 端子功能选择	1	61	0～5,7,8,10,12,14,16,18,24,25,37,61,62,65～67,9999	
	180	RL 端子功能选择	1	0	0～5,7,8,10,12,14,16,18,24,25,37,61,62,65～67,9999	
	181	RM 端子功能选择	1	1		
	182	RH 端子功能选择	1	2		

5. FANUC 0i-Mate D 主轴相关参数

(1)使用模拟主轴(需设定 PRM8133♯5＝1)

PRM3716♯0＝0,PRM3717＝1,PRM3730＝1 000(不设置会导致模拟电压无输出)。

	♯7	♯6	♯5	♯4	♯3	♯2	♯1	♯0
8133			SSN					

♯5:SSN　　0 为使用主轴串行输出;1 为不使用主轴串行输出。

	♯7	♯6	♯5	♯4	♯3	♯2	♯1	♯0
3716								A/S

♯0:A/S　　0 为使用模拟主轴;1 为不使用模拟主轴。

3717	各主轴对应的放大器号

仅使用模拟主轴时设定为 1。

3720	位置编码器的脉冲数

数据范围:1～32 767,根据"实际连接编码器线数×4"来设定。

3730	用于主轴速度模拟输出的增益调整的数据

设置模拟主轴输出增益的调整数据,标准设定为 1 000。

按下述方法调整模拟主轴的增益：①将参数设定为标准值；②指定主轴最高速度；③测量输出电压；④按式(4-2)计算设定值，并按所得的设定值设定此参数。

$$设定值 = \frac{10}{测量电压(V)} \times 1\,000 \tag{4-2}$$

（2）主轴速度参数

PRM3735 设定主轴电动机最低钳制速度，其设定值见式 4-3；PRM3736 设定主轴电动机最高钳制速度，其设定值见式 4-4；设定数据的范围为 0～4 095。电动机速度与模拟量电压间的关系如图 4-6 所示。但是，主轴电动机钳制速度的设定并不是一直有效的，如果指定了恒表面速度控制功能或 GTT(PRM3706♯4)这两个参数，钳制速度的设定无效。在这种情况下，不能指定主轴电动机的最大钳制速度。但是可以由 PRM3772(第一轴)、PRM3802(第二轴)和 PRM3822(第三轴)设定主轴最大速度。

3735	设置主轴电动机最低钳制速度

$$设定值 = \frac{主轴电动机的最低钳制速度}{主轴电动机的最大速度} \times 4\,095 \tag{4-3}$$

3736	设置主轴电动机最高钳制速度

$$设定值 = \frac{主轴电动机的最高钳制速度}{主轴电动机的最大速度} \times 4\,095 \tag{4-4}$$

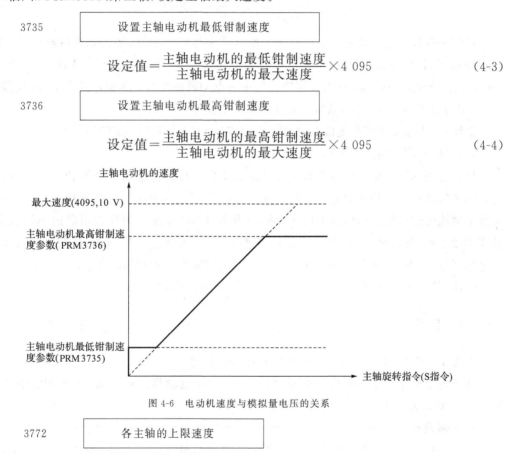

图 4-6 电动机速度与模拟量电压的关系

3772	各主轴的上限速度

设置主轴的最大速度，范围为 0～32 767，设置为 0 时，不进行转速钳制。

（3）主轴换挡参数

数控机床一般采用手动换挡和自动换挡两种方式，前一种方式是在主轴停止后，根据所需要的主轴速度人工拨动机械挡位至相应的速度范围；后者，首先执行 S 功能，检查所设定的主轴速度，然后根据所在的速度范围发出信号，一般采用液压方式换到相应的挡位。所以，在数控加工程序当中使用 MDI 方式启动主轴时，S 功能应该写在 M3(M4)之前，在某些严格要求的场合,S 指令要写在 M3(M4)的前一行,使机床能够先判断、切换挡位后再启动主轴。对手动换挡机床,当 S 功能设定的主轴速度和所在挡位不一致时,M3(M4)若写在 S 功能前,可以看到主轴首先转动,然后立即停止,再报警的情况,这对机床有一定的伤害。因此,应注意书写格式。对每一个挡位,都需要设置它的主轴最高转速,这是由 PRM3741、PRM3742、PRM3743 和 PRM3744(齿轮挡 1、2、3 和 4 的主轴最高转速)设定的,它们的数据单位是 min^{-1},数据范围为 0~32 767。显然,参数的设置和实际机床的齿轮变比有关系,当选定了齿轮组后,相应的参数也就能够设定了。如果 M 系选择了 T 型齿轮换挡(恒表面速度控制或参数 GTT(PRM3706♯4)设定为 1),还必须设定 PRM3744。即使如此,刚性攻丝也只能用 3 挡速度。挡位的选择,由 PRM3751(挡 1~挡 2 切换点的主轴电动机速度)、PRM3752(挡 2~挡 3 切换点的主轴电动机速度)决定,其数据范围为 0~4 095,其设定值为

$$设定值 = \frac{切换点的主轴电动机速度}{主轴电动机的最大转速} \times 4\ 095 \tag{4-5}$$

这两个参数的设定要考虑主轴电动机的转速和扭矩。另外,要注意在攻丝循环时的挡位切换有专用的参数:PRM3761(攻丝循环时挡 1~挡 2 切换点的主轴电动机速度)、PRM3762(攻丝循环时挡 2~挡 3 切换点的主轴电动机速度),其数据单位为 rpm,数据范围为 0~32 767。而不由参数 PRM3751、PRM3752 决定。

说明:当主轴无换挡齿轮配置时,将 PRM3741 设置的与 PRM3772 一致。

(4)主轴速度到达信号 SAR

该信号通常用于切削进给必须在主轴达到指定速度后方能启动的场合。此时,用传感器检测主轴速度。所检测的速度通过 PMC 送至 CNC。当用梯形图连续执行以上操作时,如果主轴速度改变指令和切削进给指令同时发出,CNC 系统会根据表示以前主轴状态(主轴速度改变前)的信号 SAR,错误启动切削进给。为避免发生上述问题,在发出 S 指令和切削进给指令后,对 SAR 信号进行延时监测。延迟时间由 PRM3740 设定。

说明:使用 SAR 信号时,需将 PRM3708♯0(SAR)设定为 1。

三 任务训练

任务 1 基于 PLC 模拟量方式变频开环调速控制。

通过外部端子控制电动机启动或停止,按下 SB1 电动机正转启动,按下 SB2 电动机反转启动。调节输入电压,电动机转速随电压增加而增大。

1. 实训设备

三菱变频器 D740,独立型 PLC(三菱 FX$_{2N}$ 系列),低压电器元件(按钮、中间继电器、电位器等)。

2. 硬件接线

变频器与 PLC 的硬件接线图如图 4-7 和图 4-8 所示。

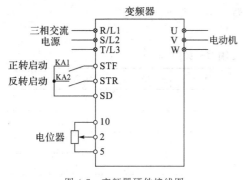

图 4-7 变频器硬件接线图

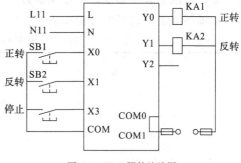

图 4-8 PLC 硬件接线图

3. 参数功能表及接线图

正确设置变频器输出的额定频率、额定电压、额定电流、额定功率、额定转速。

变频器参数功能见表 4-3。

表 4-3   变频器参数功能

序号	变频器参数	出厂值	设定值	功能说明
1	P1	50	50	上限频率(50 Hz)
2	P2	0	0	下限频率(0 Hz)
3	P7	5	5	加速时间(5 s)
4	P8	5	5	减速时间(5 s)
5	P9	0	0.35	电子过电流保护(0.35 A)
6	P160	9 999	0	扩张功能显示选择
7	P79	0	2	操作模式选择
8	P73	1	1	0~5 V 输入
9	P178	60	60	正转指令分给 STF
10	P179	61	61	反转指令分给 STR

注:设置参数前先将变频器参数复位为工厂的出厂值。

4. 操作步骤

(1)检查实训设备中器材是否齐全。

(2)按照变频器硬件连接图完成变频器的接线,认真检查,确保正确无误。

(3)打开电源开关,按照参数功能表正确设置变频器参数。

(4)打开示例程序或用户自己编写的控制程序,进行编译,有错误时根据提示信息修改,直至无误,用 SC-09 通信编程电缆连接计算机串口与 PLC 通信口,打开 PLC 主机电源开关,下载程序至 PLC 中,下载完毕后将 PLC 的"RUN/STOP"开关拨至"RUN"状态。

(5)按下正转按钮 SB1,调节 PLC 模拟量模块输入电压,观察并记录电动机的运转情况。

任务2 完成实训装置中关于模拟主轴部分参数设置,使主轴正常运转。

1. 实训设备

在任务中,实训装置主轴配置为:数控系统 FANUC 0i-Mate D,三菱 D740 变频器及独立编码器 4 096 p/r。实训装置中数控系统主轴参数未设置,变频器参数已设置完成。

2. 在数控装置中完成关于主轴部分的参数设置

主轴部分参数设置参考值见表 4-4 和表 4-5。

表 4-4　　　　　　　FANUC 0i-Mate D 模拟主轴相关参数

参数号	意义	设定值
3716#0	使用模拟主轴	0
3717	主轴放大器号	1
3718	显示下标	80
3720	主轴脉冲编码器数	4 096
3730	主轴速度模拟输出的增益调整	10 000
3735	主轴电动机最低钳制速度	0
3736	主轴电动机最高钳制速度	根据情况
3741	主轴最大速度	根据情况
3772	主轴上限钳制。设为 0,不钳制	根据情况
8133#5	不使用串行主轴	1

表 4-5　　　　　　　主轴显示及转速到达信号检测

参数号	意义	设定值
3105#0	显示实际速度	1
3105#2	显示实际主轴速度和 T 代码	1
3106#5	显示主轴倍率值	1
3108#7	在当前位置显示界面和程序检查界面上显示 JOG 进给速度或者空运行速度	1

3. 验证

参数设置完成后,在 MDI 方式下执行 M03S500 进行验证。

四　任务小结

1. 变频器控制端子的硬件连接

变频器控制端子主要连接主轴速度给定端、主轴正反转控制端、变频器报警输出端等。

2. 模拟主轴的调试

模拟主轴调试中,主要包括变频器、数控装置主要参数设置及梯形图绘制,关于数控机床模拟主轴梯形图的绘制将在后面的任务中进行深入的学习。

五　拓展提高——单极性与双极性模拟主轴

1. 单极性主轴

单极性主轴使用 0~10 V DC 模拟量输出来控制转速,PMC 拿出两个输出点来控制正转与反转。接线图如图 4-9 所示。

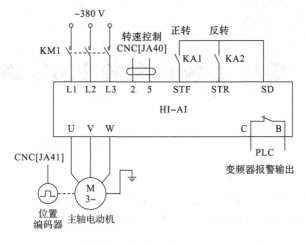

图 4-9　单极性主轴的硬件接线

2. 双极性主轴

双极性主轴使用 $0 \sim \pm 10$ V DC 模拟量输出，既控制了转速，又控制了方向（正电压定义一个方向，负电压为其反方向），使能信号控制启停。

首先，通过 CNC 主轴参数 3706#6、#7 设置极性。

	#7	#6	#5	#4	#3	#2	#1	#0
3706	TCW	CWM	ORM			PG2	PG1	

TCW、CWM 用于确定主轴速度输出的电压极性，其设置见表 4-6。

表 4-6　　　　　　　参数 3706#7 和 3706#6 电压极性设置

电压极性	TCW	CWM
M03、M04 都为正电压	0	0
M03、M04 都为负电压	0	1
M03 为正电压，M04 为负电压	1	0
M03 为负电压，M04 为正电压	1	1

其次，通过变频器参数选择频率控制输入信号的类型，即通过输入信号的极性切换正反转。具体设置方法详见变频器说明书。

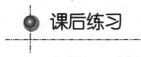课后练习

总结 PLC 控制变频器的开环调速的操作方法。

任务2 模拟主轴正反转PMC编程调试

一 任务介绍

【任务环境】

本任务需要配置 FANUC 0i-D/Mate D 数控系统的实训装置、FANUC 0i-D 连接说明书(功能篇)、梯形图语言编程说明书。

【任务目标】

通过对数控机床辅助功能(M 代码)编程的学习,能正确应用译码等功能指令,根据要求完成数控机床某个辅助功能代码(M 代码)PMC 程序的设计调试。

【任务导入】

数控机床中,对主轴的控制有手动和自动两种方式。一般手动工作方式时,采用操作面板上的主轴正转、主轴反转或主轴停止的按键;在 MDI 或自动工作方式时,在加工程序中输入 M 代码,M03 主轴正转、M04 主轴反转、M05 主轴停止。在 PMC 内部是如何对 M 代码处理的呢?下面我们通过本任务的学习实现模拟主轴在手动和自动方式下正、反转 PMC 编程。

二 必备知识

M 代码用于启动和关闭机床的辅助控制系统,如主轴的正、反转,冷却液的打开、关闭等。CNC 读到加工程序中的 M 代码,处理过程是怎样的呢?

1. M 代码 PMC 处理过程

(1)首先 CNC 会把具体代码的数值发送到 PMC 特定的代码寄存器中,如 FANUC 0i-D数控系统 M 代码输出地址为 F0010～F0013(4 字节二进制码见表 4-7),同时会有相应的辅助功能触发信号也送到 PMC 中去(FANUC 0i-D 数控系统 M 代码选通信号为 F0007.0)。

表 4-7   M 代码输出地址

地址	#7	#6	#5	#4	#3	#2	#1	#0
F0010	M7	M6	M5	M4	M3	M2	M1	M0
F0011	M15	M14	M13	M12	M11	M10	M9	M8
F0012	M23	M22	M21	M20	M19	M18	M17	M16
F0013	M31	M30	M29	M28	M27	M26	M25	M24

(2)PMC 会根据 CNC 的 M 代码选通信号和代码信号而执行译码(DEC、DECB),把系统的 M 代码信息转换成内部继电器输出信号(R),并触发相应的机床动作。例如:主轴的正反转控制、冷却泵启动、停止控制等。若需要实现移动指令和 M 代码同时执行,可以加入结束信号 DEN(FANUC 0i-D 数控系统分配结束信号为 F0001.3)。

（3）当动作执行完成后，PMC会发一个完成信号FIN（FANUC 0i-D数控系统完成信号为G0004.3）给CNC表示动作执行状态已完成，CNC可以继续执行之后的动作，否则系统会处在等待状态。

（4）当CNC接到完成PMC的完成信号FIN/G0004.3后，会切断辅助功能的触发信号MF，表示CNC响应了PMC的完成信号。当CNC的触发信号关断后，PMC切断返回给CNC的完成信号，M代码处理时序图如图4-10所示。

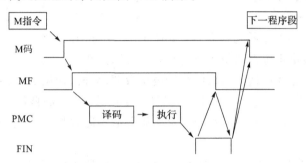

图4-10　M代码处理时序图

（5）当CNC采样到PMC的完成信号的下降沿后，程序开始往下执行，辅助功能循环结束。

2. 与M代码有关的参数

（1）M代码的允许位数

通常，在一个程序段中只能指定一个M代码。但是在某些情况下，对某些类型的机床最多可指定三个M代码。在一个程序段中指定的多个M代码（最多三个，如FANUC系统PRM3404♯7设定为"1"）被同时输出到机床，这意味着与通常的一个程序段中仅有一个M指令相比，在加工中可实现较短的循环时间。通过PMC的译码后（第一个、第二个、第三个M代码输出的信号地址是不同的）同时输出到机床侧执行。

	♯7	♯6	♯5	♯4	♯3	♯2	♯1	♯0
3404	M3B							

M3B：可以在一个程序段中指定M代码的数量。0：1个；1：3个。

（2）M代码选通延迟时间

M代码输出后，经过PRM3010参数设置的选通延迟时间，CNC发出MF信号。

3010	选通脉冲MF、SF、TF、BF的延迟时间

范围为0～32 767，时间计数每8 ms进行一次，设定值=0，视为8 ms。设定值=30，视为32 ms。

（3）功能结束FIN所接受的宽幅

3011	M、S、T、B功能结束可接受的宽幅

设定接收M、S、T、B功能结束信号的最小信号宽度，设置同PRM3010。

3. 功能指令介绍

数控机床在执行加工程序中规定的M、S、T功能时，CNC装置以BCD码或二进制代码形式输出M、S、T代码信号。这些信号需要经过译码才能从BCD或二进制状态转换成具有特定功能含义的一位逻辑状态。根据译码形式不同,PMC 译码指令分为 BCD 译码指令 DEC 和二进制译码指令 DECB 两种。

(1)DEC 指令

当两位 BCD 码与给定值一致时,输出为"1";不一致时,输出为"0"。DEC 指令主要用于数控机床的 M 辅助功能代码、T 刀具号的译码,一条 DEC 译码指令只能译一个 M 代码,DEC 指令格式如图 4-11(a)所示。

①参数说明

控制条件:ACT=0,不执行译码指令;ACT=1 执行译码指令。

译码信号地址:指定包含两位 BCD 码信号的地址。

译码方式:译码方式包括译码数值和译码位数两部分。译码数值为要译码的两位 BCD 代码;译码位数 01 为只译低 4 位数,10 为只译高 4 位数,11 为高低位均译码。

译码输出:当指定地址的译码数与要求的译码值相等时为1,否则为0。

②应用举例

图 4-11(b)中,当执行加工程序的 M03 时,03 存入 F0010(M 代码输出信号地址)中,M 代码选通 F0007.0=1,执行译码指令,当 F0010 中的数值与 03 相等时,R0300.3 为 1。注意:F0010 中是以二进制码存储的,DEC 指令中的 03、04、05 是以 BCD 码存储的,当小于 10 时,二进制码与 BCD 码存储形式相同,大于 10,则不同。在编程时可以使用 DCNV 数据变换指令,将二进制码转换成 BCD 码的形式再比较。

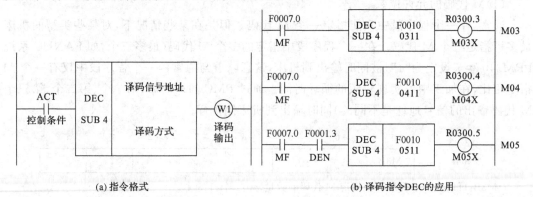

(a)指令格式　　　　　　　　　　(b)译码指令DEC的应用

图 4-11　DEC 译码指令格式和应用

③DCNV 数据变换指令

DCNV 数据变换指令是将二进制码转换为 BCD 码或将 BCD 码转换为二进制码。DCNV 指令格式如图 4-12(a)所示。

●参数说明

控制条件:ACT=0,数据不转换;ACT=1,进行数据转换。

BYT=0,处理数据长度为 1 个字节;BYT=1,处理数据长度为 2 个字节。

CNV=0,二进制码转 BCD 码;CNV=1,BCD 码转二进制码。

RST=0,复位;RST=1,复位错误,输出线圈 W1。

W1 输出:W1=0,正常;W1=1,转换出错。

●应用举例

图 4-12(b)中,将 R0029 中 1 个字节的二进制数转换成 BCD 码,存放在 R0216 中。

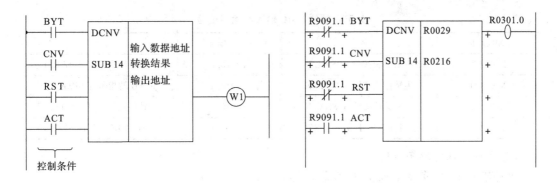

(a) 指令格式　　　　　　　　　　　(b) 数据变换DCNV指令应用

图 4-12　DCNV 数据变换指令格式与应用

（2）DECB 指令

DECB 指令可对 1，2 或 4 个字节的二进制代码数据译码，所指定的 8 位连续数据之一与代码数据相同时，对应的输出数据位为 1。DECB 指令主要用于 M 代码、T 代码的译码，一条 DECB 代码可译 8 个连续 M 代码或 8 个连续 T 代码。DECB 指令格式如图 4-13(a)所示。

①参数说明

译码格式指定：0001 为 1 个字节的二进制代码数据，0002 为 2 个字节的二进制代码数据，0004 为 4 个字节的二进制代码数据。

译码信号地址：给定一个存储代码数据的地址。

译码指定数：给定要译码的 8 个连续数字的第一位。

译码结果输出：给定一个输出译码结果的地址。

②应用举例

如图 4-13(b)所示，加工程序执行 M03、M04、M05、M06、M07、M08、M09、M10 之一时，相应 M 代码对应二进制数存入 F0010（M 代码输出信号地址）中，M 代码选通 F0007.0＝1，执行译码指令，当 F0010 中的数值与 0003～0010 相等时，R0300.0、R0300.1、R0300.2、R0300.3、R0300.4、R0300.5、R0300.6、R0300.7 分别为 1。

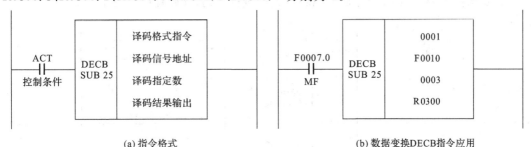

(a) 指令格式　　　　　　　　　　　(b) 数据变换DECB指令应用

图 4-13　DECB 指令格式和应用

4. M 功能的 PMC 程序设计

（1）有关主轴控制的输入与输出信号

与主轴有关的输入信号是指操作面板上的主轴正转、反转和主轴停止按键，输出信号是指操作面板上的指示灯及手动操作或 M 指令执行时连接到控制变频器的正反转信号的中间继电器线圈。具体信号的地址分配见表 4-8。

表 4-8　　　　　　　　　　关于主轴的 PMC 输入和输出信号

PMC 地址	名称	PMC 地址	名称
X0031.2	主轴正转按键 SPSFR.K	Y0010.2	主轴正转指示灯 SPSFR.L
X0031.1	主轴停止按键 SPSTP.K	Y0010.4	主轴反转指示灯 SPSRV.L
X0031.0	主轴反转按键 SPSRV.K	Y0010.3	主轴停止指示灯 SPSTP.L
Y0004.0	主轴正转输出线圈 SPSFR	Y0004.1	主轴反转输出线圈 SPSRV

（2）变频主轴梯形图设计

手动模式下，能实现主轴正转、反转和停止控制。

自动模式下，M03 实现主轴正转，M04 实现主轴反转，M05 实现主轴停止。

无论是自动还是手动的方式，主轴正转、反转和停止指示灯有效。

①变频主轴的 M 指令编程控制过程如图 4-14 所示。

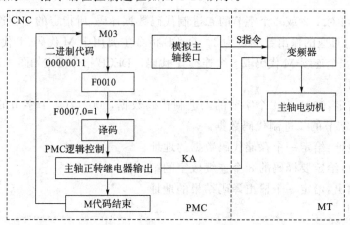

图 4-14　变频主轴的 M 指令编程控制过程

②梯形图设计

● M 代码译码

在梯形图中要对数控系统所执行的 M 代码进行译码，译码程序如图 4-15 所示。

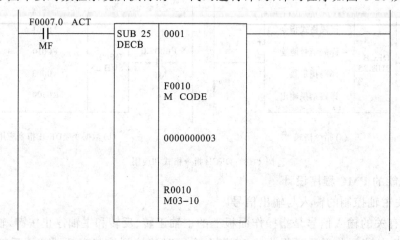

图 4-15　M 代码译码程序

F0007.0 为 M 代码选通信号,当 F0007.0 为 1 时,把 F0010 中 M 代码信号进行译码,把译码结果输出到 R0010 当中。加工程序执行 M03、M04、M05、M06、M07、M08、M09、M10 时,R0010.0、R0010.1、R0010.2、R0010.3、R0010.4、R0010.5、R0010.6、R0010.7 分别为 1。

● 主轴手动控制梯形图

在 JOG 方式下,通过主轴正转、反转、停止按钮,产生主轴正转和反转中间信号,PMC 程序如图 4-16 所示。

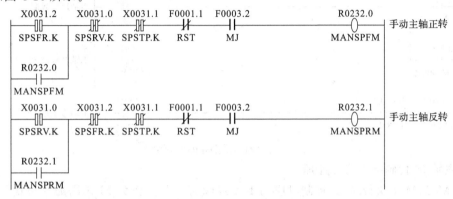

图 4-16   手动控制主轴正转、反转、停止 PMC 程序

● 主轴自动控制梯形图

在自动、MDI 或远程控制方式下,当输入 M03 时,R0010.0 为 1,使主轴正转中间信号 R0232.2 为 1。同理,当输入 M04 时,R0010.1 为 1,使主轴正转中间信号 R0232.3 为 1。主轴自动控制 PMC 程序如图 4-17 所示。

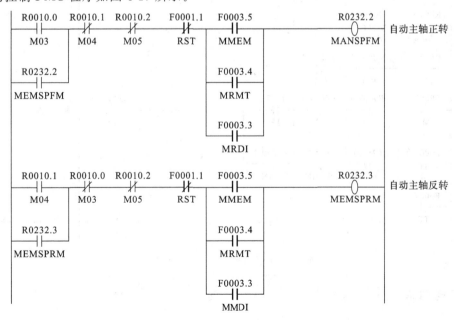

图 4-17   自动控制主轴正反转 PMC 程序

● 操作面板指示灯 PMC 程序

当主轴自动或手动运转中间信号为"1"时,PMC 将输出正转或反转 KA 给变频器,同时

使控制面板上的指示灯亮,PMC 程序如图 4-18 所示。

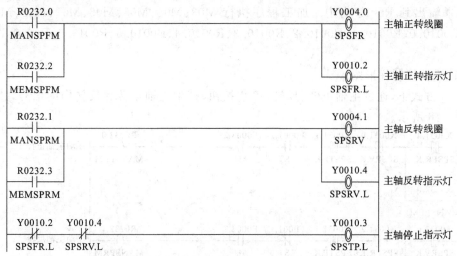

图 4-18　主轴输出控制 PMC 程序

● 主轴 M 代码结束信号处理

当 M03、M04 执行时,其控制对应的 KA 线圈为"1"时,作为 M 代码的结束信号,M05 以主轴不旋转作为 M 代码完成信号,最后编写由 PMC 送给 CNC 的 G0004.3 信号,主轴 M 代码结束的 PMC 程序处理如图 4-19 所示。

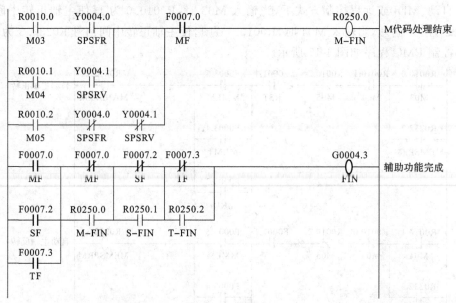

图 4-19　主轴 M 代码结束的 PMC 程序

三　任务训练

任务 1　在实训装置上实现如下功能:在 CNC 处于自动和手动数据输入任一工作方式时,执行 M55 指令,操作面板上的指示灯 Y0011.6 亮;执行 M56 指令,操作面板上的指示灯 Y0011.6 灭。手动时,按下按键 X0035.0,指示灯亮;再按一下,指示灯灭。

实训要求：

1.实训装置已经有一些 M 代码的 PMC 程序，要求使用的 R 继电器地址不与源程序中的冲突，可以使用 R0600 以上。

2.在 M 代码结束输出 G0004.3 中添加结束条件，G0004.3 线圈不允许重复输出。

任务 2　设计 PMC 梯形图，实现如下控制要求：在 CNC 处于自动和手动数据输入任一工作方式时，执行 M08 指令，打开冷却液；执行 M09 指令，关闭冷却液。

与冷却有关的 PMC 输入与输出地址见表 4-9。

表 4-9　　　　　　　　　　　　关于冷却的 PMC 输入和输出信号

输入地址	名称	输出地址	名称
X0025.4	冷却启停键	Y0025.4	冷却运转指示灯
		Y0010.4	冷却泵线圈

四　任务小结

1.数控机床 M 代码

数控机床 M 代码分为用户 M 代码和系统 M 代码，如 M00、M01、M02、M30 等 M 代码是数控系统专用的，不需要进行 M 代码的译码，有相应 F 地址译码信号，而主轴正反转 M 代码及冷却泵启动停止等 M 代码必须先译码，然后进行处理，再进行 M 代码结束处理。

2.M 代码梯形图的设计有关 CNC 信号

有关 CNC 信号主要有 CNC 到 PMC 的输入信号 F 和 PMC 到 CNC 的输出信号 G。

	♯7	♯6	♯5	♯4	♯3	♯2	♯1	♯0
F0001					DEN			

	♯7	♯6	♯5	♯4	♯3	♯2	♯1	♯0
F0007								MF

	♯7	♯6	♯5	♯4	♯3	♯2	♯1	♯0
G0004					FIN			

五　拓展提高——程序控制的 M 代码的 PMC 处理

1.程序控制的 M 代码及处理

程序控制的 M 代码主要有 M00、M01、M02、M30、M98、M99，具体见表 4-10。

表 4-10　　　　　　　　　　　　程序控制的 M 代码

M 功能	名称	动　作
M00	程序停止	停止自动运行
M01	选择停止	接通机床操作面板上的选择停止按钮时，与 M00 相同
M02	程序结束	程序结束，自动运行时，不回到程序头
M30		程序结束，自动运行时，回到程序头

M 功能	名称	动　作
M98	子程序调用	调用子程序
M99	子程序结束	回到调用子程序的程序段的下一个程序段

（1）专用信号

M00、M01、M02、M30 四个 M 代码由 CNC 直接输出，不需要 PMC 译码。

	#7	#6	#5	#4	#3	#2	#1	#0
F0009	DM00	DM01	DM02	DM30				

（2）M 代码的处理

M98、M99：在 CNC 内部，不需要 PMC 处理，也不输出 MF 和 M 代码。

M00、M01：要是程序处于停止状态，可把单段程序信号（SBK）置 1，然后送回辅助功能完成信号（FIN）。

M02、M30：把复位信号送回 CNC，不需要送回辅助功能完成信号 FIN。

	#7	#6	#5	#4	#3	#2	#1	#0
G0008	ERS	RRW						

ERS：M02 外部复位信号；RRW：M30 复位并返回。

2. 程序控制 M 代码的 PMC 程序

程序控制 M 代码的 PMC 程序如图 4-20 所示。其中，Y0026.2 为选择停止按键的指示灯。

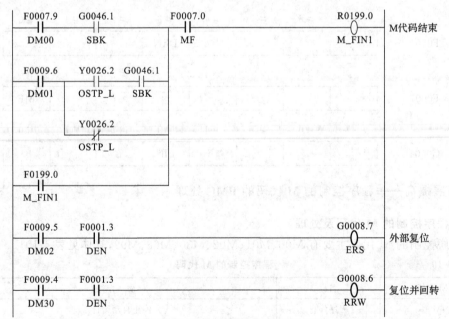

图 4-20　程序控制 M 代码的 PMC 程序

课后练习

设计 PMC 梯形图,实现如下控制要求:在 CNC 处于自动、远程运行和手动数据输入任一工作方式时,执行 M10 指令,夹具夹紧;执行 M11 指令,夹具松开。CNC 处于手动工作方式时,按下夹具夹紧按键,夹具夹紧;按下夹具松开按键,夹具松开。

夹具有关 PMC 的输入/输出信号如图 4-21 所示。

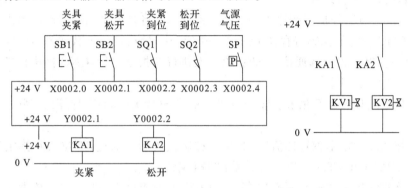

图 4-21　夹具有关 PMC 输入/输出信号

任务 3　主轴速度控制 PMC 编程调试

一　任务介绍

【任务环境】

本任务需要配置 FANUC 0i-D/Mate D 数控系统的实训装置、编程手册。

【任务目标】

通过对数控机床主轴速度控制和主轴速度倍率编程的学习,结合具体数控机床控制,要求完成模拟主轴速度控制 PMC 程序的设计调试。

【任务导入】

数控机床主轴速度通过 FANUC 0i-Mate D 系统 JA40 接口输出的 0～10 V 电压控制,主轴转速在输入 M03 Sxxxx 后,通过旋转主轴速度倍率开关,可对主轴的编程速度进行 50%～120% 范围内的修调,实际主轴速度为编程的 S 值乘以开关倍率值。

二　必备知识

1.主轴速度控制概述

主轴速度的控制方法主要有以下三种,见表 4-11,在本任务中主要介绍模拟接口和 12

位二进制速度控制方法,串行接口主轴速度控制将在项目五介绍。

表 4-11 主轴速度控制方法

名称	功 能
串行接口	主轴放大器和 CNC 之间进行串行通信,交换转速和控制信号
模拟接口	用模拟电压控制主轴电动机转速的方法
12 位二进制	用 12 位二进制代码控制主轴电动机转速的方法

(1)主轴 S 指令执行过程

①在第一次执行数控加工程序中的 S 指令时,CNC 将首先以二进制代码形式把 S 代码信号输出到 PMC 指定的代码寄存器 F0022～F0025 中,然后经过 S 代码延时时间 TMF(系统参数设定)后发出 S 指令选通信号 SF。第 1 次执行 S 指令之后,CNC 再执行指令将不再发出 S 指令选通信号 SF。

②CNC 根据编程转速 S 值和主轴速度倍率信号 SOV0～SOV7 计算出实际指定主轴转速值。

③CNC 将实际指定主轴转速值以 12 位二进制代码形式通过 12 位实际指定转速输出信号 R01O～R12O(F0036.0～F0037.3)输出到 PMC 中。

④CNC 将实际指定主轴转速通过 CNC 的串行主轴接口 JA41 向主轴放大器发出串行主轴转速命令。

⑤当 CNC 接收到结束信号 FIN 后,经过结束延时时间 TFIN,切断 S 指令选通信号 SF,再切断结束信号 FIN,S 指令就执行结束,CNC 将读取下一条指令继续执行。

(2)主轴控制信号

①主轴速度倍率

	#7	#6	#5	#4	#3	#2	#1	#0
G0030	SOV7	SOV6	SOV5	SOV4	SOV3	SOV2	SOV1	SOV0

②PMC 控制主轴的速度

输出主轴电动机速度指令:R01O～R12O。

由 CNC 控制软件求得的主轴电动机转速指令,以 12 位二进制值通知 PMC。

	#7	#6	#5	#4	#3	#2	#1	#0
F0036	R08O	R07O	R06O	R05O	R04O	R03O	R02O	R01O
F0037					R12O	R11O	R10O	R09O

主轴电动机速度指令选择信号:SIND。此信号置 1 时,可由 PMC 输入的 12 位二进制值控制主轴电动机的转速。

主轴电动机速度指令极性指令信号:SGN。此信号可切换由 PMC 输入的主轴电动机速度指令的符号。

	#7	#6	#5	#4	#3	#2	#1	#0
G0033	SIND		SGN					

主轴电动机速度指令信号:R01I～R12I。

用以下 12 位信号,可由 PMC 直接控制主轴电动机转速。

	#7	#6	#5	#4	#3	#2	#1	#0
G0032	R08I	R07I	R06I	R05I	R04I	R03I	R02I	R01I
G0033					R12I	R11I	R10I	R09I

2. 主轴速度倍率 PMC 控制

(1)控制要求

某数控车床模拟主轴,处于自动或手动模式时,通过操作面板的主轴速度倍率开关,可改变主轴转速,如图 4-22 所示。每按一次"增加",主轴速度倍率增加 10%,最大到 120%。每按一次"减少",主轴速度倍率减少 10%,最小到 50%。

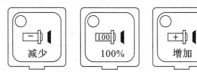

图 4-22　主轴速度倍率开关

(2)有关倍率 PMC 信号

操作面板上主轴速度倍率开关按键及指示灯在 PMC 输入、输出的地址见表 4-12。

表 4-12　　　　　　　　　　　　PMC 输入、输出地址

PMC 输入地址	按键名称	PMC 输出地址	指示灯
X0034.1	主轴减少按键 S−.K	Y0013.1	转速减少灯 S−.L
X0034.3	主轴增加按键 S+.K	Y0013.3	转速增加灯 S+.L
X0034.2	主轴 100% 按键 S100.K	Y0013.2	转速 100% 灯 S100.L

(3)SFT 移位寄存指令介绍

SFT 移位寄存指令将 2 字节(16 位)长的数据左移或右移一位。通常情况下,只要 ACT 接通,移位指令总是在执行。当用开关或按钮控制 ACT 接通或断开,很难控制移位数据一位一位地移动,这时可以使用一个上升沿指令控制移位脉冲的发出。移位指令格式如图 4-23 所示。

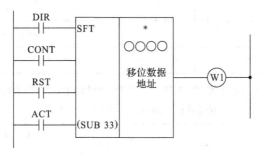

图 4-23　SFT 移位指令格式

①参数说明

控制条件:ACT=1,执行移位,如果只移动 1 位,指令执行完后需要 ACT=0。

DIR=0,左移;DIR=1,右移。

CONT＝0,移入 0;CONT＝1,原来位为 1,保留 1。

RST＝0,W1 不复位;RST＝1,复位错误,输出线圈 W1。

W1 输出:W1＝0,正常;W1＝1,转换出错。

②应用举例

在图 4-24 中,每按一次 S－.K 按钮 X0034.1,R0130.0 产生一个上升沿脉冲,寄存器 R0018 左移一位。

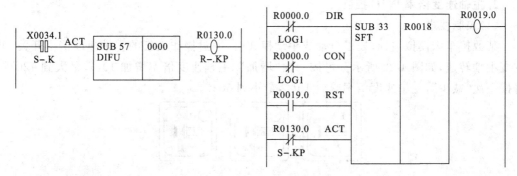

图 4-24　SFT 移位指令应用

（4）主轴倍率 PMC 程序

倍率开关数值显示与 PMC 倍率信号 G0030 的关系见表 4-13。

表 4-13　　　　　　　　　　　　　G0030 与主轴倍率的关系

G0030	b7	b6	b5	b4	b3	b2	b1	b0		
倍率值	128	64	32	16	8	4	2	1		
50%	0	0	1	1	0	0	1	0	G0018.0	32＋16＋2＝50
60%	0	0	1	1	1	1	0	0	G0018.1	32＋16＋8＋4＝60
70%	0	1	0	0	0	1	1	0	G0018.2	64＋4＋2＝70
80%	0	1	0	1	0	0	0	0	G0018.3	64＋16＝80
90%	0	1	0	1	1	0	1	0	G0018.4	64＋16＋8＋2＝90
100%	0	1	1	0	0	1	0	0	G0018.5	64＋32＋4＝100
110%	0	1	1	0	1	1	1	0	G0018.6	64＋32＋8＋4＋2＝110
120%	0	1	1	1	1	0	0	0	G0018.7	64＋32＋16＋8＝120

在 PMC 程序中,规定内部继电器 R0018 的位地址与 G0030 的关系见表 4-14。

表 4-14　　　　　　　　　　中间地址 R0018 与主轴倍率的关系

R0018	b7	b6	b5	b4	b3	b2	b1	b0
G0030(50)	1							
G0030(60)		1						
G0030(70)			1					
G0030(80)				1				

续表

R0018	b7	b6	b5	b4	b3	b2	b1	b0
G0030(90)					1			
G0030(100)						1		
G0030(110)							1	
G0030(120)								1

①在图4-25中,首先对主轴倍率100％按钮进行编程,当按下100％按钮时,先将R0018继电器赋值为"0",根据表4-13,要求同时将R0018.2＝1。按下主轴倍率增加或减少按钮时,产生上升沿脉冲。

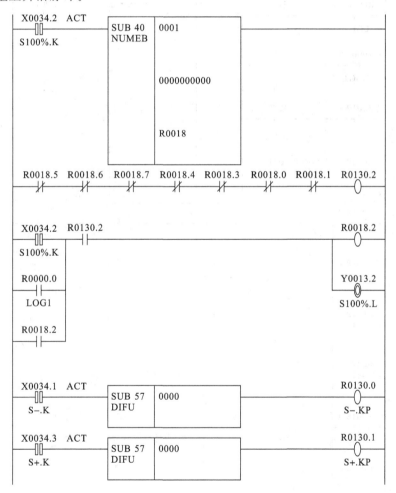

图4-25　主轴倍率100％PMC程序

②在图4-26中,按下主轴倍率减少按钮时,R0018内部继电器的内容左移,具体见表4-14,按下主轴倍率增加按钮时,R0018内部继电器的内容右移,具体见表4-14。根据表4-13,主轴倍率G0030中的数值与R0018的关系编制G0030.0～G0030.7信号处理。

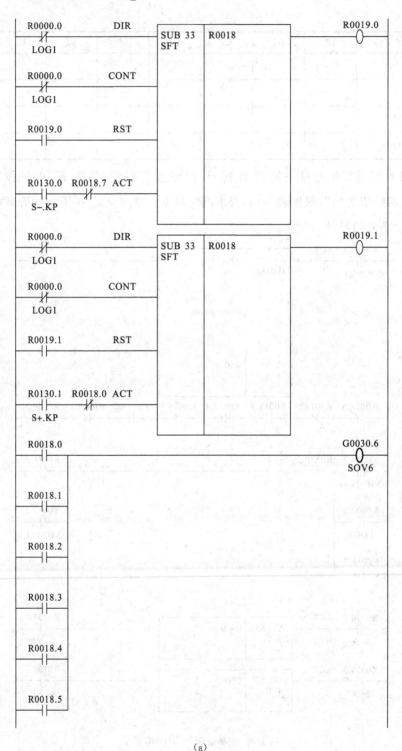

(a)

```
 R0018.0                                              G0030.5
───┤├──────────────────────────────────────────────────( )──
                                                       SOV5
 R0018.1
───┤├───
 R0018.2
───┤├───
 R0018.6
───┤├───
 R0018.7
───┤├───

 R0018.0                                              G0030.4
───┤├──────────────────────────────────────────────────( )──
                                                       SOV4
 R0018.3
───┤├───
 R0018.4
───┤├───
 R0018.6
───┤├───
 R0018.7
───┤├───

 R0018.0                                              G0030.3
───┤├──────────────────────────────────────────────────( )──
                                                       SOV3
 R0018.1
───┤├───
 R0018.3
───┤├───
 R0018.6
───┤├───
```

(b)

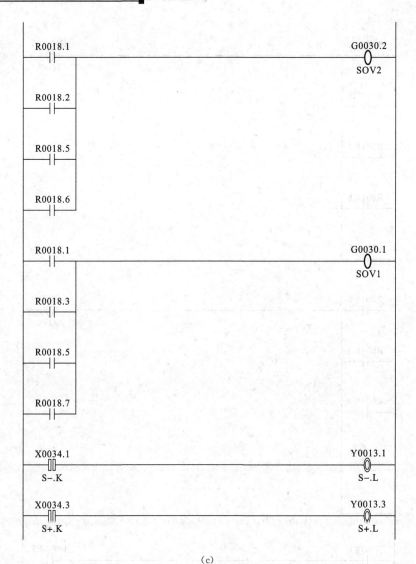

(c)

图 4-26 主轴倍率 PMC 程序

三 任务训练

任务 完成主轴速度倍率的 PMC 程序设计调试。

设备面板上主轴速度倍率开关如图 4-27 所示。

1. 主轴速度倍率主要相关信号

(1)倍率开关为格雷码 PMC 输入信号 X 地址

S—S1:主轴速度倍率开关输入信号 1,地址为 X0020.6。

S—S2:主轴速度倍率开关输入信号 2,地址为 X0020.7。

S—S3:主轴速度倍率开关输入信号 3,地址为 X0021.0。

S—S4:主轴速度倍率开关输入信号 4,地址为 X0021.1。

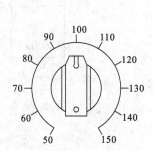

图 4-27 主轴速度倍率数值

（2）R 信号

主轴速度倍率数据表的表内号地址，地址为 R0230。

（3）G 信号

SOV0～SOV7：主轴速度倍率信号，地址为 G0030.0～G0030.7。

2. 主轴倍率 PMC 调试步骤

（1）PMC 程序输入到 CNC 后，重启系统，在 MDI 方式下输入 M03S600 使主轴运转。

（2）在 PMC 信号状态界面下，显示出 F0022 信号状态界面，从 50％～120％依次旋转主轴速度倍率开关挡位，观察地址 F0022～F0025 状态改变是否正确。

（3）在 PMC 信号状态界面下，显示出 F0036 信号状态界面，从 50％～120％依次旋转主轴速度倍率开关挡位，观察地址 R01O～R12O 状态改变是否正确。

（4）在 MDI 界面输入 M05，主轴停止。

四　任务小结

模拟主轴的使用应注意以下问题：

1. 梯形图对主轴停止信号 * SSTP（G0029.6）的处理，该信号即使不用，也要在梯形图中置 1，否则无输出。

2. 主轴倍率大小由 PMC 给 CNC 通过 G0030 用 1 个字节处理，范围为 0～254％。SOV0～SOV7 高电平有效。

3. 模拟主轴速度与 S12 位代码对应关系如图 4-28 所示。

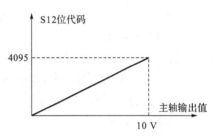

图 4-28　模拟主轴速度与 S12 位代码对应关系

五　拓展提高——数控机床报警信息显示

FANUC 0i 的报警可以分为两类，一类称为内部报警，主要是 FANUC 系统根据它所控制对象，如伺服放大器、主轴放大器、CNC 本体等运行状态产生相应的报警文本，这类报警是系统本身固有的，见表 4-15 中报警号为 000～999 的报警。另一类称为外部报警，它是机床厂针对所设计的机床外围的运行状态和开关信号来产生相应的报警文本，见表 4-15 中报警号为 1000～1999 的报警，显示报警信息页面，会中断当前机床工作。2000～2999 为操作信息页面，不中断当前机床工作。下面将介绍如何对外部报警进行 PMC 编程。

表 4-15　　　　　　　　　　　　FANUC 0i 数控系统报警分类

错误代码	报警分类
000～255	PS 报警（参数错误）
300～349	绝对脉冲编码器（APC）报警
350～399	串行脉冲编码器（SPC）报警
400～499	伺服报警
500～599	超程报警
700～749	过热报警

续表

错误代码	报警分类
750～799	主轴报警
900～999	系统报警
1000～1999	机床厂家根据实际情况在 PM(L)C 中编制的报警
2000～2999	机床厂家根据实际情况在 PM(L)C 中编制的报警信息
5000 以上	PS 报警（编程错误）

1. 信息显示指令（DISPB）

该指令用于在系统显示装置（CRT 或 LCD）上显示外部信息，机床厂家根据机床的具体工作情况编制机床报警号及信息显示，指令格式如图 4-29 所示。

图 4-29　信息显示指令格式

（1）参数说明

信息显示条件：ACT＝0，系统不显示任何信息；ACT＝1，依据各信息显示请求地址位 A0000.0～A0249.7 的状态，显示信息数据表中设定的信息。

显示信息数：设定显示信息个数。

（2）应用举例

在信息继电器地址 A0000.0～A0249.7（共 2000 位）中编制信息，每位都对应一条信息，如果该位置"1"，则系统上显示该位对应的信息。在 PMC 程序中对相应的信息位状态进行编程，如图 4-30 所示。而信息号和信息内容则在 PMC 报警信息页面进行设置。

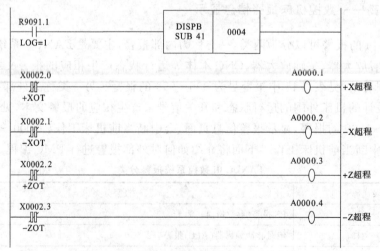

图 4-30　报警梯形图编制

2. 报警信息的输入

步骤 1　按下功能键[SYSTEM]多次，单击[＋]扩展菜单，再按软键[PMCCNF]，按软键[信息]出现图 4-31 所示页面。

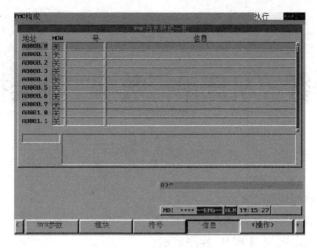

图 4-31　信息输入页面

步骤 2　按下软键[操作]→[编辑],将光标移动到要输入信息的地址上。

步骤 3　按软键[缩放],进入信息编辑页面,如图 4-32 所示。

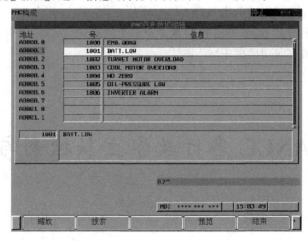

图 4-32　信息编辑页面

步骤 4　按软键[结束],提示是否写入 FLASH ROM,按软键[是]。

 课后练习

1. DISPB 是什么指令? 它的功能是什么?

2. 在某数控机床润滑系统自动控制中,当润滑油量不足时(油位检测开关控制),要求机床只进行报警提示,但继续运行;当工件加工程序结束后,机床转为报警状态,机床不能正常运行,直到润滑油加油报警才能解除。这种情况下 PMC 程序如何设计?

数控机床串行数字主轴连接与调试

知识点

1.熟悉串行主轴的硬件连接。

2.熟悉串行主轴外置编码器的配置与连接。

3.熟悉串行主轴定向控制 PMC 程序编制。

技能点

1.能够识读串行数字主轴的电气图。

2.能够对串行主轴 CNC 参数进行设置。

3.能够进行主轴定向功能的 PMC 调试。

任务1 FANUC 串行数字主轴控制与硬件连接

一 任务介绍

【任务环境】

本任务需要配置 FANUC 0i-D/Mate D 数控系统的实训装置(具有 αi 或 βi 系列串行伺服主轴)、实训装置电气原理图、万用表。

【任务目标】

通过对 FANUC 主轴伺服放大器硬件连接的学习,了解串行伺服主轴接线及编码器类型,为调试维修串行伺服主轴打下基础。

【任务导入】

从前面的学习可以知道,FANUC CNC 对主轴的控制主要有两大类:一类是系统模拟量输出控制,另一类是串行数据输出控制。在本任务我们来学习 FANUC 串行伺服主轴控制方式及硬件连接。

二 必备知识

1. FANUC 串行主轴概述

在 FANUC 0i 系统中,FANUC CNC 控制器与 FANUC 主轴伺服放大器之间的数据控制和信息反馈采用串行通信方式。串行主轴控制方式见表 5-1,串行主轴控制示意图如图 5-1 所示。

表 5-1   串行主轴控制方式

控制方式	控制功能	速度/位置控制
速度控制	由 CNC 与主轴放大器通过串行通信方式实现主轴速度控制	速度控制
定向控制	使主轴准确停止在某一固定位置,一般用于加工中心换刀的情况	位置控制
刚性攻螺纹	主轴旋转和进给轴进给之间总是保持同步	速度/位置控制
CS 轮廓控制	安装在主轴上的专用检测器对串行主轴进行位置控制	位置控制
定位控制	车床主轴定位是任意角度定位,通过主轴电动机侧的传感器或与主轴连接的位置编码器来实现	位置控制

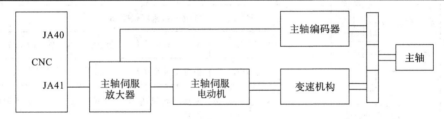

图 5-1 串行主轴控制示意图

FANUC 0i-D 数控系统常用主轴电动机有两种系列,分别为 αi 系列和 βi 系列。标准 αI 系列主轴电动机是常规机床使用的主轴电动机,αiIP 系列是恒功率、宽调速的主轴电动机,不需要减速单元;αiIT、αiIL 与主轴直接相连,适合高精度的加工中心。βi 系列主轴电动机用于普及型、经济型加工中心和数控车床,与 αi 系列相比,其输出转矩较低、额定转速较高。αi 系列和 βi 系列主轴电动机与相应主轴放大器相连。

2. FANUC 主轴传感器类型

(1)主轴电动机内置 Mi 传感器

主轴电动机内置 Mi 传感器内部有 A 相、B 相两种信号,一般用来检测主轴电动机回转速度,不可以实现位置控制,也不能做简单定向。

(2)主轴电动机内置 MZi(BZi、CZi)传感器

除了和 Mi 传感器一样有 A 相、B 相信号外,内部还有 Z 相。除了进行速度控制外,还可以进行位置控制,BZi、CZi 传感器检测精度比 MZi 要高。

(3)位置编码器

位置编码器输出方波为 1024 线/转,该编码器主要用于主轴电动机内置 Mi 传感器 + α 位置编码器这种主轴结构,常用于普通数控机床螺纹加工和铣削类刚性攻螺纹,α 位置编码器电缆连接至放大器 JYA3 口。

（4）α位置编码器 S 类型

位置编码器输出正弦波为 1024 线/转，进行位置控制时，α位置编码器 S 类型电缆连接至放大器 JYA4 口。

（5）独立的 BZi、CZi 传感器

主轴电动机可以用 Mi 或 MZi 传感器进行速度控制，使用独立的 BZi 或 CZi 传感器进行位置控制，必须连接至放大器 JYA4 口。

3. FANUC 系统 αi 系列主轴模块的连接电路

（1）FANUC 系统 αi 系列主轴模块的接口如图 5-2 所示，其功能见表 5-2。

表 5-2　　　　αi 系列主轴模块各接口的功能

接口	功能
TB1	直流母线，DC 300 V 输入
STAUS	数码管状态显示
CXA2B	DC 24 V 输出接口，连接到伺服模块的 CXA2A
CXA2A	DC 24 V 输入接口，与电源模块的 CXA2B 相连
JX4	主轴检测板输出接口
JY1	负载表和速度仪输出接口
JA7B	主轴信息输入接口，连接到 CNC 系统的 JA7A
JA7A	串行主轴输出接口，连接下一伺服放大器
JYA2	主轴电动机内装传感器信号及定子绕组温度开关信号
JYA3	外置主轴位置一转信号或主轴独立编码器连接器接口
JYA4	主轴位置和速度检测信号，连接到主轴位置编码器
TB2	连接主轴电动机

图 5-2　αi 系列主轴模块示意图

（2）αi 系列主轴模块连接图

αi 系列主轴伺服放大器连接如图 5-3 所示，主轴冷却风机，控制电压是三相 220 V。TB1 是直流母线系统，CXA2A、CXA2B 是低压 DC 24 V 连接线。主轴驱动器上 JA7B、JYA2、JYA3、JX4 都是数据信号接口，JA7B 与数控系统 JA41 连接，接收来自系统的速度、使能、位置指令；JYA2 是电动机编码器反馈接口。下面重点介绍主轴模块具体连接线。

①主轴电动机动力连接线 K10，主轴伺服放大器与主轴电动机动力电缆的连接如图 5-4 所示。CZ2 是主轴伺服放大器输出接口代号，CZ2 的输出管脚为 B1-U 相、A1-V 相、B2-W 相及 A2-地线。对于大功率的主轴伺服放大器选用 TB2 端子排的方式，标注有 U、V、W、GND。在连接动力电缆时必须按照标注所示连接，不能随意更改连接顺序。

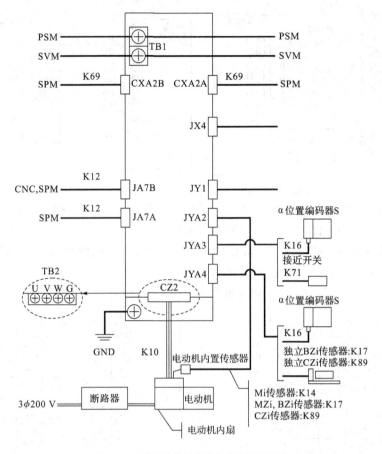

图 5-3　αi 系列主轴伺服放大器连接示意图

②数控系统与主轴伺服放大器的连接电缆为 K12,如图 5-5 所示,从数控系统 JA41 或上一个伺服放大器 JA7A 连接到主轴伺服放大器的 JA7B 上。SOUT、*SOUT 是一组差分输出信号,SIN、*SIN 是一组差分输入信号,连接电缆为多芯屏蔽护套线。

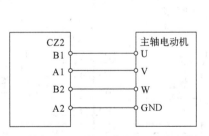

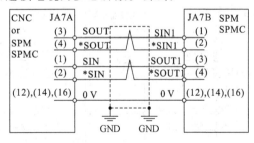

图 5-4　主轴伺服放大器与主轴电动机动力电缆的连接　　图 5-5　CNC 与主轴伺服放大器电缆的连接

③主轴电动机编码与主轴伺服放大器连接的反馈电缆为 K14,Mi 传感器与主轴放大器模块的连接如图 5-6 所示,主轴电动机内置传感器 Mi 只有 A 相、B 相,没有零位脉冲,THR1 和 THR2 是主轴电动机温度检测信号。

④K16(JYA3)是 α 位置编码器或 α 位置编码器 S 的连接,如图 5-7 所示。

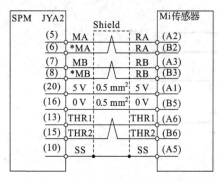

图 5-6 Mi JYA2 反馈电缆的连接

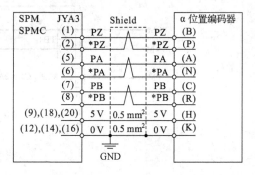

图 5-7 Mi JYA3 反馈电缆的连接

⑤K17 是 MZi、BZi 传感器的连接,如果 BZi 传感器是分离型的检测单元(连接到 JYA4),则 THR1 和 THR2 的接线不用接,如图 5-8 所示。

⑥K89 是 CZi 传感器的连接,如果 CZi 传感器是分离型的检测单元(连接到 JYA4),则 THR1 和 THR2 的接线不用接,如图 5-9 所示。

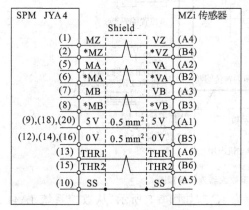

图 5-8 MZi JYA2 反馈电缆的连接

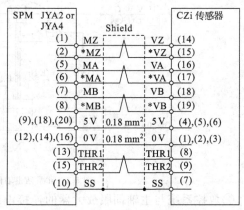

图 5-9 CZi JYA4 反馈电缆的连接

⑦K71 是接近开关的连接,接近开关的连接有三种情况,如图 5-10 所示。

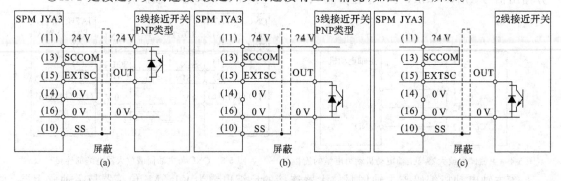

图 5-10 接近开关的连接

4. FANUC 系统 βi 系列主轴模块的连接电路

βi 主轴放大器与进给轴伺服放大器是一体化设计的,称为一体型放大器(SVSP)。从图 5-11 中可以看出,主轴的接口信号与 αi 系列主轴模块是一样的,在这里就不再赘述。

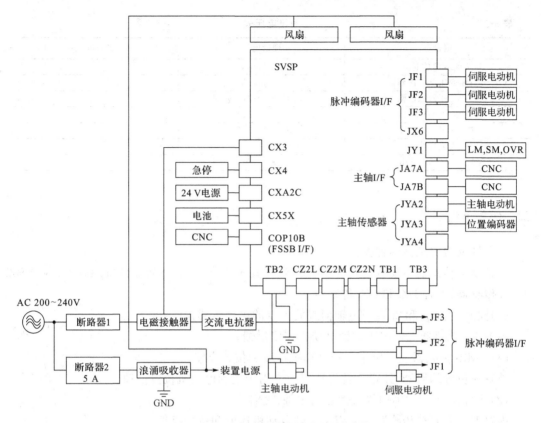

图 5-11　βi 系列一体型伺服放大器硬件连接

三　任务训练

　　任务　数控系统为 FANUC 0i-Mate D 系统,为主轴电动机内置 MZi 传感器。

　　1. 画出电源模块、主轴伺服放大器、电动机及反馈之间的接线图,电源模块与主轴伺服放大器接口示意图如图 5-12 所示。

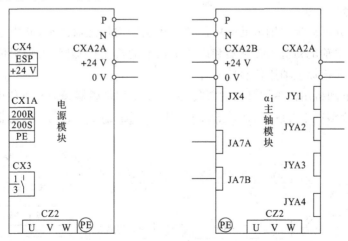

图 5-12　电源模块与主轴伺服放大器接口示意图

　　2. 检测电源模块及伺服放大器部分位置的电压,并填写表 5-3。

表 5-3　　　　　　　　　　测量电压表

测量点	理论电压	实测电压
实训装置总电源	AC 380 V	
三相变压器一次侧	AC 380 V	
三相变压器二次侧	AC 200～240 V	
电源模块（CZ2）	AC 200～240 V	
电源模块（CX1A）	AC 200～240 V	
直流母线	DC 300 V	
CXA2A（A1 和 A2）电压	DC 24 V	

四　任务小结

1. 主轴反馈传感器的种类。

主轴反馈传感器主要有内置 Mi 传感器、内置 MZi 传感器、外置 α 位置编码器、内置 BZi 和 CZi 传感器、外置 BZi 和 CZi 传感器。

（1）同时适合 αi 和 βi 系列主轴伺服放大器的主轴传感器

内置 Mi 传感器——用于主轴电动机速度反馈。

内置 MZi 传感器——用于主轴电动机速度和位置反馈。

外置 α 位置编码器、外置一转传感器——用于主轴电动机位置反馈。

（2）适合 αi 系列主轴伺服放大器的主轴传感器

内置 BZi 和 CZi 传感器——用于主轴电动机速度和位置反馈。

外置 BZi 和 CZi 传感器——用于主轴电动机位置反馈。

2. 根据检测反馈装置类型，确定主轴伺服放大器反馈接口连接方式。

五　拓展提高——FANUC 主轴编码器介绍

1. 传感器的分类

（1）按使用范围分类

按使用范围分可分为主轴电动机用传感器和主轴用传感器两种，其中主轴电动机用传感器又分为普通主轴电动机用传感器和内装主轴电动机用传感器，主轴用传感器又分为串行主轴用传感器和模拟主轴用传感器两种。

另外，主轴电动机用传感器又为内置传感器，主轴用传感器又为外置传感器。从安装结构上来说，内置传感器不可或缺，而外置传感器则可以根据需要选购。传感器按使用范围分类如图 5-13 所示。

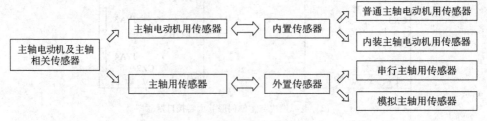

图 5-13　传感器按使用范围分类

（2）按信号类型分类

传感器按信号类型可分为 1 V_{pp} 模拟信号和 TTL 数字信号两种。其中 TTL 数字信号根据发送方式不同，又可分为 TTL 并行信号和 TTL 串行信号。为了方便说明，以下将 TTL 串行信号简称为串行信号，将 TTL 并行信号简称为 TTL 信号。目前常用的编码器主要是 1 V_{pp} 模拟信号编码器（比如 FANUC 的 αiS 位置编码器）及 TTL 信号编码器（比如 FANUC 的 α 位置编码器）两种。传感器按信号类型分类如图 5-14 所示。

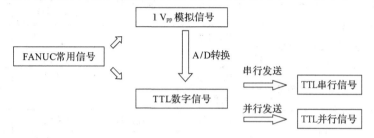

图 5-14 传感器按信号类型分类

（3）相互关系

编码器用途与信号类型的关系见表 5-4。

表 5-4　　　　　　　　　　　　　编码器类型与信号类型的关系

编码器类型		信号类型
内置传感器	普通主轴电动机用传感器	1 V_{pp} 信号
	内装主轴电动机用传感器	1 V_{pp} 信号，串行信号
外置传感器	串行主轴用传感器	1 V_{pp} 信号，TTL 信号，串行信号
	模拟主轴用传感器	TTL 信号

注：TTL 方波信号编码器不得用于内装主轴，1 V_{pp} 信号编码器不得用于模拟主轴。

2. 传感器的用途

（1）具体用途

速度控制：包括主轴速度显示、刚性攻丝，不包括排屑型刚性攻丝。只要反馈编码器信号匹配，不论连接方式如何及编码器其余指标如何，均可实现。

位置控制：包含速度控制，同时还具有 CS 轮廓控制、主轴准停、螺纹车削功能。

对连接方式及编码器 Z 相信号，线数均有要求。

（2）影响位置控制的因素

①机械连接方式：反馈编码器必须和主轴 1∶1 连接。

②Z 相信号：反馈编码器必须带 Z 相信号，且一圈内只有唯一的一个。

③编码器线数：TTL 编码器线数必须为 1024 线，1 V_{pp} 信号无限制，最高线数受限。

3. 主轴编码器的应用（见表 5-5）

表 5-5　　　　　　　　　　主轴编码器类型与信号类型及放大器接口

主轴编码器类型	使用范围	信号类型	用途	线数要求	对应接口
Mi 编码器	主轴电动机用	1 V_{pp} 信号	速度控制	根据电动机而定	JYA2
MZi 编码器	主轴电动机用	1 V_{pp} 信号	位置控制	根据电动机而定	JYA2

续表

主轴编码器类型	使用范围	信号类型	用途	线数要求	对应接口
α 位置编码器	串行主轴用	TTL 信号	位置控制	1024	JYA3
	模拟主轴用		速度控制		JA41(JA7A)
α 位置编码器 S	串行主轴用	1 V_{pp} 信号	位置控制	1024	JYA4
BZi 传感器	串行主轴用	1 V_{pp} 信号	位置控制	128,256, 384,512	JYA4
	内装主轴用				JYA2
CZi 传感器	串行主轴用	1 V_{pp} 信号	位置控制	512,768, 1024	JYA4
		串行信号			JYA3
	内装主轴用	1 V_{pp} 信号			JYA2
		串行信号			JYA3
第三方编码器	串行主轴用	TTL 信号	位置控制	任意线数	JYA3
		1 V_{pp} 信号	位置控制	任意线数	JYA4
	内装主轴用	1 V_{pp} 信号	位置控制	任意线数	JYA2
	模拟主轴用	TTL 信号	速度控制	任意线数	JA41(JA7A)

 课后练习

1. FANUC αi 和 βi 涉及主轴控制的外围连线是否一样？有什么区别？

2. 根据图 5-12,完成表 5-6 中 βi SVSP 伺服放大器接口功能及硬件连接的说明。

表 5-6　　　　　　　βi SVSP 伺服放大器接口功能及硬件连接

βi SVSP 伺服放大器接口代号	功能	硬件连接
CXA2C		
JYA2		
JYA3		
JYA4		
JA7A		
JA7B		
JY1		
TB1		
TB2		

任务 2　FANUC 串行数字主轴参数设定

【任务环境】

本任务需要配置 FANUC 0i-D/Mate D 数控系统的实训装置(具有 αi 或 βi 系列串行伺服主轴)、FANUC 0i-D 参数手册。

【任务目标】

通过对串行数字主轴相关参数含义及设置的学习,使学生初步具有串行主轴参数的设置与调试能力。

【任务导入】

FANUC 串行主轴放大器的 FLASH ROM 中装有伺服电动机的标准参数,串行主轴放大器与 CNC 第一次连接运转时,必须把具体使用的主轴电动机标准参数从串行主轴放大器传到数控系统 SRAM 中,这个操作可以通过串行主轴参数初始化完成。但主轴电动机与主轴传动的关系、主轴电动机最高转速与主轴最高转速的要求、主轴电动机位置传感器检测类型的不同等需要通过串行主轴参数的设置来完成,在本任务中将根据主轴具体配置来学习串行主轴参数的设置。

1. 串行主轴参数初始化

(1)在 MDI 方式下,检查主轴参数,设置 PRM3706♯0＝1(不使用模拟主轴),PRM8133♯5＝1(使用主轴串行输出)。

(2)在 PRM4133 参数中设定主轴电动机代码。

4133	主轴电动机代码

主轴电动机代码请查看电动机参数说明书。

(3)将参数 PRM4019♯7 设定为 1。

	♯7	♯6	♯5	♯4	♯3	♯2	♯1	♯0
4019	PRL							

♯7:PRL,0 为不执行主轴电动机参数初始化,1 为执行主轴电动机参数初始化。

(4)断开所有电源,再上电。

2. 主轴相关界面

(1)主轴伺服界面显示参数

在 FANUC 0i-Mate 系统中把参数 3111♯1(SPS)置为"1"。

	#7	#6	#5	#4	#3	#2	#1	#0
3111							SPS	

（2）主轴参数设定、调整和监控界面

按软键[SYSTEM]，再按菜单键[→]，然后按软键[主轴设定]，出现主轴设定、调整界面，有"主轴设定""主轴调整""主轴监控"三个界面，如图5-15～图5-17所示。

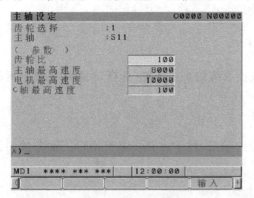

图5-15 "主轴设定"界面

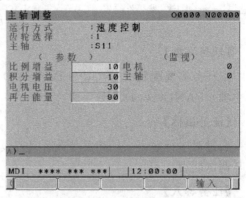

图5-16 "主轴调整"界面

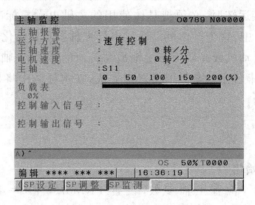

图5-17 "主轴监控"界面

①"主轴设定"界面

齿轮选择：主轴当前挡位信号，有1、2、3、4挡显示，来自PMC。

主轴：当前主轴显示，S11表示第1主轴，S21表示第2主轴，S31表示第3主轴。

齿轮比：当前挡位齿轮比（系数为0.01）。

主轴最高速度：主轴最高速度（PRM3741～3744）。

电机最高速度：电动机最高速度（PRM4020）。

C轴最高速度：主轴最高C轴速度（PRM4021）。

②"主轴调整"界面

运行方式：主轴的运行方式有六种，分别为速度控制、主轴定向、同步控制、刚性攻丝、主轴恒线速控制及主轴定位控制（T系列）。

比例增益、积分增益、电机电压、再生能量：一般是电动机标准参数，无须修改。

电机：电动机速度显示。

主轴：主轴速度显示。

③"主轴监控"界面

主轴报警：主轴报警信息显示。

运行方式：同"主轴调整"界面。

主轴速度：机械主轴的实际速度。

电机速度：主轴电动机的实际转速。

主轴：当前主轴显示。

负载表：主轴电动机的瞬时电流是额定电流的百分比。

控制输入信号：如主轴正反转 SFR/SRV，急停 ESP，机床准就绪 MRDY，主轴定向ORCM 等。

控制输出信号：主轴速度到达 SAR，定向完成 ORAR 等。

3. 主轴参数设定

(1)串行主轴设定项目(见表 5-7)

表 5-7　　　　　　　　　　　串行主轴设定项目

项目名称	参数号	简要说明	备注
电动机型号	PRM4133	电动机型号	查阅主轴电动机代码表，直接输入
主轴最高转速/r/min	PRM3741	设定主轴最高转速	设定的主轴 1 挡的最高转速，非主轴的钳制速度(PRM3736)
电动机最高转速/r/min	PRM4020	主轴最高转速对应的主轴电动机的速度	设定时要小于等于电动机规定的最高转速
主轴电动机编码器的种类	PRM4020♯3,2,1,0		与主轴电动机及主轴实际配置有关
编码器旋转方向	PRM4001♯4	0：与主轴相同方向 1：与主轴相反方向	主轴编码器种类为"位置编码器"
电动机编码器种类	PRM4010♯2,1,0		
电动机旋转方向	PRM4000♯0	0：与主轴相同方向 1：与主轴相反方向	1. 主轴编码器种类为"位置编码器"或接近开关 2. 没有主轴编码器种类
接近开关检出边缘	PRM4004♯3,2		
主轴侧齿轮齿数	PRM4171	设定主轴传动中主轴侧齿轮的齿数	
电动机侧齿轮齿数	PRM4172	设定主轴传动中电动机侧齿轮的齿数	

(2)与编码器类型有关的参数

①主轴编码器类型

主轴和电动机 1:1 连接，使用电动机编码器时，设定 PRM4002♯0＝1，♯1＝0。

使用 TTL 型位置编码器时，设定 PRM4002♯1＝1，♯0＝0，旋转主轴，观察主轴速度是否可以显示，参数 4002 各位的说明见表 5-8。

	♯7	♯6	♯5	♯4	♯3	♯2	♯1	♯0
4002					SSTYP3	SSTYP2	SSTYP1	SSTYP0

表 5-8　　　　　　　　　　　　　　参数 4002 设置说明

SSTYP3	SSTYP2	SSTYP1	SSTYP0	说明
0	0	0	0	没有位置控制功能
0	0	0	1	使用电动机传感器做位置反馈
0	0	1	0	α 位置编码器
0	0	1	1	独立的 BZi、CZi 传感器
0	1	0	0	α 位置编码器 S 类型

②电动机编码器种类

根据串行主轴电动机编码器配置类型,在 PRM4010 中进行编码器类型设定,具体设定值见表 5-9。

	#7	#6	#5	#4	#3	#2	#1	#0
4010						MSTYP2	MSTYP1	MSTYP0

表 5-9　　　　　　　　　　　　　　参数 4010 设置说明

MSTYP2	MSTYP1	MSTYP0	说明
0	0	0	Mi 传感器
0	0	1	MZi、BZi、CZi 传感器

③外部一次旋转信号的设定

	#7	#6	#5	#4	#3	#2	#1	#0
4004					RFTYP	EXTRF		

#2:外接一转信号是否有效。0 为无效;1 为有效。

#3:接近开关类型。0 为 NPN;1 为 PNP。

(3)典型检测器的配置

串行主轴检测反馈硬件有多种方式,在前面有硬件连接的介绍,维修人员需要了解数控设备主轴反馈检测类型和连接方式,先将主轴反馈类型总结如下:

①不进行位置控制

不进行位置控制的主轴连接如图 5-18 所示,参数设置见表 5-10。

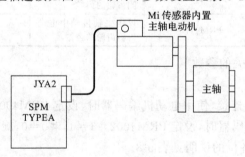

图 5-18　不进行位置控制的主轴连接

表 5-10   不进行位置控制的主轴参数设置

参数	设定值	内容
4002♯3,2,1,0	0,0,0,0	不进行位置控制
4010♯2,1,0	根据检测器而定	电动机传感器种类的设定
4011♯2,1,0	根据检测器而定	电动机传感器齿轮的设定

②使用 α 位置编码器/α 位置编码器 S

使用 α 位置编码器/α 位置编码器 S 进行位置控制,主轴连接如图 5-19 所示,参数设置见表 5-11。

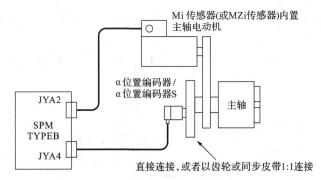

图 5-19　使用 α 位置编码器/α 位置编码器 S 进行位置控制

表 5-11   α 位置编码器/α 位置编码器 S 参数设置

参数	设定值	内容
4000♯0	根据配置设定	主轴与电动机的旋转方向
4001♯4	根据配置设定	主轴传感器的安装方向
4002♯3,2,1,0	0,0,1,0 0,1,0,0	在主轴传感器上使用 α 位置编码器 在主轴传感器上使用 α 位置编码器 S
4003♯7,6,5,4	0,0,0,0	主轴传感器齿轮的设定
4010♯2,1,0	根据检测器而定	电动机传感器种类的设定
4011♯2,1,0	根据检测器而定	电动机传感器齿轮的设定
4056~4059	根据配置设定	主轴与电动机之间的齿轮比

③使用内置式 MZi、BZi、CZi 传感器

使用内置式 MZi、BZi、CZi 传感器进行位置控制,主轴连接如图 5-20 所示,参数设置见表 5-12。

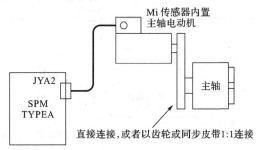

图 5-20　使用内置式 MZi、BZi、CZi 传感器进行位置控制

表 5-12   参数设置

参数	设定值	内容
4000♯0	0	主轴与电动机的旋转方向
4002♯3,2,1,0	0,0,0,1	在主轴传感器上用于位置反馈
4010♯2,1,0	0,0,1	电动机传感器使用 MZi、BZi、CZi 传感器
4011♯2,1,0	根据检测器而定	电动机传感器齿轮的设定
4056～4059	100 或 1000	主轴与电动机之间的齿轮比

④使用分离式 BZi、CZi 传感器

使用分离式 BZi、CZi 传感器进行位置控制,主轴连接如图 5-21 所示,参数设置见表 5-13。

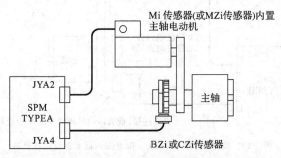

图 5-21　使用分离式 BZi、CZi 传感器进行位置控制

表 5-13   分离式 BZi、CZi 传感器参数设置

参数	设定值	内容
4000♯0	根据配置设定	主轴与电动机的旋转方向
4001♯4	根据配置设定	主轴传感器的安装方向
4002♯3,2,1,0	0,0,1,1	在主轴传感器上使用 BZi、CZi 编码器
4003♯7,6,5,4	0,0,0,0	主轴传感器轮齿的设定
4010♯2,1,0	根据检测器而定	电动机传感器种类的设定
4011♯2,1,0	根据检测器而定	电动机传感器轮齿的设定
4056～4059	根据配置设定	主轴与电动机之间轮齿比

⑤使用外部一次旋转信号(接近开关)

使用外部一次旋转信号(接近开关)进行位置控制,主轴连接如图 5-22 所示,参数设置见表 5-14。

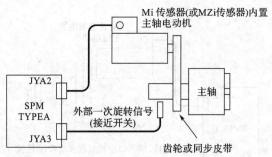

图 5-22　使用外部一次旋转信号(接近开关)进行位置控制

表 5-14   外部一次旋转信号参数设置

参数	设定值	内容
4000♯0	根据配置设定	主轴与电动机的旋转方向
4002♯3,2,1,0	0,0,0,1	将电动机传感器用于位置反馈
4004♯2	1	外部一次旋转信号
4004♯3	根据检测器而定	外部一次旋转信号类型设定
4010♯2,1,0	根据检测器而定	电动机传感器种类的设定
4011♯2,1,0	根据检测器而定	电动机传感器轮齿的设定
4056～4059	根据配置设定	主轴与电动机之间齿轮比
4071～4074	根据配置设定	电动机传感器与主轴之间的任意齿轮比

4. FANUC 0i-Mate 串行主轴相关参数设置见表 5-15

表 5-15   FANUC 0i Mate 串行主轴相关参数设置

参数号	符号	意义	备注
8133♯5	SSN	使用串行主轴	0
3701/1/4	ISI/SS2	设置路径内的主轴数为1	0/0
3708/0	SAR	检查主轴速度到达信号	0
3708/1	SAT	螺纹切削开始检查 SAR	0
3716♯0	A/Ss	主轴电动机种类:串行主轴	1
3717		各主轴的主轴放大器号:连接1号放大器的主轴	1
3718		显示下标	80
3720		主轴脉冲编码器数	根据情况设置
3735		主轴最低钳制速度(M 系)	无
3736		主轴最高钳制速度(M 系)	无
3741		第一挡主轴最高速度	根据情况设置
3742		第二挡主轴最高速度	
3743		第三挡主轴最高速度	
3744		第四挡主轴最高速度	
3751		第一至第二挡的切换速度	
3752		第二至第三挡的切换速度	
4019♯7	PRL	主轴电动机初始化	1,进行初始化
4133		主轴电动机代码	根据情况设置
3772		主轴最大速度	根据情况设置
4020		主轴电动机最高速度	根据情况设置
4031		主轴定向角度	(定向角度/360)×4096
4038		主轴定向速度	根据情况设置
4077		主轴定向位置偏移量	方法同4031
8135♯4	NOR	主轴定向功能的选用	1

三 任务训练

任务 FANUC 串行主轴参数设定。

1. 实训装置硬件确认

(1)电动机名称与电动机代码。

(2)主轴最高转速与主轴电动机的关系。

(3)主轴传感器与主轴电动机传感器的类别。

(4)主轴电动机、编码器和主轴三者旋转方向。

2. 设定步骤

(1)首先在 4133♯参数中输入电动机代码,把 4019♯7 设为 1,进行自动初始化。断电再上电后,系统会自动加载部分电动机参数,如果在参数手册上查不到代码,则输入最相近的代码。

(2)初始化后与主轴电动机参数说明书的参数表对照一下,有不同的地方加以修改(没有则不用更改)。修改后主轴初始化结束。

(3)进入参数设置页面,根据前面的知识,进行主轴相关参数设置。

(4)设置完成后,观察主轴电动机监视页面显示情况。

3. 写出主轴需要设置的主要参数,填入表 5-16 中。

表 5-16 主轴调试需设置的参数

参数号	含 义	设置值

四 任务小结

1. FANUC 串行主轴初始化及参数的设定。

2. 了解主轴控制方式、主轴编码器、主轴电动机编码器类型及配置方式。

五 拓展提高——串行主轴速度参数设置

主轴速度变换是通过速度参数进行设置的,根据不同的速度区间执行换挡的(通知 PMC 输出换挡拨叉移动齿轮)。在 NC 侧,以下面的参数设定值为基础,由指令的 S 值(主轴转速)计算出对应电动机速度的指令。

铣床或加工中心的 M 型主轴换挡(此时 PRM3706♯4＝0)又细分为两种方式:换挡方式 A 和 B。换挡方式 A,FANUC 主轴电动机在各挡位的换挡速度区间是相同的,如指令 S500 时换 2 挡,此时含义是机械主轴为 500 转/分,但电动机可能是在 800 转/分的区间。当指令为 S2000 时换 3 挡,此时含义是机械主轴为 2000 转/分,但电动机仍然是 800 转/分的区间。

主轴换挡时的主轴电动机下限速度由 3735♯参数决定,而主轴电动机上限速度由 3736♯

参数指定(1 挡到 2 挡,以及 2 挡到 3 挡均如此)。而各挡的最高指令转速(S 代码)由 3741♯、3742♯、3743♯设定。如上面的举例,我们可以将 3741♯＝500、3742♯＝2000、3743♯＝4500,说明指令速度分别在 500 转/分和 2000 转/分换挡,3 挡的最高转速为 4500 转/分。而换挡是通过电动机的速度区间设置的,在 3735♯和 3736♯参数中设定,具体数值需要进行简单的计算。

3735♯的设定,其设定值为

$$设定值 = \frac{主轴电动机的下限转速}{主轴电动机的最高转速} \times 4\ 095$$

3736♯的设定,其设定值为

$$设定值 = \frac{主轴电动机的上限转速}{主轴电动机的最高转速} \times 4\ 095$$

如果额定转速为 6 000 转/分的电动机,在 60 转/分以上、5 000 转/分以下运转时,设定值为

$$3735♯的设定值 = \frac{60}{6\ 000} \times 4\ 095 = 41$$

$$3736♯的设定值 = \frac{5\ 000}{6\ 000} \times 4\ 095 = 3413$$

换挡方式 A(PRM3735♯b2＝0)速度示意图如图 5-23 所示。

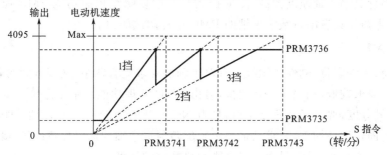

图 5-23 换挡方式 A 速度示意图

换挡方式 B 在换挡时除了指令的速度不同,主轴电动机在各换挡区间的上限速度也不同。不同换挡上限速度是通过参数 3751♯、3752♯、3636♯设定的,其共同的下限速度仍然由 3735♯设定。各挡位换挡时的主轴电动机上限速度计算方法同上述 3736♯的设定。

换挡方式 B(PRM3735♯b2＝1)速度示意图如图 5-24 所示。

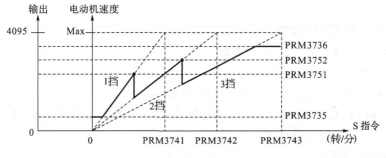

图 5-24 换挡方式 B 速度示意图

● 课后练习

1.什么是主轴位置控制？
2.如何进行串行主轴初始化设置？

任务 3 串行数字主轴 PMC 控制

一 任务介绍

【任务环境】

本任务需要配置 FANUC 0i-D/Mate D 数控系统的实训装置(具有 αi 或 βi 系列串行伺服主轴)、FANUC 0i PMC 编程手册。

【任务目标】

通过对串行数字主轴速度控制、定向控制和刚性攻螺纹控制功能 PMC 控制程序编制的学习,使学生初步具有串行数字主轴的 PMC 编程调试能力。

【任务导入】

主轴定向、主轴定位、刚性攻螺纹三者对主轴的要求既有联系,又有不同的要求和特点。其中主轴定向要求较低,相当于一点定位,可由 PMC 实现功能。主轴定位主要应用于车床主轴定位/主轴分度,要求任意角度定位,且由 NC 实现的功能相当于 C 轴。刚性攻螺纹主要用于机床的固定循环加工,要求其最高主轴旋转与进给轴的进给保持同步,既要实行速度控制也要实行位置控制,最终目标是提高刚性攻螺纹的精度。

二 必备知识

1. 主轴速度控制

要实现正确、安全的主轴运转,必须正确设置主轴速度参数及 PMC 必须参与处理接口信号。

(1)与主轴速度有关的参数

结合主轴配置,参见表 5-15 所列参数。

(2)有关 PMC 信号

①PMC→CNC 主轴停止信号 * SSTP(G0029.6)

此信号 * SSTP(G0029.6=1)为 1,主轴速度指令输出到主轴放大器;此信号 * SSTP(G0029.6=0)为 0,限制主轴旋转。

②主轴速度倍率信号

主轴速度倍率信号可对已经指令的主轴进给调速,以 1% 的间隔乘以倍率 0~254%。

	#7	#6	#5	#4	#3	#2	#1	#0
G0030	SOV7	SOV6	SOV5	SOV4	SOV3	SOV2	SOV1	SOV0

③PMC→CNC FANUC 串行主轴信号

	#7	#6	#5	#4	#3	#2	#1	#0
G0070			SFRA	SRVA				

♯4:SRVA　　主轴反转指令　　0为停止;1为反转。

♯5:SFRA　　主轴正转指令　　0为停止;1为正转。

	#7	#6	#5	#4	#3	#2	#1	#0
G0029				SAR				

♯4:SAR　　主轴速度到达检测　　0为未到达;1为到达。

主轴速度到达检测信号是为了限制伺服轴进给而设置的,对于车床来说,如果车床未达到程序指令速度,进给切削 G0001、G0002、G0003、G0032 等不执行。对铣床、加工中心来说,如果开通此功能,通过参数 3708♯0＝1 的设置来限制进给轴移动。

④CNC 的 FANUC 串行主轴信号→PMC 信号

	#7	#6	#5	#4	#3	#2	#1	#0
F0045					SARA	SDTA		ALMA

♯3:SARA　　主轴速度到达检测,0 为未到达;1 为到达。

♯2:SDTA　　速度检测信号

♯0:ALMA　　主轴报警

(3)主轴速度 PMC 程序设计

本部分内容与模拟主轴 PMC 编程调试基本相同,请同学们在任务训练中完成。

2. 主轴定向控制

(1)实现主轴定向的方法

主轴定向是对主轴位置的简单控制(最小定位精度为 0.1°),一般可以选用以下几种元件作为位置信号:

①外部接近开关＋电动机速度传感器。

②主轴位置编码器(编码器和主轴 1∶1 连接)。

③电动机或内装主轴的内置传感器(MZi、BZi、CZi),电动机与主轴之间直连或者通过 1∶1 连接。

(2)主轴定向的主要参数(见表 5-17)

表 5-17　　　　　　　　　　　　　　　主轴定向主要参数

参数号	符号	含义	设置值
4031		主轴定向角度	(定向角度/360)×4 096
4038		主轴定向速度	根据情况设置
4077		主轴定向位置偏移量	方法同 4031
8135♯4	NOR	主轴定向功能的选用	1

（3）有关 PMC 信号

①CNC→串行主轴放大器主轴定向指令信号

	#7	#6	#5	#4	#3	#2	#1	#0
G0070		ORCMA						

当 ORCMA 设定为 1 时，主轴在旋转中减速并停止在预定位置。

②串行主轴放大器→CNC 主轴定向完成信号

	#7	#6	#5	#4	#3	#2	#1	#0
F0045	ORARA						SSTA	

主轴定向结束后，主轴停止，SSTA（F0045.1）主轴停止检测信号为 1 时，主轴定向完成信号 ORARA 为 1。

（4）主轴定向控制功能 PMC 编程

主轴定向必须指定一条辅助功能指令 M 代码（一般用 M19）。处理 M 指令必须用到二进制译码指令时，相应梯形图处理程序如图 5-25 所示，M 代码译码 M19（定向指令）到 R0011.0。

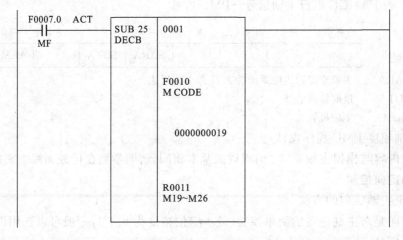

图 5-25　主轴定向 M 代码译码

利用外部接近开关进行主轴定向时，必须用到定向指令信号（ORCMA-G0070.6）和主轴速度零信号（SSTA-F0045.1），主轴停止检测，主轴速度小于参数 PRM4024 的设定值时为"1"。PMC 给主轴定向信号编程如图 5-26 所示。

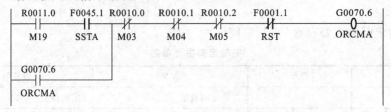

图 5-26　主轴定向信号 PMC 编程

3. 主轴定位

该功能是车床通过主轴电动机侧的 MZi 传感器或与主轴连接的位置编码器实现的，与 CS 轮廓控制功能相比，其最小指令增量单位大，且该功能不具备与其他轴的插补功能，但检测器用的电动机侧的是位置编码器,所以安装简单。通常,定位完成后,主轴由机械夹紧。

(1)主轴定位伺服参数

使用 M 代码固定定位设定参数(以八个为例)见表 5-18。

表 5-18　　　　　　　　　　　　　主轴定位参数设置

参数号	位符号	含义	设置值
4960		主轴定位的 M 代码	80,根据情况设置
4961		取消主轴定向 M 代码	81,根据情况设置
4962		指定主轴定向角度 M 代码	90,根据情况设置
4963		主轴定位基本角度	45,根据情况设置
4964		主轴定位 M 代码数量	8,根据情况设置
8133#1	AXC	主轴定位功能的选用	1

注:使用 C 或 H 地址指令,任意角度定位不需设定以上参数。

(2)有关 PMC 地址

①CNC→串行主轴放大器主轴

	#7	#6	#5	#4	#3	#2	#1	#0
G0028		SPSTP	* SCPF	* SUCPF				

#6:SPSTP,主轴定位信号。

#5:* SCPF,主轴夹紧结束。

#4:* SUCPF,主轴松开结束。

	#7	#6	#5	#4	#3	#2	#1	#0
F0038							SUCLP	SCLP

#1:SUCLP,该信号输出时,在机械上松开主轴。

#0:SCLP,该信号输出时,在机械上夹紧主轴。

②PMC 输入与输出地址分配

X0001.0:松开/夹紧到位检测,0 为夹紧到位;1 为松开到位。

Y0001.0:松开/夹紧输出阀,0 为松开;1 为夹紧。

(3)主轴定位梯形图

实际动作过程是,执行 M80,主轴进入 Spindle Position Control,给出松开阀输出,松开到位检测为 1,主轴旋转,找到一转信号停止,主轴电动机励磁,给出夹紧输出,夹紧到位后程序结束。执行 M90(45°),电动机旋转至 45°,再执行 M90,再转 45°,到 90°停止。

M90～M97 并不是电动机一圈八个位置的定位,而是各自代表 45°倍数的增量定位指令,比如 M90 是 45°,每指令一次,就在当前位置走 45°,因此,M91 就是 90°,M92 就是 135°…M96 是 315°,M97 是 360°。

执行 M81 取消定位方式,变为普通的主轴速度控制。设参数 4950#0 IOR 为 1:复位时主轴定位方式解除。同时,G0028.6 中串入 F0001.1 复位信号,按下复位同样可以取消定位方式。

主轴定位 PMC 梯形图如图 5-27 所示。

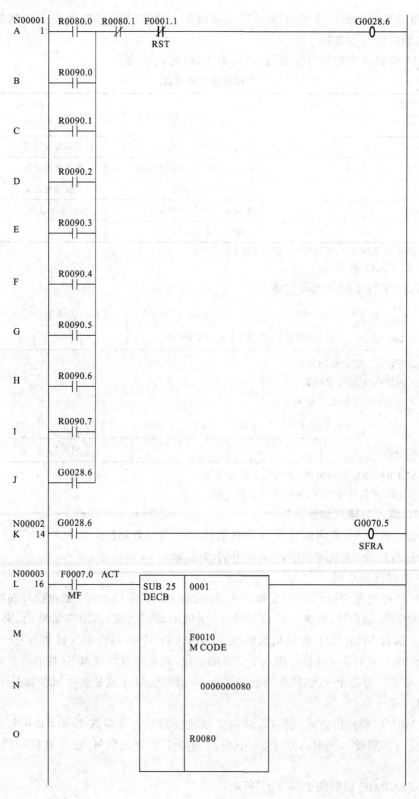

(a)

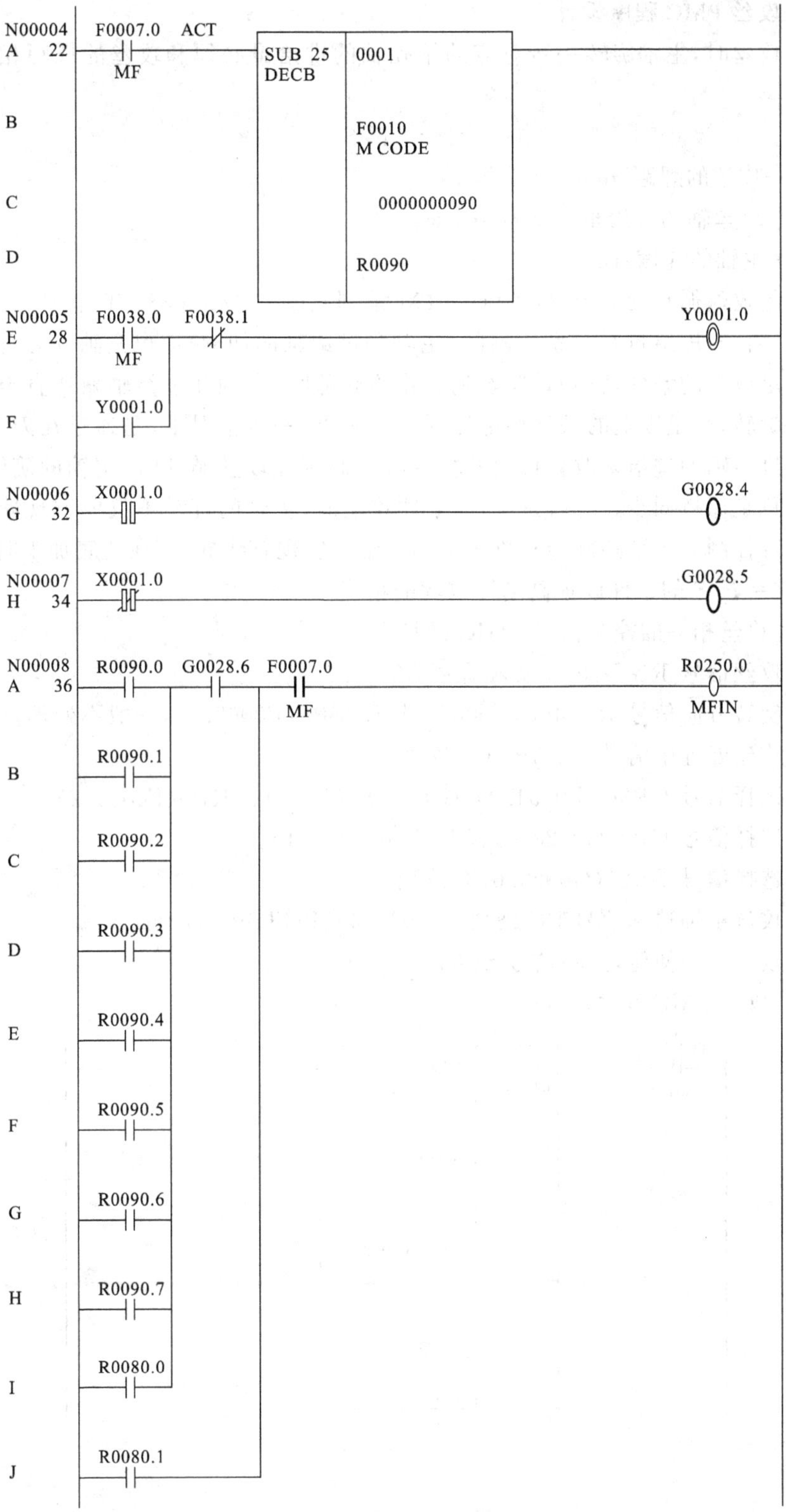

```
N00004    F0007.0   ACT        ┌──────────┬──────────────────────┐
A    22    ─┤ ├─                │ SUB 25   │ 0001                 │
            MF                  │ DECB     │                      │
                                │          │                      │
B                               │          │ F0010                │
                                │          │ M CODE               │
                                │          │                      │
C                               │          │    0000000090        │
                                │          │                      │
D                               │          │ R0090                │
                                └──────────┴──────────────────────┘

N00005    F0038.0   F0038.1                                          Y0001.0
E    28    ─┤ ├──────┤/├──────────────────────────────────────────────( )──
            MF
F          Y0001.0
           ─┤ ├─

N00006    X0001.0                                                    G0028.4
G    32    ─┤ ├──────────────────────────────────────────────────────( )──

N00007    X0001.0                                                    G0028.5
H    34    ─┤/├──────────────────────────────────────────────────────( )──

N00008    R0090.0  G0028.6  F0007.0                                  R0250.0
A    36    ─┤ ├──────┤ ├─────┤ ├────────────────────────────────────( )──
                              MF                                      MFIN
B          R0090.1
           ─┤ ├─
C          R0090.2
           ─┤ ├─
D          R0090.3
           ─┤ ├─
E          R0090.4
           ─┤ ├─
F          R0090.5
           ─┤ ├─
G          R0090.6
           ─┤ ├─
H          R0090.7
           ─┤ ├─
I          R0080.0
           ─┤ ├─
J          R0080.1
           ─┤ ├─
```

(b)

图 5-27　主轴定位 PMC 程序

4. 刚性攻丝 PMC 程序设计

在刚性攻丝时,主轴旋转一转对应的钻孔轴的进给量必须和攻丝的螺距相等,即必须满足

$$P = F/S$$

式中　P——攻丝的螺距,mm;

　　　F——攻丝轴的进给量,mm/min;

　　　S——主轴的速度,rpm。

在普通的攻丝循环时,G0084/G0074(M 系列)、G0084/G0088(T 系列)、主轴的旋转和钻孔轴(Z 轴)的进给量是分别控制的,主轴和进给轴的加/减速也是独立处理的,所以不能严格地满足以上的条件,特别是攻丝到达孔的底部时,主轴和进给轴减速直至停止,之后又加速反向旋转,满足以上的条件将更加困难。所以,一般情况下,是通过在刀套内安装柔性弹簧补偿进给轴的进给来改善攻丝的精度的。而刚性攻丝循环时,主轴的旋转和进给轴的进给之间总是保持同步。也就是说,在刚性攻丝时,主轴的旋转不仅要实现速度控制,而且要实行位置控制。主轴的旋转和攻丝轴的进给要实现直线插补,在孔底加工时的加/减速仍要满足 $P = F/S$ 的条件以提高刚性攻丝的精度。

(1)刚性攻丝相关的控制信号(PMC 地址)

①刚性攻丝信号 RGTAP <输入信号 G0061.0>。

②主轴旋转方向信号 RGSPM(F0065.0)、RGSPP(F0065.1),一般不处理。

③刚性攻丝处理中信号 RTAP(F0076.3)。

④齿轮选择信号 GR3O(F0034.0)、GR2O(F0034.1)、GR1O(F0034.2)。

⑤齿轮选择信号 GR2(G0028.0)、GR1(G0028.0,1)。

⑥齿轮选择信号 GR21(G0029.0,T 系列)。

⑦刚性攻丝主轴选择信号 RGTSP2(G0061.4)、RGTSP1(G0061.5)。

⑧刚性攻丝主轴使能,正转信号 SFRA(G0070.5)。

(2)刚性攻丝 PMC 程序(图 5-28)

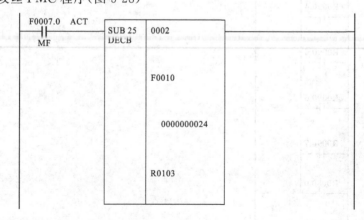

(a)

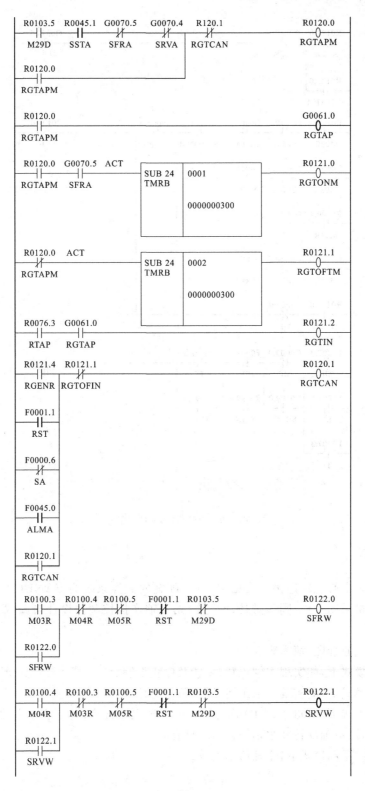

（b）

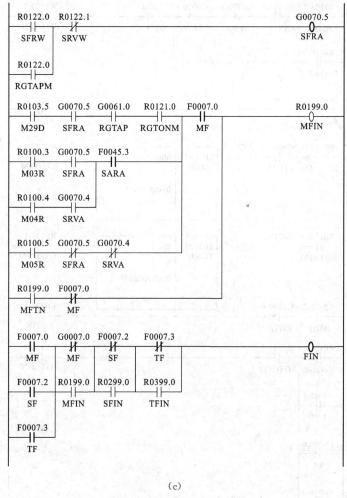

(c)

图 5-28 刚性攻丝 PMC 程序

三 任务训练

任务 加工中心主轴连接方式见图 5-21,配置的数控系统为 FANUC 0i-Mate MD,主轴与主轴电动机采用 1 ∶ 1 同步带传动连接,无主轴换挡控制。设计与调试 PMC 程序,实现如下功能:

1. 按照电气原理图,填写表 5-19。

2. 在手动模式下,能实现主轴正转、反转及停止控制。

3. 在手动模式下,能实现主轴正转、反转及停止控制。

4. 在自动模式下,M03 实现主轴正转、M04 实现主轴反转、M05 实现主轴停止。

5. 主轴正转、主轴反转和主轴停止指示灯有效。

6. 在自动或手动模式下,主轴倍率生效。

表 5-19　　　　　　　　　　　　PMC 输入输出地址

名　称	地　址	名　称	地　址
主轴正转按键		主轴正转指示灯	
主轴反转按键		主轴反转指示灯	
主轴停止按键		主轴停止指示灯	
主轴倍率开关 A		主轴倍率开关 C	
主轴倍率开关 B		主轴倍率开关 D	

四　任务小结

主轴定向（M19 功能指令）：

数控系统接收到准停命令（M19）或机床面板上的主轴准停信号后，主轴按参数设定的定向速度旋转，当检测到一转信号后主轴停止在某个固定角度。

主轴定向主要用于数控铣床、立卧加工中心等，可以实现加工中心换刀、镗孔循环加工等。

五　拓展提高——FANUC 串行主轴控制原理

1. FANUC 串行主轴控制原理

图 5-29 是 FANUC 串行主轴控制原理图，下面介绍 FANUC 主轴是如何控制主轴电动机速度的。

（1）当编制 Sxxxx 指令时，系统首先进行主轴电动机最大钳制速度（PRM3736）和换挡范围（PRM3741～3744）的比较和检查。

（2）若在换挡范围内，CNC 再结合主轴停止信号 * SSTP（G0029.6）、主轴倍率信号 SOVx（G0030）输出计算主轴电动机速度数据。

（3）若定向信号 SOR＝0（G0029.5＝0），没有定向功能，保持前面计算的主轴电动机速度数据。若定向信号 SOR＝1（G0029.5＝1），则电动机速度取自 PRM3732 设定的定向速度。不管电动机是否有定向功能，都把目前主轴电动机速度的数据转换成 12 位数据发送至 PMC 的 R01O～R12O（F0036 和 F0037 存储区）。

（4）若主轴速度指令选择信号 SIND 信号为 0（G0033.7＝0），则电动机速度数据仍然来自 CNC 前面处理的数据。若主轴速度指令选择信号 SIND 信号为 1（G0033.7＝1），则电动机速度数据取自 PMC 程序，即主轴电动机速度数据不是来自加工程序 Sxxxx，而是来自 PMC 编程数据 R01I～R12I（物理地址 G0032 和 G0033.0～G0033.3 共 12 位二进制组合）。

（5）经过通信电缆，把主轴电动机速度数据发送到串行主轴伺服放大器。

（6）同时，主轴电动机速度极性控制信号来自于 CNC 指令还是 PMC 程序取决于 SSIN 信号（G0033.6）。若 SSIN 为 0（G0033.6＝0），主轴电动机速度极性控制信号来自 CNC 的 PRM3706♯6、♯7；若 SSIN 为 1（G0033.6＝1），主轴电动机速度极性控制信号来自 PMC 逻辑输出的 SGN 信号（G0033.5）。

（7）主轴电动机的正反转控制、定位、串行主轴停止、主轴急停功能，需要编制逻辑控制程序，分别输出 SFRA（G0070.5）、SRVA（G0070.4）、ORCMA（G0070.6）、* SSTP1

（G0027.3）、＊ESPA（G0071.1）等信号，最后经过 CNC 处理，把数据发送到串行主轴伺服放大器实现主轴电动机逻辑控制。

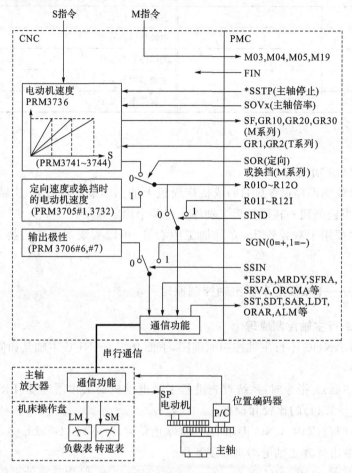

图 5-29 FANUC 串行主轴控制原理图

2. 串行主轴在使用过程中不运转的原因分析

（1）在 PMC 中主轴急停（G0071.1）、主轴停止信号（G0029.6）、主轴倍率（G0030，当G0030 为全 1 时，倍率为 0）没有处理。

另外，在 PMC 中注意 SIND 信号的处理，处理不当也将造成主轴不输出。

（2）参数中没有设置串行主轴功能选择参数，即主轴没有设定。

（3）PRM1404＃2 F8A 误设，将造成刚性攻丝时速度相差 1000 倍。

（4）PRM1405＃0 F1U 误设，将造成刚性攻丝时速度相差 10 倍。

（5）PRM4001＃0 MRDY（6501＃0）（G0229.7/G0070.7）误设，将造成主轴没有输出，此时主轴放大器上 01＃错误。

（6）没有使用定向功能却设定了 PRM3732，将有可能造成主轴在低速旋转时不平稳。

（7）使用内装主轴时，用 MCC 的吸合来进行换挡，注意挡位参数的设置（只设 1 挡）。

（8）PRM3708＃0（SAR）信号的设置不当，可能造成刚性攻丝不输出。

（9）PRM3705＃2 SGB（铣床专有）误设，改参数以后使用 PRM3751/PRM3752，由于此时 PRM3751/PRM3752 没有设定，故主轴没有输出。

（10）此外应注意 FANUC 的串行主轴有相序，连接错误将导致主轴旋转异常；主轴内部 SENSOR 损坏，放大器 31♯ 报警。

（11）注意 PRM8133♯0 SSC 恒周速控制对主轴换挡的影响（F0034♯0，♯1，♯2 无输出）。

（12）注意 PRM4000♯2 位置编码器的安装方向对一转信号的影响（可能检测不到一转信号）。

● 课后练习

1. 选择题

（1）以下对 FANUC 0i-C/D 的线速度恒定控制功能理解正确的是（　　）。

A. 一般用于工件回转的车加工　　　　　　B. 可以保证主轴转速恒定

C. 可根据切削直径改变主轴转速　　　　　D. 程序中的 S 代码指定主轴转速

（2）FANUC 0i-C/D 用于主轴定向准停控制的 M 代码是（　　）。

A. M05　　　　　　B. M19　　　　　　C. M29　　　　　　D. M09

（3）当 S 指令为 0 时，如主轴存在低速正转现象，CNC 应进行的调整是（　　）。

A. 增加主轴模拟量输出偏移参数　　　　　B. 减小主轴模拟量输出偏移参数

C. 增加主轴模拟量输出增益参数　　　　　D. 减小主轴模拟量输出增益参数

（4）以下对 FANUC 0i-C/D 的主轴定位功能理解正确的是（　　）。

A. 用于螺纹切削加工　　　　　　　　　　B. 用于刀具交换及镗孔让刀

C. 必须安装主轴位置编码器　　　　　　　D. 可实现主轴和其他轴的插补

（5）以下对主轴编码器配置理解正确的是（　　）。

A. 螺纹切削加工时必须配置　　　　　　　B. 主轴定向准停控制时必须配置

C. 主轴定位控制时必须配置　　　　　　　D. CS 轴控制时必须配置

2. 串行伺服主轴定位的方式有几种？分别如何与 CNC 装置连接？

SINUMERIK 802D SL硬件连接与调试基础

知识点

1. 熟悉 SINUMERIK 802D SL 数控系统背板接口。
2. 了解 SINUMERIK 802D SL 数控系统初始化过程。
3. 掌握 Programming Tool PLC 802 编程器的基本应用。

技能点

1. 能够根据 SINUMERIK 802D SL 数控系统原理图进行连接。
2. 能够使用 Programming Tool PLC 802 编程器进行梯形图编辑。
3. 能够识读并配置 SINUMERIK 802D SL PLC 梯形图。

任务 1 SINUMERIK 802D SL 硬件连接

一 任务介绍

【任务环境】

本任务需要配置 SINUMERIK 802D SL 系统的实训装置、常用电工工具、实训装置电气原理图。

【任务目标】

通过对 SINUMERIK 802D SL 数控系统各部件接口的学习,使学生具备数控系统硬件连接的能力。

【任务导入】

通过查阅技术资料,熟悉数控系统的各个接口,同时结合有关专业知识,分析各个接口与系统外围有关执行装置、检测元件之间的信号连接原理。

二 必备知识

1. SINUMERIK 802D SL 基本组件及功能介绍

(1)认识 SINUMERIK 802D SL PCU

SINUMERIK 802D SL 是一个集成所有数控系统元件(数字控制器、可编程控制器、人机操作界面)于一体的操作面板安装形式的控制系统。所配套的驱动系统接口采用西门子公司全新设计的可分布式安装,以简化系统结构的驱动技术,这种新的驱动技术所提供的DRIVE-CLiQ 接口可以连接多达 6 轴的数字驱动。外部设备通过现场控制总线 PROFI-BUS DP 连接。这种新的驱动接口连接技术只需要几根连线就可以进行非常简单的安装。SINUMERIK 802D SL 为标准的数控车床和数控铣床提供了完备的功能,其配套的模块化结构的驱动系统为各种应用提供了极大的灵活性。

SINUMERIK 802D SL 系统集成和连接了以下元件:最大可以连接两个电子手轮,小型手持单元,通过 I/O 模块 PP 72/48 或通过 MCPA 模块控制的机床操作面板,MCPA 模块被插入安装在 PCU 210 的背板。MCPA 模块可以连接机床控制面板,同时具有用于模拟主轴的模拟接口。最大可以连接三个 I/O 模块 PP 72/48。SINUMERIK 802D SL PCU 接口示意图如图 6-1 所示,接口功能说明见表 6-1。

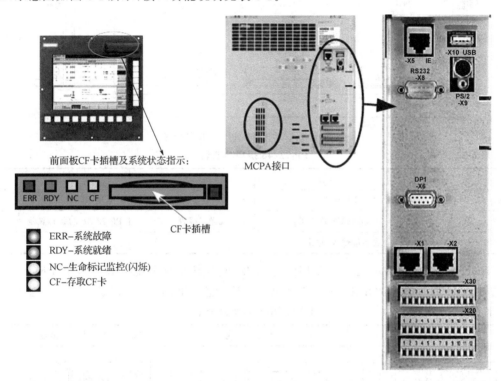

图 6-1　SINUMERIK 802D SL PCU 接口示意图

表 6-1　　　　　　　　　　　　　　　**接口功能表**

接口名称	功能	接口名称	功能
X1 DRIVE-CLiQ	驱动接口 1	X8 RS232	9 芯针式 D 型插座
X2 DRIVE-CLiQ	驱动接口 2	X9 PS/2	键盘接口
X5 IE	以太网接口	X10 USB	外设接口
X6 DP1	PROFIBUS 总线接口	X20 数字 I/O	高速输入/输出接口
MCPA	连接 MCPA	X30	电子手轮接口

（2）PLC 输入/输出模块（PP）

输入/输出模块 PP 72/48 模块可提供 72 个数字输入和 48 个数字输出。每个模块具有三个独立的 50 芯插槽，每个插槽中包括了 24 位数字量输入和 16 位数字量输出（输出的驱动能力为 0.25 A，系数为 1）。PLC 输入/输出模块结构图如图 6-2 所示，接口功能说明见表6-2。

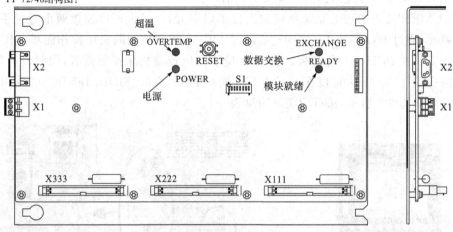

图 6-2　输入/输出模块 PP 72/48 结构图

表 6-2　PP 72/48 接口功能表

接口名称	功能	接口名称	功能
X1	24 V DC 电源	S1	PROFIBUS 地址开关
X2	PROFIBUS 总线接口	4 个发光二极管	PP 72/48 的状态显示
X111,X222,X333	数字量输入/输出		

802D SL 系统最多可配置三块 PP 72/48 模块，模块地址分配见表 6-3，由 PROFIBUS 完成与 PCU 的通信，PROFIBUS 插头及总线连接示意图如图 6-3 所示。

表 6-3　PP 72/48 模块地址分配

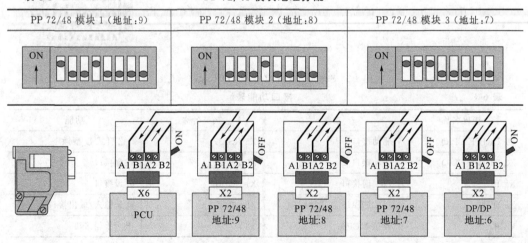

图 6-3　PROFIBUS 插头及总线连接示意图

第一个 PP 72/48 模块(总线地址:9)输入/输出信号的逻辑地址和接口端子号的对应关系见表 6-4。

表 6-4   PP 72/48 模块 1 接口端子号与逻辑地址对应表

端子	X111	X222	X333	端子	X111	X222	X333
1	数字输入公共端 24 V DC			2	24 V DC 输出 *		
3	I0.0	I3.0	I6.0	4	I0.1	I3.1	I6.1
5	I0.2	I3.2	I6.2	6	I0.3	I3.3	I6.3
7	I0.4	I3.4	I6.4	8	I0.5	I3.5	I6.5
9	I0.6	I3.6	I6.6	10	I0.7	I3.7	I6.7
11	I1.0	I4.0	I7.0	12	I1.1	I4.1	I7.1
13	I1.2	I4.2	I7.2	14	I1.3	I4.3	I7.3
15	I1.4	I4.4	I7.4	16	I1.5	I4.5	I7.5
17	I1.6	I4.6	I7.6	18	I1.7	I4.7	I7.7
19	I2.0	I5.0	I8.0	20	I2.1	I5.1	I8.1
21	I2.2	I5.2	I8.2	22	I2.3	I5.3	I8.3
23	I2.4	I5.4	I8.4	24	I2.5	I5.5	I8.5
25	I2.6	I5.6	I8.6	26	I2.7	I5.7	I8.7
27,29	无定义			28,30	无定义		
31	Q0.0	Q2.0	Q4.0	32	Q0.1	Q2.1	Q4.1
33	Q0.2	Q2.2	Q4.2	34	Q0.3	Q2.3	Q4.3
35	Q0.4	Q2.4	Q4.4	36	Q0.5	Q2.5	Q4.5
37	Q0.6	Q2.6	Q4.6	38	Q0.7	Q2.7	Q4.7
39	Q1.0	Q3.0	Q5.0	40	Q1.1	Q3.1	Q5.1
41	Q1.2	Q3.2	Q5.2	42	Q1.3	Q3.3	Q5.3
43	Q1.4	Q3.4	Q5.4	44	Q1.5	Q3.5	Q5.5
45	Q1.6	Q3.6	Q5.6	46	Q1.7	Q3.7	Q5.7
47,49	数字输出公共端 24 V DC			48,50	数字输出公共端 24 V DC		

(3)MCPA 接口板

MCPA 可用来驱动一个模拟主轴、连接一个 MCP 机床操作面板和快速输入/输出(1 个字节输入、1 个字节输出),MCPA 接口板实物如图 6-4 所示。

图 6-4   MCPA 接口板

（4）驱动部件

①电源模块

电源模块就是我们常说的整流或整流/回馈单元,它是将三相交流电整流成直流电,供给各电动机模块(又常称逆变器),有回馈功能的模块还能够将直流电回馈给电网。根据是否有回馈功能及回馈的方式,将电源模块分成下列三种:

基本型电源模块(Basic Line Module,BLM):整流单元,无回馈功能。靠接制动单元和制动电阻才能实现快速制动。功率范围为 3 AC 380～480 V:20～710 kW,660～690 V:250～1 100 kW。

智能型电源模块(Smart Line Module,SLM,又称非调节型电源模块):整流/回馈单元,但直流母线电压不可调。功率范围为 3 AC 380～480 V:5～36 kW。

主动型电源模块(Active Line Module,ALM,又称调节型电源模块):整流/回馈单元,且直流母线电压可调。功率范围为 3 AC 380～480 V:16～120 kW。

调节型电源模块接口示意图如图 6-5 所示,非调节型电源模块接口示意图如图 6-6所示。

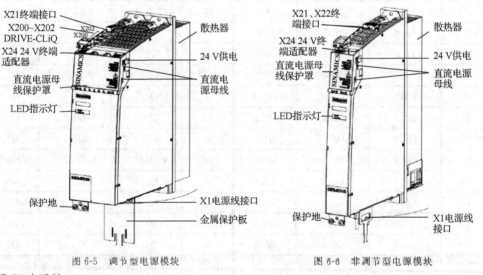

图 6-5　调节型电源模块　　　　图 6-6　非调节型电源模块

②驱动系统

SINAMICS S120 是西门子公司推出的新一代驱动系统。S120 驱动系统采用了最先进的硬件技术、软件技术以及通信技术。采用高速驱动接口,配套的 1FK7 永磁同步伺服电动机具有电子铭牌,系统可以自动识别所配置的驱动系统。具有更高的控制精度和动态控制特性,更高的可靠性。和 802D SL 配套使用的 SINAMICS S120 产品包括:书本型驱动器和用于单轴 AC/AC 模块式驱动器。

书本型驱动器的结构形式为电源模块和电动机模块分开,一个电源模块将三相交流电整流成 540 V 或 600 V 的直流电,将电动机模块(一个或多个)都连接到该直流母线上(802D SL Pro 和 Plus 采用该类型驱动器)。单轴 AC/AC 模块式驱动器的结构形式为电源模块和电动机模块集成在一起(802D SL value 采用该类型驱动器)。

SINAMICS S120 书本型驱动器由独立的电源模块和电动机模块(Motor Module,MM)共同组成。电源模块全部采用馈能制动方式,其配置分为调节型电源模块(Active

Line Module,ALM)和非调节型电源模块(Smart Line Module,SLM)。无论选用 ALM 或 SLM,均需要配置电抗器。

③驱动器 S120 的主要部件

S120 书本型驱动器 Pro/Plus 包括驱动进线电源模块 ALM/SLM、电动机模块 MM 和电抗器;S120 单轴 AC/AC 模块式驱动器包括功率模块 PM340、控制单元适配器 CUA31 和电抗器。S120 书本型驱动器的主要部件如图 6-7 所示。

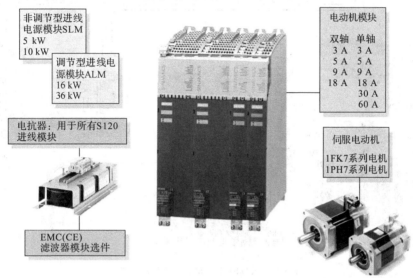

图 6-7   S120 书本型驱动器的主要部件

④电抗器及滤波器

电抗器的型号需根据进线电源模块的功率选择,滤波器用于防止驱动器对电网的干扰(选件)。

注:电抗器和滤波器是一个整体。

⑤伺服电动机

主轴电动机(适用于 802D SL Pro 和 Plus):1PH7 系列带 DRIVE CLiQ 主轴伺服电动机。

1FK7 系列带 DRIVE CLiQ 同步伺服电动机,伺服电动机有带抱闸和不带抱闸两种,在电动机选型时应注意。

⑥外置编码器接口模块

外置编码器接口模块用于连接直接测量系统,SMC30 与 TTL 方波编码器配套,SMC20 与 1 V_{pp} 正弦波编码器配套。实物图如图 6-8 所示。

⑦系统连接示意

802D SL Pro 和 Plus 版本连接总图如图 6-9 所示。

图 6-8   外置编码器接口

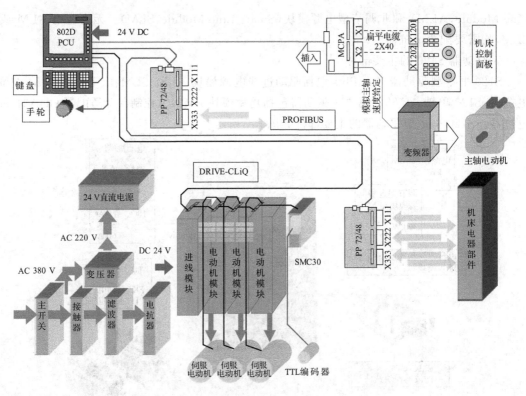

图 6-9 802D SL Pro 和 Plus 连接示意图

2. 数控系统电气原理图

(1)CNC 接口的硬件连接如图 6-10 所示。

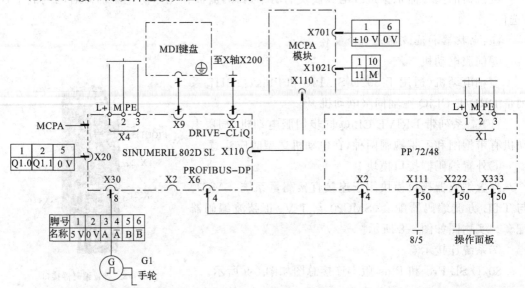

图 6-10 CNC 接口的硬件连接

（2）非调节型电源模块接线图如图 6-11 所示。

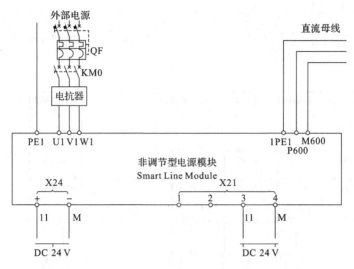

图 6-11　非调节型电源模块接线图

（3）双轴型电动机模块接线图如图 6-12 所示。

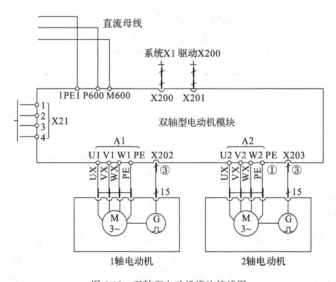

图 6-12　双轴型电动机模块接线图

通过 DRIVE-CLiQ 信号线，使 CNC 操作面板接口 X1 或 X2 与 驱动器上的接口 X200 相连，连接如图 6-13 所示。

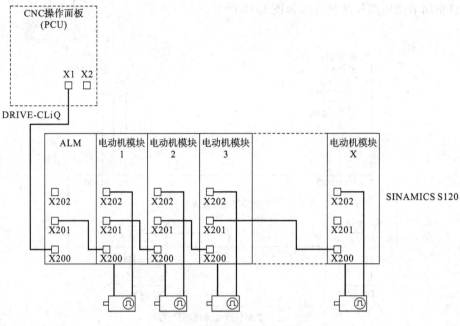

图 6-13　DRIVE-CLiQ 电缆连接示意

三　任务训练

任务 1　根据实训装置数控系统配置完成表 6-5。

表 6-5　　　　　　　　　　　　　　　　实训装置配置表

系统名称	规格	功能

任务 2　根据实训装置电气控制线路,使系统通电。

1. 通电前检查

(1)检查 24 V DC 回路有无短路。

(2)如果使用两个 24 V DC 电源,检查两个电源的 0 V 是否连通。

(3)检查驱动器进线电源模块和电动机模块的 24 V 直流电源跨接桥是否可靠连接。

(4)检查驱动器进线电源模块和电动机模块的直流母线是否可靠连接(直流母线上的所有螺钉必须牢固旋紧)。

(5)检查 DRIVE-CLiQ 电缆是否正确连接。

(6)检查 PROFIBUS 电缆是否正确连接,终端电阻的设定是否正确。

2. 通电

如果通电前检查无误,则可以给系统加电。合上系统的主电源开关,802D SL 的 PCU 210.3、PP 72/48 以及驱动器均通电。

(1) PP 72/48 上标有"POWER"和"EXCHANGE"的两个绿灯亮,表示 PP 72/48 模块

就绪,且有总线数据交换。

注意　如果"EXCHANGE"绿灯没有亮,则说明总线连接有问题。

(2)802D SL 进入主界面

这时进入 802D SL 的系统界面,找到 PLC 状态表。在状态表上应该能够看到所有输入信号的状态(如操作面板上的按键状态,行程开关的通断状态等)。

注意　如果看不到输入信号的状态,请检查总线连接或输入信号的公共端。

(3)驱动器的电源模块和电动机模块上的指示灯

READY:橘色 — 正常,表示驱动器未设置;红色 — 故障。

DC LINK:橘色 — 正常;红色 — 进线电源故障。

若无指示灯亮,则表示无外部直流电源 DC 24 V 供电。

四　任务小结

(1)PCU 是西门子数控系统的核心,它的接口用来传递和接收控制信号,了解每个接口的功能是数控系统连接技术的重点。

(2)了解西门子数控系统的硬件组成,电源模块(ALM 或 SLM)、驱动模块(MM)和I/O模块(PP 72/48)等。

五　拓展提高——西门子数控系统介绍

目前,西门子数控系统在市场上占据较大份额的有 SINUMERIK 802S/802C Base Line、SINUMERIK 802D Base Line、SINUMERIK 802D Solution Line、SINUMERIK 808D/828D 以及 SINUMERIK 840D Solution Line。其中 SINUMERIK 802D Solution Line 是将 CNC、PLC 及 HMI 等部件集成在一起的操作面板控制系统,属于中低档数控系统。

SINUMERIK 802D Solution Line 采用全数字驱动方式,可以控制四个数字进给轴和一个主轴,或者三个数字进给轴、一个主轴和一个辅助主轴,并且可以在屏幕上直接显示 PLC 梯形图程序。SINUMERIK 802D Solution Line 系统适合数控车床、数控铣床、加工中心等半闭环控制场合。

(1)802D SL T/M Value 通过 DRIVE-CLiQ 连接 SINAMICS S120 驱动,适用于车削、钻削和铣削,进给轴加主轴最大配置为四轴,不支持快速输入/输出,刀具最多 32 把,I/O 模块 PP 72/48 的最大配置数量为三块,最大梯形图步数为 4000 步,支持通过以太网进行调试。

(2)802D SL T/M Plus 通过 DRIVE-CLiQ 连接 SINAMICS S120 驱动,适用于车削、钻削和铣削,进给轴加主轴最大配置为五轴,快速输入/输出各八个,刀具最多 64 把,I/O 模块 PP 72/48 的最大配置数量为三块,最大梯形图步数为 4 000 步,支持通过以太网进行调试。

(3)802D SL T/M Pro 通过 DRIVE-CLiQ 连接 SINAMICS S120 驱动,适用于车削、钻削和铣削,进给轴加主轴最大配置为五轴,快速输入/输出各八个,刀具最多 128 把,I/O 模块 PP 72/48 的最大配置数量为三块,最大梯形图步数为 4 000 步,支持通过以太网进行调试。

（4）802D SL G/N Plus 通过 DRIVE-CLiQ 连接 SINAMICS S120 驱动，适用于磨削和冲压，进给轴加主轴最大配置为五轴，快速输入/输出各八个，刀具最多 64 把，I/O 模块 PP 72/48 的最大配置数量为三块，最大梯形图步数为 4 000 步，支持通过以太网进行调试。

（5）802D SL G/N Pro 通过 DRIVE-CLiQ 连接 SINAMICS S120 驱动，适用于磨削和冲压，进给轴加主轴最大配置为五轴，快速输入/输出各八个，刀具最多 128 把，I/O 模块 PP 72/48 的最大配置数量为三块，最大梯形图步数为 4 000 步，支持通过以太网进行调试。

任务 2　SINUMERIK 802D SL 数据备份与恢复

一　任务介绍

【任务环境】

本任务需要配置 SINUMERIK 802D SL 系统的实训装置、CF 卡、RS232 电缆、装有 WINPC 软件的计算机、数控系统手册。

【任务目标】

完成 SINUMERIK 802D 数控系统的数据机内与机外存储，数据存储后，可以通过操作面板上的软键菜单进行数据恢复。

【任务导入】

数控机床完成调试后，还需要对数据进行备份。机床在使用过程中，出现参数丢失故障、存储器错误报警时，可以借助备份的数据来恢复机床。在本任务中将学习 SINUMERIK 802D 数据备份与恢复的方法。

二　必备知识

1. 西门子 802D 系列数据存储区介绍

802D 系统内配备了 32 MB 静态存储器 SRAM 与 8 MB 高速闪存 FLASH E^2 PROM 两种存储器，静态存储器区存放工作数据（可修改），高速闪存区存放固定数据以及系统程序，通常作为备份数据区。

2. 机床数据存储

数据存储分为机内存储和机外存储两种。

（1）机内存储

机内存储即将静态存储器 SRAM 区已修改过的有用数据存放到高速闪存 FLASH E^2 PROM 备份数据区保存。

通常系统断电后，SRAM 区的数据由高能电容 C 上的电压进行保持，可在断电情况下保持数据不少于 50 小时（一般情况下可在 7 天左右）。对于长期不通电的机床，SRAM 区的数据将丢失。重新上电时，系统会根据电容上电压的情况，在启动过程中自动调用备份数据区上一次存储的机床数据（方式 3 启动），若没有做过数据存储则在启动过程中自动调用出厂数据区上的数据（方式 1 启动）。

机内存储即数据存储功能是一种不需任何工具的方便快速的数据保护方法。

(2)机外存储

机外存储即将静态存储器 SRAM 区数据通过 RS232 串行口传输至电脑保存。机外存储分系列备份和分区备份两种。

①系列备份

系列备份是将系统的所有数据都按照一定序列全部传输备份并含有一些操作指令(如初始化系统、重新启动系统等),其中数据包括:机床数据、设定数据、R 参数、刀具参数、零点偏移、螺距误差补偿、用户报警文本、PLC 用户程序、零件加工程序、固定循环。802D SL 存储器结构如图 6-14 所示。

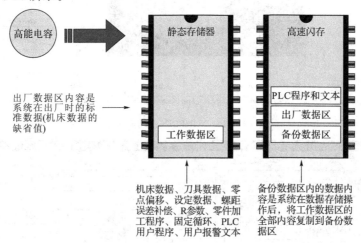

图 6-14 802D SL 存储器结构

系列备份的优点是备份方便,只需传输保存一个文件就可以。但其中包含一些特殊指令,不同版本的系统间一般不能通用。

②分区备份

分区备份是将系统的各种数据分类进行传输备份。其中可分四大类,每一类都可分别传输备份,具体为:1 类(零件程序和子程序…)、2 类(标准循环…)、3 类(用户循环…)、4 类(数据…)、5 类(PLC-应用)。其中带…符号的类别中又可以选择某一程序、循环或数据。1 类程序和 2、3 类循环根据用户使用不同,其中包含的程序和循环也相应不同,这些程序和循环可单独分程序或循环传输备份。四类数据内包含六个子类:机床数据、设定数据、刀具数据、R 参数、零点偏移、螺距误差补偿,这六个子类又可单独分类传输备份。

分区备份的优点是备份的文件不分版本,可以通用,方便制造商使用。但其备份文件很多,如备份不全就不能完全恢复系统。

(3)机外存储步骤

①启动 CNC 系统和计算机。

②运行 WINPCIN 软件,如图 6-15 所示,单击"RS232 Config",设置波特率和数据位等参数,单击"Save&Activate"后单击"Back",如图 6-16 所示。

③单击"Receive Data",选择机外存储的存储目录,输入文件名后,单击"Save",计算机处于接收状态,等待数控系统的输出启动。

④数控系统启动后,通过操作面板上的软键菜单,选择[通信]→[RS232 设置]打开设

置界面,根据需要传输的数据类型选择正确的文件类型(RS232 文本或 RS232 二进制),如图6-17 所示。

图 6-15 WINPCIN 启动界面

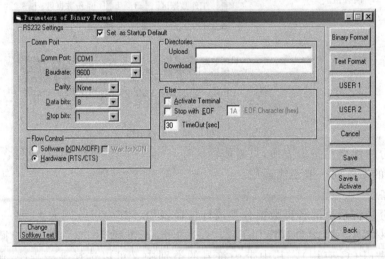

图 6-16 传输设置界面

⑤单击[通信]软键菜单,按"输出启动"对应的软键,开始进行数据的机外存储,如图6-18 所示。

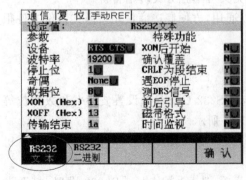

图 6-17 CNC 传输设置界面

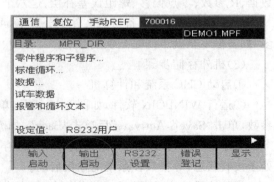

图 6-18 数据机外存储

3. 西门子 802 系列三种启动方式

数据存储后,如果机床在使用中出现参数丢失、存储器错误报警等问题时,可以通过选择操作面板上的软键菜单[诊断]→[调试]→[调试开关],出现"NC 启动"界面,如图 6-19 所示。

(1)正常上电启动

正常上电启动时,系统检测静态存储器,当发生静态存储器掉电的情况时,如果做过内部数据备份,系统自动将备份数据装入工作数据区后启动;如果没有,系统会将出厂数据区的数据写入工作数据区后启动。

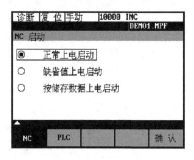

图 6-19 "NC 启动"界面

(2)缺省值上电启动

以 SIEMENS 出厂数据启动,制造商机床数据被覆盖。启动时,出厂数据写入静态存储器的工作数据区后启动,启动完后显示 04060 已经装载标准机床数据报警,复位后可清除报警。

(3)按储存数据上电启动

以高速闪存 FLASH E²PROM 内的备份数据启动。启动时,备份数据写入静态存储器的工作数据区后启动,启动完后显示 04062 已经装载备份数据报警,复位后可清除报警。

注意 系统工作时是按静态存储器 SRAM 区的数据进行工作的,我们通常修改的机床数据和零件加工程序等都在 SRAM 区,SRAM 区的数据若不进行备份(数据保护)是不安全的,SRAM 区中的数据有可能会丢失。

三 任务训练

任务 1 数据存储到 CF 卡。

用户在修改过数据后(任何数据),最好都做数据存储操作。

1. 802D SL 数控系统数据

数据有文本格式和二进制格式,可将光标置于根目录备份此目录的所有内容,也可按回车键进入下级子目录进行分项备份。

(1)数据:文本格式,其中包括机床数据、设定数据、刀具数据、R 参数、零点偏移、螺距误差补偿和全局用户数据。

(2)开机调试存档(NC/PLC):二进制格式,其中包括 NC、PLC、驱动的所有数据和用户报警文本及零件加工程序。

(3)调试存档(HMI):二进制格式,包括系统开机界面等。

(4)PLC 项目(PT802D ∗.PTE):PLC 程序 PTE 格式的备份;在编程工具 Programming Tool PLC802 的菜单选择"文件"→"引入…",可以打开 PTE 格式的文件,选择菜单"文件"→"引出…",可以生成 PTE 格式的文件。

2. 在 CF 卡上备份数据

操作步骤如下:

(1)开机按住[Alt+N]键,进入系统界面,如图 6-20 所示。

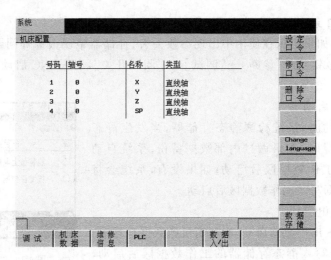

图 6-20 系统界面

(2)按[设定口令]软键,输入口令 EVENING,按[确定]软键。

(3)选择系统→[调试文件],在[802D 数据]中选择需要备份的数据,按软键[复制]后,进入[用户 CF 卡],按[粘贴]软键将备份文件复制到 CF 卡上,如图 6-21 所示。

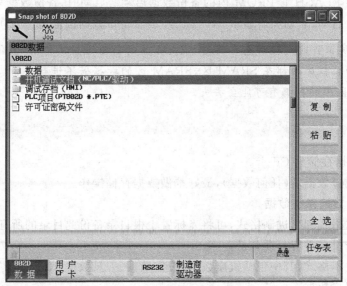

图 6-21 802D 数据

任务 2 从用户 CF 卡上读取开机调试档案文件。

为了读取开机调试档案文件,必须执行以下操作步骤:

(1)插入 CF 卡。

(2)按下软键[用户 CF 卡]并选中所需存档文件所在行。

(3)按下软键[复制]将文件复制到剪贴板中。

(4)按下软键[802D 数据],并将光标定位至开机调试存档(NC/PLC)所在行。

(5)按下软键[粘贴]启动开机调试。

(6)确认控制系统上的启动对话。

任务3 读入和读出 PLC 项目。

在读入项目时先将其传输至 PLC 的文件系统中,然后将其激活。可以通过热启动控制系统来终止激活。

1. 从 CF 卡上读入项目

为了读入 PLC 项目,必须执行以下操作步骤:

(1)插入 CF 卡。

(2)按下软键[用户 CF 卡]并选中所需项目文件(PTE 格式)的所在行

(3)按下软键[复制]将文件复制到剪贴板中。

(4)按下软键[802D 数据],并将光标定位至 PLC 项目(PT802D ＊.PTE)所在行。

(5)按下软键[粘贴],开始读入并激活。

2. 将项目写入 CF 卡

必须执行以下操作步骤:

(1)插入 CF 卡。

(2)按下软键[802D 数据],并用方向键选择 PLC 项目 (PT802D ＊.PTE)所在行。

(3)按下软键[复制]将文件复制到剪贴板中。

(4)按下软键[用户 CF 卡]并选择文件的存放位置。

(5)按下软键[粘贴],开始写入过程。

任务4 数据存储到计算机硬盘上。

根据实际操作,写出操作步骤。

四 任务小结

了解 SINUMERIK 802D SL 存储器结构及存储内容,掌握数据备份与恢复方法。

五 拓展提高——西门子数控系统操作

1. 802D SL 的保护等级、口令及生效条件。

在 SINUMERIK 802D SL 中有一个保护等级方案用来释放数据区。保护等级(0 到 7)由不同的存取权限来控制,其中 0 是最高级,7 是最低级。供货时控制系统带有保护等级1 至 3 的标准密码,它们分别具有不同的存取权限,即系统等级、制造商等级、用户等级。

具有相应的存取等级才能修改特定的数据。口令见表 6-6。

表 6-6 西门子数据系统存储口令

保护等级	禁用密码	范围
0		西门子保留
1	口令:SUNRISE(默认)	专家模式
2	口令:EVENING(默认)	机床制造商
3	口令:CUSTOMER(默认)	授权操作人员、调试人员
4~7	没有密码或 PLC 保护级	授权操作人员、调试人员

2.西门子数控系统 MDI 键盘功能键说明(如图 6-22 所示)。

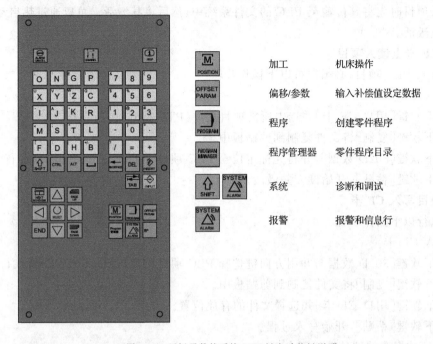

加工	机床操作
偏移/参数	输入补偿值设定数据
程序	创建零件程序
程序管理器	零件程序目录
系统	诊断和调试
报警	报警和信息行

图 6-22　西门子数控系统 MDI 键盘功能键说明

课后练习

1.西门子数控系统的数据一般有两种存储方法,分别是_____和_____。
2.SINUMERIK 802D SL 系统如何进行数据恢复？

任务 3　SINUMERIK 802D SL 系统初始化与调试基础

一　任务介绍

【任务环境】

本任务需要配置 SINUMERIK 802D SL 系统的实训装置、计算机、WINPCIN 及 Programming Tool PLC802 软件、RS232 通信电缆。

【任务目标】

通过对西门子数控系统相关软件的学习,能够利用 RCS 802 软件进行系统初始化及 PLC 调试。

【任务导入】

对于全新的 SINUMERIK 802D SL 系统,应该如何对系统进行配置呢? 调试步骤是怎样的呢?

二 必备知识

1. 系统初始化

802D SL 通电后,首先应该进行系统初始化,根据系统类型和工艺要求安装初始化文件。

(1)上电全清

系统第一次通电时,最好先做全清操作(上电后,按[ALT+N]键进入调试界面,按[调试],再按[缺省值上电])。

(2)设定口令

NC 的调试必须在制造商口令("EVENING")下进行。具体步骤是按[Alt+N]键进入调试界面,按[设定口令]软键,输入"EVENING",将当前口令设为制造商级别。对于机床编程进行刀加工来说,只需设定用户级别口令("CUSTOMER")。

(3)系统初始化

802D SL 通电后,首先应该进行系统初始化,为了简化 802D SL 数控系统的调试,在 802D SL 的工具盒中提供了车床、铣床等的初始化文件。

工艺初始化文件:

\Toolbox 安装目录\V01040100\Techno...,此目录下有车床、铣床的 Value、Plus、Pro 的初始化文件;

\Toolbox 安装目录\V01040100\Techno\Milling\Config_Siemens\value\ setup_M. arc,此目录下有 Value 铣床初始化文件;

\Toolbox 安装目录\V01040100\Techno\Milling\Config_Siemens\plus\setup_M. arc, 此目录下有 Plus 铣床初始化文件;

\Toolbox 安装目录\V01040100\Techno\Milling\Config_Siemens\pro\ setup_M. arc, 此目录下有 Pro 铣床初始化文件;

\Toolbox 安装目录\V01040100\Techno\Turning\Config_Siemens\value\ setup_T. arc,此目录下有 Value 车床初始化文件;

\Toolbox 安装目录\V01040100\Techno\Turning\Config_Siemens\plus\ setup_T. arc,此目录下有 Plus 车床初始化文件;

\Toolbox 安装目录\V01040100\Techno\Turning\Config_Siemens\pro\ setup_T. arc,此目录下有 Pro 车床初始化文件。

根据系统类型和工艺要求安装初始化文件。以上所述操作可通过 RCS 802 软件进行,也可通过 CF 卡进行。以下介绍通过 CF 卡进行系统初始化。

①从 Windows 的"开始"中找到通信工具软件 RCS 802。

②利用 RCS 802 工具在计算机上找到初始化文件(以 802D SL Pro 铣床为例),如图 6-23 所示,单击鼠标右键,选择 COPY 或按[Ctrl+C]键。

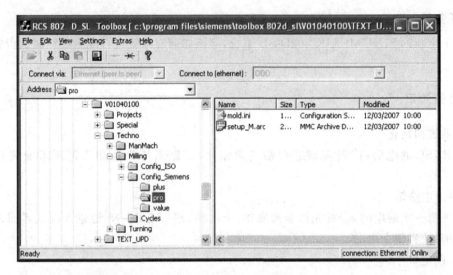

图 6-23　802D SL Pro 铣床初始化文件

③用 CF 卡将初始化文件通过拷贝、粘贴的方式传入系统。

将准备好的 CF 卡插入 802D SL CF 卡插槽，在系统加工界面下同时按[Alt＋N]键调出系统界面，设定制造商口令。选择[调试文件]，在[用户 CF 卡]拷贝初始化文件（setup_T. arc 或 setup_M. arc），粘贴到[802D 数据]→[开机调试文档（NC/PLC/驱动）]，如图 6-24 所示。系统就开始自动装载初始化文件，自动重新启动，系统初始化完成。

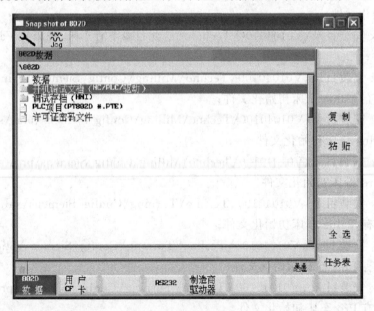

图 6-24　粘贴初始化文件

2. 驱动器调试

送驱动器控制电源（24 V），进行驱动器调试。（主接触器 380 V 电源不送，之后由PLC 送）

注意　在启动驱动调试向导进行驱动调试之前，必须断掉驱动器的所有使能。

802D SL 为简化驱动器 SINAMICS S120 调试,专门设计了驱动调试向导,通过调试向导,可轻松实现驱动的调试。

驱动器调试步骤:装载 SINAMICS Firmware→确保驱动器各部件具有相同的固件版本;装载驱动出厂设置→激活各驱动部件的出厂参数;拓扑识别和确认(快速开机调试)→读出驱动器连接的拓扑结构以及实际电动机的控制参数,设定拓扑结构比较等级。

(1)驱动器的固件升级

除不带 DRIVE CLiQ 接口的电源模块外,SINAMICS 部件内部均具有固化软件,简称固件。为保证驱动器与数控系统软件匹配,首先需要对驱动器的固件进行装载,在硬件未更换的情况下,固件装载执行一次即可,如果更换了新的硬件,需重新执行固件装载。

具体方法如下:

①进入系统界面,按[SHIFT]+[ALARM],进入[机床参数]→[驱动器数据],选择[Sinamics IBN],如图 6-25 所示。

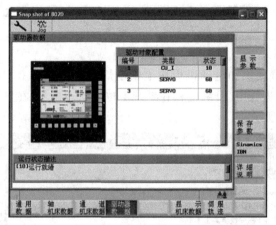

图 6-25 "驱动器数据"界面

②选择[装载 SINAMICS Firmware]→[打开],如图 6-26 所示。

图 6-26 设置驱动器

③选择［全部组件］→［启动］,如图 6-27 所示。

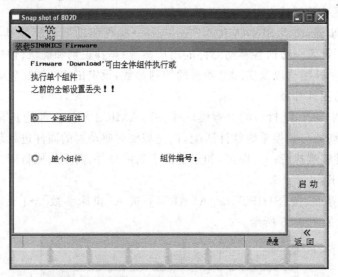

图 6-27 全部组件启动界面

④驱动器进线电源模块和电动机模块上指示灯 READY 以 2 Hz 的频率绿/红交替显示,表示固件升级正在进行中,升级过程在系统上也有状态指示(在升级过程中,系统和驱动不能断电),如图 6-28 所示。

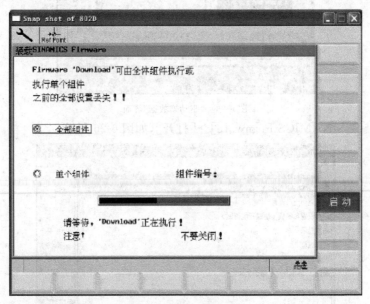

图 6-28 固件升级进行中

⑤当系统出现提示"成功结束装载,该过程后必须进行 SINAMICS Power Off/On"表示驱动器固件升级完成,如图 6-29 所示。

⑥802D SL 及驱动器断电,再上电。

(2)驱动器的初始化

①进入驱动调试向导,选择［Sinamics IBN］,"SINAMICS 组件的开机调试"界面如图 6-30 所示,选择［装载驱动出厂设置］→［打开］。

图 6-29　固件装载成功

图 6-30　选择装载驱动出厂设置

②在"装载驱动出厂设置"界面中选择全部组件,如图 6-31 所示,再选择[启动]。

③在执行过程中,系统上有状态指示,如图 6-32 所示。

④当系统提示"组件设为出厂设置。",表示驱动器初始化完成。

(3)自动读取驱动器配置的拓扑结构

①进入驱动调试向导,选择[Sinamics IBN],选择[拓扑识别和确认(快速开机调试)]→[打开],如图 6-33 所示。

②选择[启动],如图 6-34 所示。

③在执行过程中,系统上有状态指示,如图 6-35 所示。

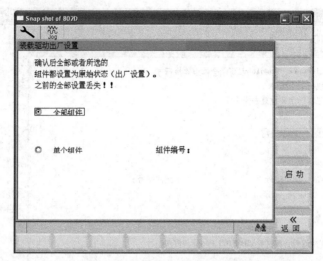

图 6-31 "装载驱动出厂设置"界面

图 6-32 组件恢复出厂设置执行中

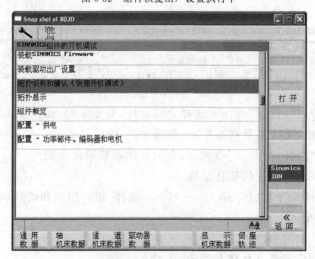

图 6-33 拓扑识别和确认

图 6-34　拓扑识别和确认界面

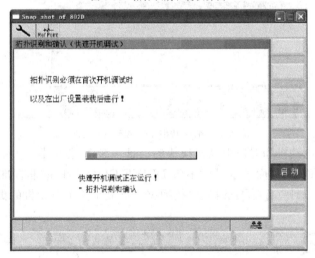

图 6-35　拓扑识别和确认执行中

④当系统上提示"该过程后必须进行 SINAMICS Power Off/On",表示驱动配置完成,如图 6-36 所示。

图 6-36　拓扑识别和确认执行完毕

⑤802D SL 及驱动器断电,再上电。

注意 驱动器总线 DRIVE CLiQ 的正确连接是读取配置拓扑结构的基本保证。

(4)配置-功率部件、编码器和电动机

①进入驱动调试向导,选择[Sinamics IBN],选择[配置-功率部件、编码器和电机]→[打开],如图 6-37 所示。

图 6-37 配置-功率部件、编码器和电机

②界面描述了电动机和对应电动机模块的信息。选择[驱动器＋]或[驱动器－]可在不同轴之间进行切换;在此界面中也可对不带 DRIVE CLiQ 接口的非标准电动机进行配置,输入相应的参数后,选择[存储];选择[电机数据],可显示关于电动机的更详细的信息,如图 6-38 所示。

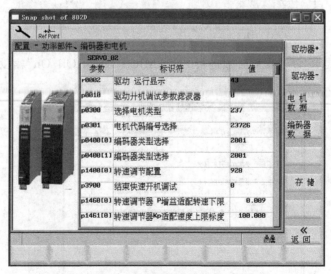

图 6-38 驱动模块信息显示

③界面显示了电动机的详细信息,如图 6-39 所示。

图 6-39 电动机信息显示

④在图 6-38 中选择[编码器数据],界面显示电动机和对应编码器的信息,在此界面中也可对轴的第二编码器进行配置,如图 6-40 所示。

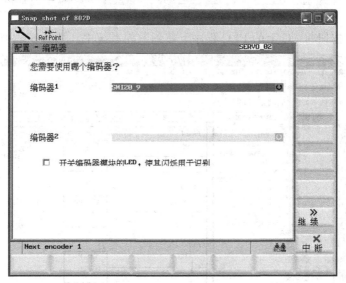

图 6-40 编码器配置

3. 将 PLC 程序下载到数控系统

系统初始化完成后,可以将设计好的 PLC 程序装载到数控系统中。实际上 PLC 设计好后一般也需要进行调试(具体可参见《SINUMERIK 802D solution line T/M V1.4 简明调试手册》,2008 年 2 月,第 24 页)。

打开西门子 Programming Tool PLC 802 软件,编辑 PLC 程序(梯形图),如图 6-41 所示。

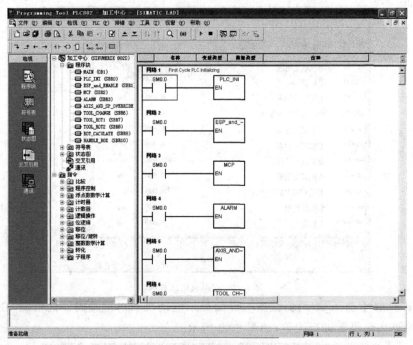

图 6-41　Programming Tool PLC802 软件

单击"下载"按钮将 PC 上的 PLC 程序下载到数控系统中。如图 6-42 所示。

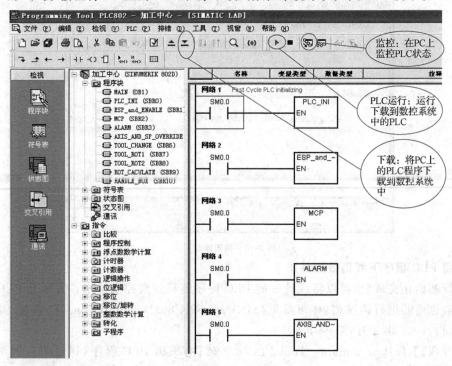

图 6-42　PLC 程序下载

下载结束后,单击"PLC 运行"按钮,系统自动重新启动,完毕后 PLC 就能够正常工作了。

三　任务训练

任务1　利用通信工具软件 WINPCIN 传送参数。

任务2　利用 Programming Tool PLC802 软件将 PLC 程序下载到系统中。

四　任务小结

数控系统初始化步骤:运行 RCS 802 进行 802D SL 的初始化;驱动器调试;PLC 程序下载。

五　拓展提高——机床数据(参数)分类及生效等级

1. SINUMERIK 802D SL 机床数据分类(见表 6-7)

表 6-7　　　　　　　　　　　　机床数据分类

范　围	名　称
从 200 至 400	显示机床数据
从 1 000 至 19 999	通用机床数据
从 20 000 至 29 999	通道专用机床数据
从 30 000 至 39 999	轴专用设定数据
从 41 000 至 41 999	通用设定数据
从 42 000 至 42 999	通道专用设定数据
从 43 000 至 43 999	轴专用设定数据

2. 机床数据修改后生成条件

(1)PO:更改的参数需要重新"上电"后才能生效。

(2)RE:更改的参数需要按[复位]软键后才能生效。

(3)CF:更改的参数需要按[更新]软键后才能生效。

(4)IM:更改的参数立即生效。

 课后练习

简述 SINUMERIK 802D SL 机床数据分类。

SINUMERIK 802D SL系统参数设置与PLC调试

知识点

1. 了解进给轴参数含义及设置方法。
2. 熟悉主轴外置编码器的配置与连接。
3. 掌握 PLC 程序编制与阅读方法。

技能点

1. 能够完成手动进给轴参数及回参考点参数设置。
2. 能够对模拟主轴 CNC 参数进行设置。
3. 能够阅读 PMC 典型程序。

任务 1 SINUMERIK 802D SL 进给轴参数设定

一 任务介绍

【任务环境】

本任务需要配置 SINUMERIK 802D SL 系统的实训装置、参数手册。

【任务目标】

通过对 SINUMERIK 802D SL 数控系统常用进给轴参数含义和功能的学习,具有数控系统进给驱动系统的调试能力。

【任务导入】

完成进给伺服系统参数电气接线后,还必须进行相关参数的设置,这样进给伺服系统才能正确进给。那么要设置哪些参数呢? 如何设置呢?

二 必备知识

1. 常用进给轴参数设置

SINUMERIK 802D SL 是通过现场总线 PROFIBUS 对外设置模块的(如驱动器和输入/输出模块等),PROFIBUS 的配置是通过通用参数 MD 11240 来确定的,对于 802D SL

T/M V1.4 系统，MD 11240 使用默认值即可，不需修改。

（1）驱动器模块定位

数控系统与驱动器之间通过总线连接，系统根据表 7-1 参数与驱动器建立物理联系。

表 7-1　　　　　　　　　　　　　驱动器模块定位参数

轴参数号	参数名	单位	轴	输入值	参数定义
30110	CTRLOUT_ODULE_NR[0]	—	X、Y、Z	1、2、3	定义速度给定端口（轴号）
30220	ENC_MODULE_NR[0]	—	X、Y、Z	1、2、3	定义位置反馈端口（轴号）

如果定义第 1 轴为 X 轴，第 2 轴为 Y 轴，第 3 轴为 Z 轴，那么 MD 30110(X)＝1，MD 30220(X)＝1；MD 30110(Y)＝2，MD 30220(Y)＝2；MD 30110(Z)＝3，MD 30220(Z)＝3。

（2）位置控制使能

系统出厂设定各轴均为仿真轴，系统既不产生指令输出给驱动器，也不读电动机的位置信号。按表 7-2 设定参数可激活该轴的位置控制器，使坐标轴进入正常工作状态。

表 7-2　　　　　　　　　　　　　位置控制使能参数

轴参数号	参数名	单位	轴	输入值	参数定义
30130	CTRLOUT_TYPE	—	X、Y、Z	1、1、1	控制给定输出类型
30240	ENC_TYPE	—	X、Y、Z	4、4、4	编码器反馈类型

MD 30130(X)、(Y)、(Z)＝1。0 为模拟值，1 为额定值输出端有效。

MD 30240(X)、(Y)、(Z)＝4。0 为模拟值，1 为信号发生器（1 V_{ss}，sin，cos），4 为绝对值编码器。

此时如果该坐标轴的运动方向与机床定义的运动方向不一致，则可通过表 7-3 参数修改。

表 7-3　　　　　　　　　　　　　电动机旋转方向设定

轴参数号	参数名	单位	轴	输入值	参数定义
32100	AX_MOTION_DIR	—	X、Y、Z	1、1、1	电动机正转(1) 电动机反转(−1)
32110	ENC_FEEDBACK_POL	—	X、Y、Z	−1、1、1	实际值符号（控制方向） （编码器号）

（3）传动系统参数配比

传动系统的参数决定了这个坐标轴的实际移动量，传动系统参数见表 7-4。

表 7-4　　　　　　　　　　　　　传动系统参数

轴参数号	参数名	单位	轴	输入值	参数定义
31030	LEADSCREW_PITCH	mm	X、Y、Z	4	丝杠螺距
31050	DRIVE_AX_RATIO_DENUM[0…5]	—	X、Y、Z	1	减速箱电动机端齿轮齿数（减速比分子）
31060	DRIVE_AX_RATIO_NUMERA[0…5]	—	X、Y、Z	1	减速箱丝杠端齿轮齿数（减速比分母）

车床减速比分子索引号[0…5]都要填入相同的值，分母索引号[0…5]也要填入相同的

值,否则在加工螺纹时,会有报警:26050。

比如:X 轴丝杠螺距为 4 mm,电动机通过连轴节连接丝杠。那么 MD 31030(X)＝4,MD 31050[0…5](X)＝1,MD 31060[0…5](X)＝1。

(4)坐标速度和加速度参数(见表 7-5 和表 7-6)

表 7-5   坐标速度参数

轴参数号	参数名	单位	轴	输入值	参数定义
32000	MAX_AX_VELO	mm/min	X、Y、Z	5000	最大轴速度 G0000
32010	JOG_VELO_RAPID	mm/min	X、Y、Z	3000	点动快速
32020	JOG_VELO	mm/min	X、Y、Z	2000	点动速度
36200	AX_VELO_LIMIT	mm/min	X、Y、Z	5500	坐标轴速度限制

设定速度是指 JOG 方式下进给修调开关处于 100％位置时轴的运行速度。在按方向键时如果再叠加快进键,则坐标轴以 MD 32010:JOG_VELO_RAPID(JOG 方式下轴快进速度)确定的快进速度运动。

注意   MD 36200 应比 MD 32000 大 10％。

表 7-6   加速度参数

轴参数号	参数名	单位	轴	输入值	参数定义
32300	MAX_AX_ACCEL	mm/s²	X、Y、Z	1	最大加速度

(5)位置环增益

位置环增益可以影响传动系统的位置跟随误差。在设定该参数时,应根据各轴传动系统的实际位置精度综合调整。建议不要对此值进行更改,设置值见表 7-7。

表 7-7   位置环增益参数

轴参数号	参数名	单位	轴	输入值	参数定义
32200	POSCTRL_GAIN	—	X、Y、Z	1	位置环增益

2.回参考点的参数设定

(1)数控机床回参考点功能说明

①数控机床坐标系的确定

参考点的设定是全功能数控机床建立机床坐标系的必要手段,参考点可以设在机床坐标行程内的任意位置(一般由机床制造厂家设定)。

在数控机床上需要对刀具运动轨迹的数值进行准确控制,所以要对数控机床建立坐标系。标准坐标系是右手直角笛卡尔坐标系。右手直角笛卡尔坐标系规定了直角坐标X、Y、Z三者的关系及其正方向用右手定则判定,围绕 X、Y、Z 各轴的回转运动及其正方向＋A、＋B、＋C 分别用右螺旋法则判定。

②机床回完参考点后,机床坐标系就已建立,参考点通常是坐标系中的某一点,该点不一定是坐标原点。此时,各种补偿以及偏移生效,机床坐标轴才能根据程序的命令走出正确的坐标值。

③对于安装了绝对值编码器做位置反馈的机床,由于绝对值编码器具有记忆功能,因此无须每次开机都做回参考点操作。而大多数的数控机床则使用增量值编码器做位置反馈,

重新开机后的第一件事,便是做回参考点操作,建立坐标系,以避免因此而引起的撞刀现象。

④在全闭环或半闭环的位置检测元件中,如编码器和光栅中一般都有零脉冲信号。安装方式有很多种。

⑤机床回参考点操作,一般需有一定的硬件支持,除位置编码器以外,一般还需在坐标轴相应的位置上安装一块硬件挡块与一个行程开关,作为参考点减速开关。

一些小规格机床由于行程较短,也可采用无减速开关方案。对 802D SL 而言,此时轴数据 MD 34000 要设为"1"。

(2)与机床结构、操作相关的参考点参数

MD 34110:REFP_CYCLE_NR,通道特定的回参考点。

0 为本机床轴不能由通道特定的回参考点功能启动;

−1 为"NC 启动",可不必要求本轴回参考点。

MD 34200:ENC_REFP_MODE[n],参考点模式。

0 为绝对值编码器;	1 为带零脉冲的增量编码器;
3 为带距离编码的长度测量系统;	5 为用接近开关取代参考点撞块。

MD 34000:REFP_CAM_IS_ACTIVE。

1 为有参考点撞块;	0 为无参考点撞块(利用零脉冲回参考点)。

MD 27000:REFP_NC_START_LOCK。

0 为"NC 启动",可不必要求各轴回参考点。

MD 11300:JOG_INC_MODE_LEVELTRIGGRD。

1 为 JOG-INC 和回参考点功能以点动方式进行;

0 为 JOG-INC 和回参考点功能以连续方式进行。

注:修改此参数在专家口令"SUNRISE"下修改,修改后恢复制造商口令"EVENING"。

(3)数控机床回参考点过程

在 SINUMERIK 802D SL 数控系统下回参考点主要有两种方式,即正向回零方式和反向回零方式,其回零过程如图 7-1 所示。若带有减速挡块,回参考点过程分为寻找减速挡块、寻找零脉冲和寻找参考点三个阶段。若不带减速挡块,阶段 1 省略。

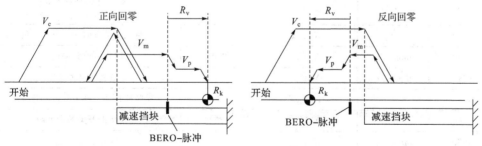

V_c:寻找减速挡块速度——34020　　V_m:寻找零脉冲速度——34040
V_p:寻找参考点速度——34070　　　R_v:参考点偏移——34080
R_k:参考点坐标——34100

图 7-1　数控机床回零过程

①手动返回参考点的操作:按住回参考点轴的正向键,坐标开始向参考点开关移动,直至找到参考点。如果在中途松开正向键,返回参考点的过程终止。

●坐标先按 MD 34020 的速度寻找参考点开关,找到开关后,减速停止。

●坐标按 MD 34040 的速度退离参考点开关,离开开关后,开始搜寻零脉冲。

●找到零脉冲后,以 MD 34070 的速度移动 MD 34080＋MD 34090 的距离,最后停在由 MD 34100 确定的位置上。

②如果在开始返回参考点时,坐标已经停在参考点开关上,则坐标自动退离参考点开关,找参考点。

③如果零脉冲的位置与参考点开关闭合位置重合,则会出现参考点位置相差一个螺距的现象。出现该情况时,可调整参考点开关的位置或调整参数 MD 34092。

具体回参考点速度、位置与参数关系如图 7-2 所示。

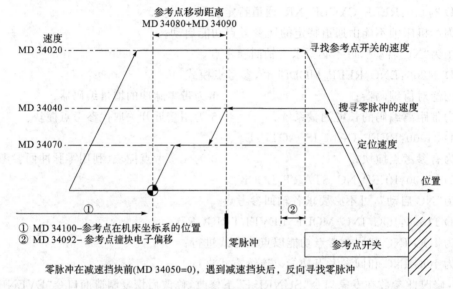

① MD 34100–参考点在机床坐标系的位置
② MD 34092–参考点撞块电子偏移

零脉冲在减速挡块前(MD 34050=0),遇到减速挡块后,反向寻找零脉冲

图 7-2　回参考点速度、位置与参数关系

(4)802D SL 中与回参考点有关的机床参数及其含义(表 7-8)

表 7-8　　　　　　　802D SL 中与回参考点有关的参数及其含义

轴参数号	单位	轴	输入举例	参数定义
34000	—	X、Y、Z	1	减速开关是否生效: 0—不生效;1—生效
34010	—	X、Y、Z	0	减速开关方向:0—正;1—负
34020	mm/min	X、Y、Z	2000	寻找减速开关速度
34040	mm/min	X、Y、Z	300	寻找零脉冲速度
34050	—	X、Y、Z	0	零脉冲在:0—开关外;1—开关内
34060	mm	X、Y、Z	200	寻找接近开关的最大距离
34070	mm/Min	X、Y、Z	200	参考点定位速度
34080	mm	X、Y、Z	−2	零脉冲后的位移(带方向)
34090	mm	X、Y、Z		参考点的偏移量
34092	mm	X、Y、Z		参考点撞块电子偏移
34093	mm	X、Y、Z		脱开参考点撞块到第一个零脉冲的距离
34100	mm	X、Y、Z	29.4	参考点位置值

(5)绝对值编码器参考点的设定步骤

①设置机床参数,见表7-9。

表 7-9　　　　　　　　　　　　　　　与机床有关的参数

轴参数号	单位	轴	输入举例	参数定义
30240	—	X、Y、Z	4	绝对值编码器反馈类型
34200	—	X、Y、Z	0	绝对值编码器位置设定
34210	—	X、Y、Z	0	绝对值编码器状态:初始

②进入"手动"方式,将坐标移动到一个已知位置。

③输入已知位置的值,见表7-10。

表 7-10　　　　　　　　　　　　　　　位置参数

轴参数号	单位	轴	输入举例	参数定义
30100	mm	X、Y、Z	♯	机床坐标的位置

④激活绝对值编码器的调整功能,见表7-11。

表 7-11　　　　　　　　　　　　　　　绝对值编码器参数

轴参数号	单位	轴	输入举例	参数定义
34210	mm	X、Y、Z	1	绝对值编码器的状态:调整

⑤激活机床参数:按机床操作面板上的[复位]键,可激活以上设定的参数。

⑥通过机床控制面板进入回参考点方式。

⑦按照返回参考点的方向按方向键,无坐标移动,但系统自动设定了表7-12的参数。

表 7-12　　　　　　　　　　　　　　　系统自动设定的参数

轴参数号	单位	轴	输入举例	参数定义
34090	mm	X、Y、Z	♯	参考点偏移量
34210	—		2	绝对值编码器的状态:设定完毕

3.软件限位(简称软限位)

坐标轴的超程保护除了通过硬件限位保护之外,还可以通过软件限位功能来实现。为了保证机床运动的安全,硬件限位在进给调试前予以安装,而软件限位则只有在回参考点调试完成后才能设定。SINUMERIK 802D SL 数控系统需要设置的软件限位参数见表7-13,坐标轴限位保护示意图如图7-3所示。

表 7-13　　　　　　　　　　　　　　　软件限位参数

轴参数号	参数名	单位	轴	输入举例	参数定义
36100	POS_LIMIT_MINUS	mm	X、Y、Z	−1	轴负向软限位值
36110	POS_LIMIT_PLUS	mm	X、Y、Z	200	轴正向软限位值

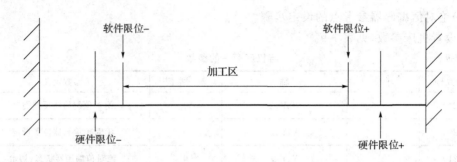

图 7-3　坐标轴限位保护示意图

软件限位可以通过参数来设定和调整,主要用于程序的自动运行保护,手动运行时可以通过设定参数予以生效或者取消。

在软件限位生效后,当坐标轴发生超程时,坐标轴能够正常停止,不会导致硬件限位开关动作。

三　任务训练

任务 1　通过+X 键和+Z 键实现 X 轴和 Z 轴回参考点;X 轴寻找减速开关的速度为 1 200 mm/min,寻找零脉冲速度为 300 mm/min,参考点定位速度为 200 mm/min;Z 轴寻找减速开关的速度为 1 500 mm/min,寻找零脉冲速度为 400 mm/min,参考点定位速度为 300 mm/min。

(1)根据控制要求,设置回参考点参数。

(2)进行回参考点调试。

任务 2　完成 SINUMERIK 802D SL 数控系统的软限位设定。

(1)完成数控车床 X 轴正向、X 轴负向、Z 轴正向、Z 轴负向软限位的设定,要求软限位参数值在硬限位之前 5 mm。

(2)手动操作工作台,验证软限位的作用。当触发软限位时,记录软限位的报警号。

四　任务小结

本任务的重点是了解 SINUMERIK 802D SL 数控系统进给轴相关参数的功能及原理。掌握 SINUMERIK 802D SL 数控系统进给轴参数界面的切换。

五　拓展提高——反向间隙与螺距误差补偿

1. 设定反向间隙

带间接测量系统的进给轴在运行时,由于机械间隙的存在会导致位移行程的出错。比如,一进给轴在换向时少走或多走了一个间隙值。作为对间隙的补偿,在进给轴每次换向时轴的实际值要由补偿间隙量来修正。该值的大小可以在系统开机调试时在机床数据 MD 32450:BACKLASH(反向间隙)中定义,见表 7-14。

表 7-14   反向间隙补偿参数

轴参数号	参数名	单位	值	参数说明
32450	BACKLASH	mm	#	反向间隙,回参考点后补偿生效

一般可以用千分表或激光干涉仪测定机械实际反向间隙值后设定 MD 32450,设定值一般在 0.01 mm 左右。

2. 丝杠螺距误差补偿

测量系统(如编码器、光栅)测出的轴位置和编程的轴位置(理想机床的轴位置)之间存在差异,滚珠丝杠和测量系统之间也会存在偏差,这些偏差对工件的加工有直接的影响,必须通过一定的位置相关的补偿值(又称为偏移值)来补偿。补偿值根据测量的误差曲线来确定,并在系统启动时,以补偿表的形式输入系统。对于每个补偿关系,必须建立单独的补偿表。

由起始位置和终点位置确定的需补偿的进给路径将被分成尺寸相等的单元(单元的数量取决于误差曲线),如图 7-4 所示。在图 7-4 中,限制各个单元的实际位置就称为"补偿点"。系统上电时,必须输入每个补偿点的补偿值。两个补偿点间的偏移(补偿)值由相邻的补偿点(即相邻点由直线连接)的补偿值通过线性插补获得。

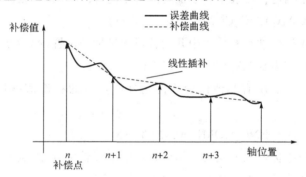

图 7-4   误差曲线

形成的补偿表必须使参考点的补偿值为零,这样可以避免在激活 SSFK 时(在回参考点运行之后)产生位置跃变。

丝杠螺距误差补偿或测量系统误差补偿(SSFK)是指对坐标轴进行的补偿。

在进行 SSFK 时,用相应的补偿值修改坐标轴的实际位置值,该补偿值将由机床坐标轴直接运行。补偿值为正值时,坐标轴在负方向运行。补偿值的大小没有极限值,也没有受到监控。因此,为了避免由于补偿而使坐标轴的速度或加速度超过极限值,应选取较小的补偿值。否则,会引起其他的轴监控发出报警(比如,轮廓监控、转速给定值极限)。

补偿值存储在 NC 用户存储器中,在坐标轴已经回参考点且 MD 32700:ENC_COMP_ENABLE[0]=1 时,此轴的丝杠螺距误差补偿功能生效。如果参考点丢失(比如因为超出编码器频率,接口信号 NST"回参考点/同步 1"=0),则补偿功能关闭。

在补偿表中,每个进给轴均以系统变量的形式存储了位置相关的补偿值。最多可存储 125 个补偿点(0…124)。注意:只有在机床数据 MD 32700:ENC_COMP_ENABLE=0 时才可以输入补偿表。当值=1 时会激活补偿功能并给数据写保护(输出报警 17070)。

为此,补偿表中应确定测量系统的下列参数,如图 7-5 所示。

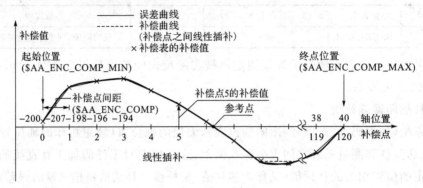

图 7-5 误差补偿表

(1)补偿表中补偿点 N 的补偿值:$ AA_ENC_COMP [0,N,AXi]=...

其中,AXi 为坐标轴名,如 X1,Y1,Z1;N 为补偿点索引。

表中每个补偿点(坐标轴位置)填入一个补偿值。补偿值的大小不受限制。

(2)补偿点间距:$ AA_ENC_COMP_STEP[0,AXi]=...

表示补偿点间距确定补偿表中补偿值之间的距离(AXi 含义参见前面)。

(3)起始位置:$ AA_ENC_COMP_MIN[0,AXi]=...

起始位置指相应坐标轴在补偿表中开始补偿的坐标轴位置(起始点 0)。

起始位置的补偿值为 $ AA_ENC_COMP[0,0,AXi]。

对于小于起始位置的所有其他位置均使用补偿点 0 的补偿值(但不适用于取模的情况)。

(4)终点位置:$ AA_ENC_COMP_MAX[0,AXi]=...

终点位置指相应坐标轴在补偿表中结束补偿的坐标轴位置(终点 $k<125$)。

终点位置的补偿值是 $ AA_ENC_COMP[0,k,AXi]。

下面通过一个零件程序说明如何规定 X1 轴的补偿值。

%_N_AX_EEC_INI

CHANDATA (1)

$ AA_ENC_COMP[0,0,X1]=0.0;第一补偿值(补偿点 0)+0 mm

$ AA_ENC_COMP[0,1,X1]=0.01;第二补偿值(补偿点 1)+10 mm

$ AA_ENC_COMP[0,2,X1]=0.012;第三补偿值(补偿点 2)+12 mm

...

$ AA_ENC_COMP[0,120,X1]=0.0;终点补偿值(补偿点 120)

$ AA_ENC_COMP_STEP[0,X1]=2.0;补偿点间距 2.0 mm

$ AA_ENC_COMP_MIN[0,X1]=-200.0;补偿起始位置 -200.0 mm

$ AA_ENC_COMP_MAX[0,X1]=40.0;补偿终点位置 +40.0 mm

$ AA_ENC_COMP_IS_MODULO[0,X1]=0;补偿不带取模功能

M17;子程序结束

补偿点超过 125 将导致报警 12400,显示"元素丢失"。

 课后练习

1. 在 SINUMERIK 802D SL 数控系统中,手动回参考点有几种方式,请简要说明。

2. 什么是软限位? 如何在数控系统中设置软限位?

任务 2　SINUMERIK 802D SL 主轴系统参数设定

一　任务介绍

【任务环境】

本任务需要配置 SINUMERIK 802D SL 系统的实训装置、变频器参数手册。

【任务目标】

通过对 SINUMERIK 802D SL 数控系统主轴控制参数含义和功能的学习,能够对数控机床模拟主轴系统进行调试。

【任务导入】

主轴驱动系统完成电气接线后,还需要进行相关的参数设置,主要有 NC 参数和变频器参数两部分,在本任务中重点介绍如何在 SINUMERIK 802D SL 上进行主轴相关的参数设置。

二　必备知识

1. SINUMERIK 802D SL 数控系统与主轴的连接

802D SL 配置:PCU 210.3,MCPA(选件)用于主轴的模拟给定输出。

机床配置:三个进给轴和一个模拟主轴(如变频器),主轴电动机与主轴之间非 1:1 直连,主轴上若选配西门子 TTL 增量编码器,通过 SMC30 连接到系统的 DRIVE CLiQ 接口;若选配西门子 1 V_{pp} Sin/Cos 增量编码器,通过 SMC20 连接到系统的 DRIVE CLiQ 接口。

对于 SINUMERIK 802D SL,可以利用 MCPA 模块产生模拟给定信号连接模拟主轴。编码器信号 SMC20 模块(连接 1 V_{pp} Sin/Cos 编码器)硬件连接如图 7-6 所示。变频器 0~±10 V 的指令电压是通过系统的 X701 端口上的 X701.1 和 X701.6 给出的,正反转指令是通过 X701 端口上的 X701.4 和 X701.3 给出的。

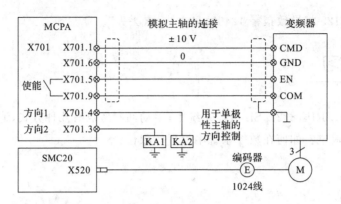

图 7-6　模拟主轴的硬件连接图

2. X520 主轴编码器引脚说明(表 7-15)

表 7-15　　　　　　　　　　　　X520 主轴编码器引脚说明

引脚	说明	引脚	说明	引脚	说明
1	保留	6	P_传感	11	R *
2	保留	7	M_编码器	12	B
3	保留	8	保留	13	B *
4	P_编码器 5 V/24 V	9	M_传感	14	A
5	P_编码器 5 V/24 V	10	R	15	A *

3. 编码器接口模块 SMC20/SMC30 的设定

模拟主轴没有实际的 SINAMICS 驱动,其编码器只能叠加于某一伺服轴作为其第二编码器,调试方法与直接测量系统的第二编码器调试相同。

(1)在驱动器配置中选择"配置-功率部件、编码器和电机",选择[打开],如图 7-7 所示。

(2)选择正确的驱动器,选择[编码器数据],如图 7-8 所示。

图 7-7　选择"配置-功率部件、编码器和电机"

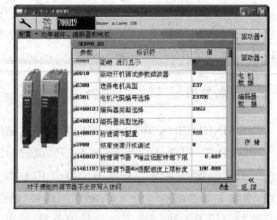

图 7-8　进入"编码器数据"界面

(3)选择编码器 2,选择[继续],如图 7-9 所示。

(4)响应提示信息,选择[确认],如图 7-10 所示。

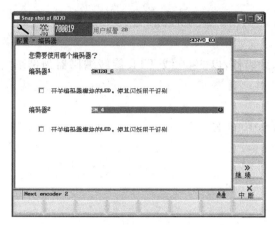

图 7-9　编码器选择

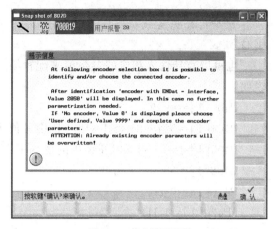

图 7-10　信息提示界面

（5）如列表中没有，选择"用户定义的"，选择[继续]，如图 7-11 所示。

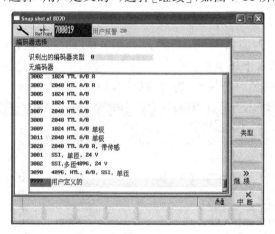

图 7-11　选择自定义编码器

定义第二编码器类型：编码器类型不在列表之内，需要输入的参数如下：

①5 V TTL 增量、1 V_{pp} Sin/Cos 增量或距离编码的旋转编码器。

P400[1]：编码器类型，用户自定义为 9999。

P404[1]：编码器配置（在 802D SL 系统上为十进制值）。

P405[1]（TTL）：方波编码器 A/B 信号设定（在 802D SL 系统上为十进制值）。

P408[1]：编码器线数。

P410[1]：反馈极性（在 802D SL 系统上为十进制值）。

（P420[1]）：编码器连接位置，可以不设（在 802D SL 系统上为十进制值）。

P425[1]：两个零脉冲之间的编码器线数。

②5 V TTL 增量、1 V_{pp} Sin/Cos 增量或距离编码的直线光栅尺。

P400[1]：编码器类型，用户自定义为 9999。

P404[1]：编码器配置（在 802D SL 系统上为十进制值）。

P407[1]：光栅尺栅距，单位为 nm。

P410[1]：反馈极性（在 802D SL 系统上为十进制值）。

P424[1]：两个零脉冲之间的距离，单位为 mm。

注意:有些参数在 STARTER 中为十六进制,但在 802D SL 系统上需要输入十进制值。

也可以直接输入相应的参数值来配置第二编码器,以 5000 线 TTL 旋转编码器为例来说明:

P400[1]=9999

P404[1]=5246984(STARTER 中的值为 501008 H)

P405[1]=15(STARTER 中的值为 F H)

P408[1]=5000

P410[1]=0 H

(P420[1]=1 H)

P425[1]=5000

注:相关的参数值可以通过 STARTER 查阅,在 STARTER 中做离线配置后,将相关的参数值查出并输入 802D SL 相关的界面。

注意:参数 P404、P405、P410、P420 等在 STARTER 中是十六进制值显示,但是在 802D SL 系统上需要输入十进制值。

(6)选择正确的旋转编码器线数,选择[确认],如图 7-12 所示。

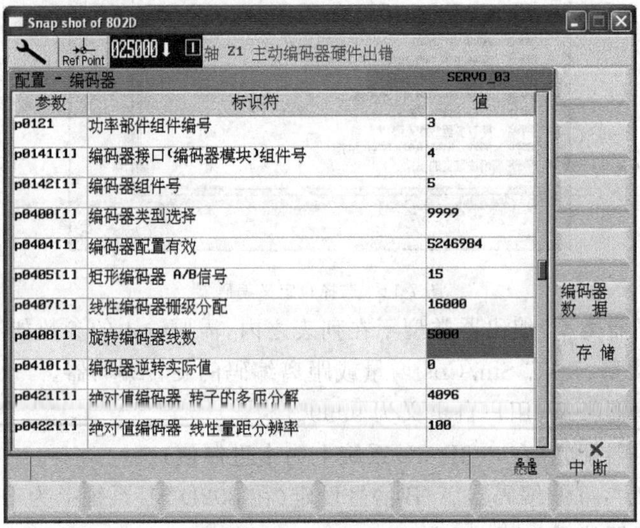

图 7-12 确认编码器线数

(7)通过软键[编码器数据]以位方式来配置参数"p0408",选择正确的编码器参数,选择[确认],保存数据,如图 7-13 所示。

4. 802D SL 模拟主轴参数设置

(1)设定 SP(模拟主轴)参数

30200"NUM_ENCS"= 1。

30220"ENC_MODULE_NO"= 1,信号来自 X 轴模块。

30230"ENC_INPUT_NO"= 1,编码器为第一个。

31020"ENC_RESOL"= 1024,编码器为线数。

图 7-13　编码器数据确认

31040"ENC_IS_DIRECT"= 1,编码器为直接反馈。

(2)设定 X 轴参数

30200"NUM_ENCS"= 1。

30220"ENC_MODULE_NO"= 1,信号来自 X 轴模块。

30230"ENC_INPUT_NO"= 2,编码器为第二个。

31000"ENC_IS_LINEAR"= 1,编码器为线性。

31010"ENC_GRID_POINT_DIST"= 0.02,编码器栅格距为 0.02 mm。

以上步骤结束后,就完成了将主轴直接编码器叠加到 X 轴第三编码器的过程。

5.利用外部接近开关(BERO)实现主轴定向

主轴精确定向需要高精度的感应式接近开关,如西门子 3RG4050-0AG05,主轴定位的精度主要取决于接近开关的精度。当金属体与接近开关接近时,接近开关产生上升沿信号(电平+24 V DC)。利用外部接近开关实现主轴定向的硬件连接,如图 7-14 所示。

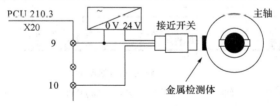

图 7-14　主轴定向硬件连接示意图

(1)参数设置(表 7-16)

表 7-16　　　　　　　　　　　　　　　主轴定向参数设置表

参数号	参数名	单位	输入值	参数定义
34200	ENC_REFP_MODE	—	7	接近开关作为主轴定向信号
34040	REFP_VELO_SEARCH_MARKER	r/min	实际值	主轴定向速度(单位:转/分)
34060	REFP_MAX_MARKER_DIST	度	720	搜索接近开关的距离(单位:度)

参数号	参数名	单位	输入值	参数定义
35300	SPOS_POSCTRL_VELO		实际值	主轴位控速度
35350	SPOS_POSITIONING_DIR	无	3/4	主轴定向方向(3—正/4—负)

（2）编辑 PLC 应用程序

在应用程序中（每个周期都可扫描）加入如图 7-15 所示程序。

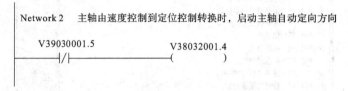

图 7-15   主轴定向启动程序

（3）修改驱动数据

进入系统界面按[SHIFT]+[ALARM]，进入[机床数据]→[驱动器数据]→选择主轴对应的 SERVO→选择[显示参数]，设定参数 P495[0]=2，P971=1，等待 P971 由 1 变 0，如图 7-16 所示。

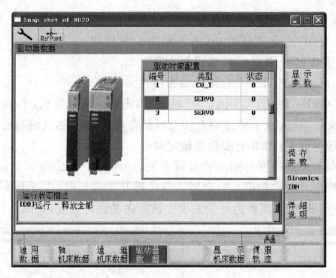

图 7-16   修改驱动数据界面

在执行 SPOS 命令时，主轴由静止变为启动，主轴加速到 MD 34040 定义的速度，与接近开关同步，并且以 MD 35300 定义的速度定位，主轴旋转方向由机床数据 MD 35350 确定。

三   任务训练

任务   根据要求，完成实训装置上模拟主轴的 NC 参数设置，主轴电动机技术参数见表 7-17。

表 7-17	主轴电动机技术参数	
序号	技术参数名称	技术参数值
1	额定电压	380 V
2	额定频率	50 Hz
3	额定功率	370 W
4	额定转速	1400 rpm
5	额定电流	

(1)操作 SINUMERIK 802D SL 数控系统,运行模式为"JOG",按下[Spindle Left]键,则主轴电动机正转。按下[主轴倍率]增加键(减少键),主轴转速增大(减小)。

(2)运行模式为"JOG",按下[Spindle Right]键,则主轴电动机反转。按下[主轴倍率]增加键(减少键),主轴转速增大(减小)。

(3)运行模式为"JOG",按下[Spindle Stop]键,则主轴电动机停止旋转。

(4)运行模式为"MDA",输入"M03S800"等指令,主轴能正确动作。

四 任务小结

在设置主轴参数时了解主轴的配置,是采用交流电动机加变频驱动方式还是伺服电动机加主轴伺服放大器的方式。

五 拓展提高——进给轴与主轴速度相关参数设定说明

1.各轴速度参数设定如图 7-17 所示。

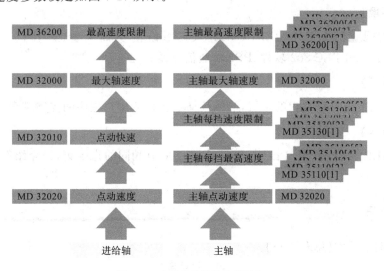

图 7-17 主轴和进给轴速度设定

2.各轴加速度和位置增益设定如图 7-18 所示。

图 7-18 各轴加速度和位置增益速度设定

 课后练习

SINUMERIK 802D SL 数控系统参数 MD 36200 有什么作用？

任务 3   SINUMERIK 802D SL 梯形图的阅读

一 任务介绍

【任务环境】

本任务需要配置 SINUMERIK 802D SL 系统的实训装置、计算机、WINPCIN 及 Programming Tool PLC 802 软件、RS232 通信电缆。

【任务目标】

通过对西门子 PLC 编程的学习,能够读懂数控机床用户程序的控制逻辑。

【任务导入】

SINUMERIK 802D SL PLC 与西门子 S7-200 有相同的指令集,先介绍有关 PLC 的编程知识。

二 必备知识

1.常用编程元件(见表 7-18)

表 7-18   PLC 地址说明

操作符	说明	范围
T	定时器	T0～T15,单位 100 ms,T16～T31,单位 10 ms
C	计数器	C0～C31
I	数字量输入	I0.0～I26.7
Q	数字量输出	Q0.0～Q17.7

续表

操作符	说明	范围
M	位存储器	M0.0～M383.7
SM	特殊状态存储器	SM0.0～SM0.6
AC	累加器	AC0、AC1 逻辑累加器,AC2、AC3 算术累加器

(1)过程映象输入寄存器 I

在每次扫描周期的开始,CPU 对物理输入点进行采样,并将采样值写入过程映象输入寄存器中。如果输入接线端子接入的控制信号接通,那么对应的过程映象输入寄存器位为"1",控制信号断开,对应的过程映象输入寄存器位为"0",输入最多为 144 点。

(2)过程映象输出寄存器 Q(又称输出继电器)

在每次扫描周期的结尾,CPU 将过程映象输出寄存器中的数值复制到物理输出点上。过程映象输出寄存器用来将 PLC 的输出信号传递给负载,线圈用程序指令驱动,输出最多为 96 点。

(3)累加器 AC

累加器最多 4 个,AC0、AC1 为逻辑累加器,AC2、AC3 为算术累加器。

(4)位存储器 M 和特殊状态存储器 SM

可以用位存储器作为控制继电器来存储中间操作状态和控制信息。

SM 为 CPU 与用户程序之间传递信息提供了一种手段。可使用这些位来选择和控制CPU 的某些特殊功能,常用的特殊状态存储器见表 7-19。

表 7-19　　　　　　　　　　　　常用的特殊状态存储器说明

特殊状态存储器	说明
SM0.0	常"1"信号
SM0.1	第一次 PLC 循环为"1",后面循环为"0"
SM0.2	缓冲数据丢失;只适用第一次 PLC 循环
SM0.3	重新启动:第一次 PLC 循环为"1",后面循环为"0"
SM0.4	60 s 周期的时钟脉冲,30 s 为"0",30 s 为"1"
SM0.5	1 s 周期的时钟脉冲,0.5 s 为"0",0.5 s 为"1"

(5)定时器存储区 T

定时器可用于时间累计,定时器一共 32 个,T0～T15 的分辨率(时基增量)分别为100 ms,T16～T31 的分辨率(时基增量)分别为 10 ms。

(6)计数器存储区 C

提供三种类型的计数器,分别为加计数器、减计数和加减计数。最多有 32 个,为 C0～C31。

2.编址与寻址方式

(1)编址

计算机中使用的数据为二进制数,二进制数的基本单位是一个二进制位(bit)。存储单位可以是位(bit)、字节(B)、字(W)、双字(DW)。PLC 的存储单元的地址由区域标识符、字节地址和位地址组成。

(2)寻址方式

①立即数寻址

立即数在指令中通常以常数的形式出现,常数的大小由数据的长度(二进制位的位数)

决定。常数的格式,一般二进制表示方法为 2#10,十进制数一般直接表示,十六进制数表示为 16#22F 等。

②直接寻址

直接寻址是指在指令中,直接使用存储器或者寄存器的地址编号,直接到 PLC 指定的区域读/写数据。例如 I0.0、Q1.0、VW10 等。

③间接寻址

操作数不直接提供数据位置,而是通过地址指针来读/写存储器中的数据信息。

3. 编程指令

(1)定时器指令

PLC 有三种定时器,分别是通电延时型定时器(TON)、断电延时型定时器(TOF)和掉电保护型定时器(TONR)。定时器的时间基准有三种精度,分别是 1 ms、10 ms 和 100 ms。定时器时间基准分配表见表 7-20,定时器指令格式见表 7-21。

表 7-20　　　　　　　　　　　定时器时间基准分配

定时器类型	时间基准	定时器分配地址	最大定时时间
TON TOF	1 ms	T32,T96	32.767 s
	10 ms	T33～T36,T97～T100	327.67 s
	100 ms	T37～T63,T101～T255	3276.7 s
TONR	1 ms	T0,T64	32.767 s
	10 ms	T1～T4,T65～T68	327.67 s
	100 ms	T5～T31,T69～T195	3 276.7 s

表 7-21　　　　　　　　　　　定时器指令格式

序号	指令类型	梯形图举例	参数	说明
1	通电延时型定时器(TON)	T37 IN TON +10-PT 100 ms	T37	100 ms 通电延时型定时器
			IN	启动输入
			PT	预设时间
2	掉电保护型定时器(TONR)	T1 IN TONR +100-PT 10 ms	T1	10 ms 掉电保护型定时器
			IN	启动输入
			PT	预设时间

(2)传送类指令

传送类指令用于在各个编程元件之间传送数据,根据传送数据的类型可以分为字节传送、字传送、双字传送和实数传送。指令说明见表 7-22。

表 7-22　　　　　　　　　　　传送指令说明

序号	指令类型	梯形图举例	说明
1	字节传送 MOV_B	MOV_B EN ENO ?-IN OUT-?	当允许输入 EN"接通"时,将一个无符号的字节数据 IN 传送到 OUT 中

续表

序号	指令类型	梯形图举例	说明
2	字传送 MOV_W	MOV_W EN ENO ?- IN OUT -?	当允许输入 EN"接通"时,将一个有符号的字数据 IN 传送到 OUT 中
3	双字传送 MOV_DW	MOV_DW EN ENO ?- IN OUT -?	当允许输入 EN"接通"时,将一个有符号的双字数据 IN 传送到 OUT 中
4	实数传送 MOV_R	MOV_R EN ENO ?- IN OUT -?	当允许输入 EN"接通"时,将一个有符号的双字长实数 IN 传送到 OUT 中

4. PLC 与 NC 信息交换

(1)PLC 与 NC 接口地址结构

V 表示 PLC 与 NC 之间的信息接口,地址由 V+8 位数字构成。V 变量地址的构成见表 7-23。

表 7-23　　　　　　　　　　　　　　　　V 变量地址的构成

操作符	数据块号	通道号或轴号	子区号	索引地址
V	00	00	0	000
范围	(00~99)	(00~99)00:第一轴 01:第二轴 02:第三轴	(0~9)	(000~999)

(2)NC 与 PLC 的地址信息交换

在阅读西门子数控系统数控机床 PLC 程序时,只有了解 NCK 与 PLC、PLC 与 NCK 轴、PLC 与 HMI 信号交换地址才能读懂 PLC 程序。NC 与 PLC 的地址信息交换说明如图 7-19 所示。

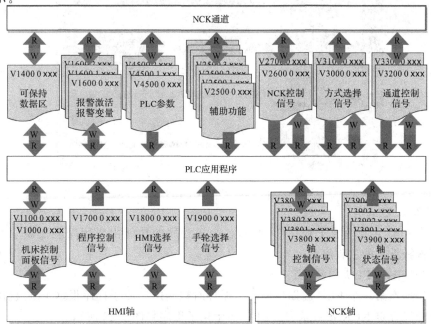

图 7-19　NC 与 PLC 的地址信息交换说明

在西门子数控系统中要进行初始化配置,数控车床配置和铣床配置分别见表 7-24 和 7-25。下载初始化文件 SETUP_T. ARC 后,系统变为车床配置,具有两个进给轴和一个主轴;下载初始化文件 SETUP_M. ARC 后,系统变为铣床配置,具有四个进给轴和一个主轴。

表 7-24　　　　　　　　　　　　　　　数控车床配置

轴号	轴名	轴信号接口
1	X1	V3800xxxx
2	Z1	V3801xxxx
3	SP	V3802xxxx

表 7-25　　　　　　　　　　　　　　　数控铣床配置

轴号	轴名	轴信号接口
1	X1	V3800xxxx
2	Y1	V3801xxxx
3	Z1	V3802xxxx
4	SP	V3803xxxx
5	A1	V3804xxxx

5. SINUMERIK 802D SL PLC 数控机床梯形图

(1)PLC 程序结构(图 7-20)

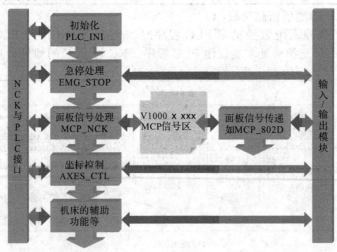

图 7-20　PLC 程序结构

(2)主程序 OB1

主程序 OB1 主要完成子程序的调用,各个子程序的功能由机床功能决定。如图 7-21 所示为某数控铣床的主程序。

(3)PLC_INI (PLC 初始化)

该子程序在第一个 PLC 周期(SM0.1)循环时被调用。该子程序根据 PLC 机床参数定义的机床配置设定 NCK 接口信号。PLC 初始化子程序如图 7-22 所示。

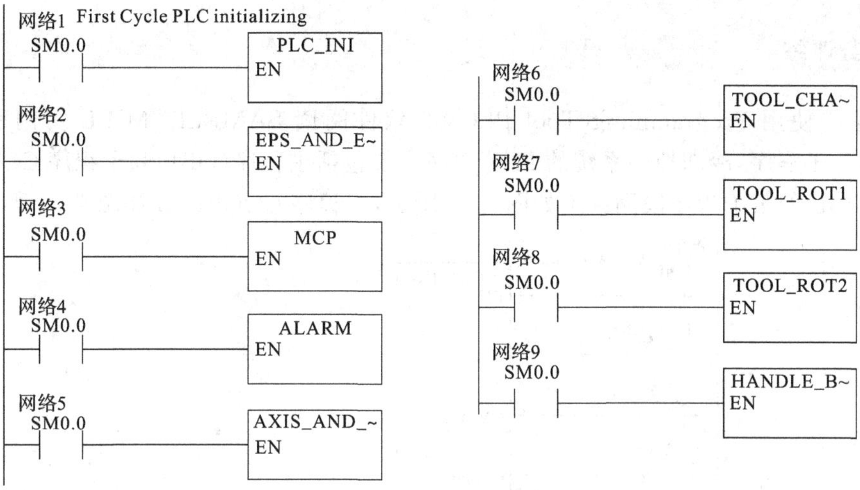

网络1　First Cycle PLC initializing

图 7-21　某数控铣床主程序 OB1

在该子程序中设定了下列接口信号：

V32000006.7——NCK 通道接口的进给倍率生效。

V380x0001.5——坐标轴的测量系统 1 有效。

V380x0001.7——坐标轴的进给倍率生效。

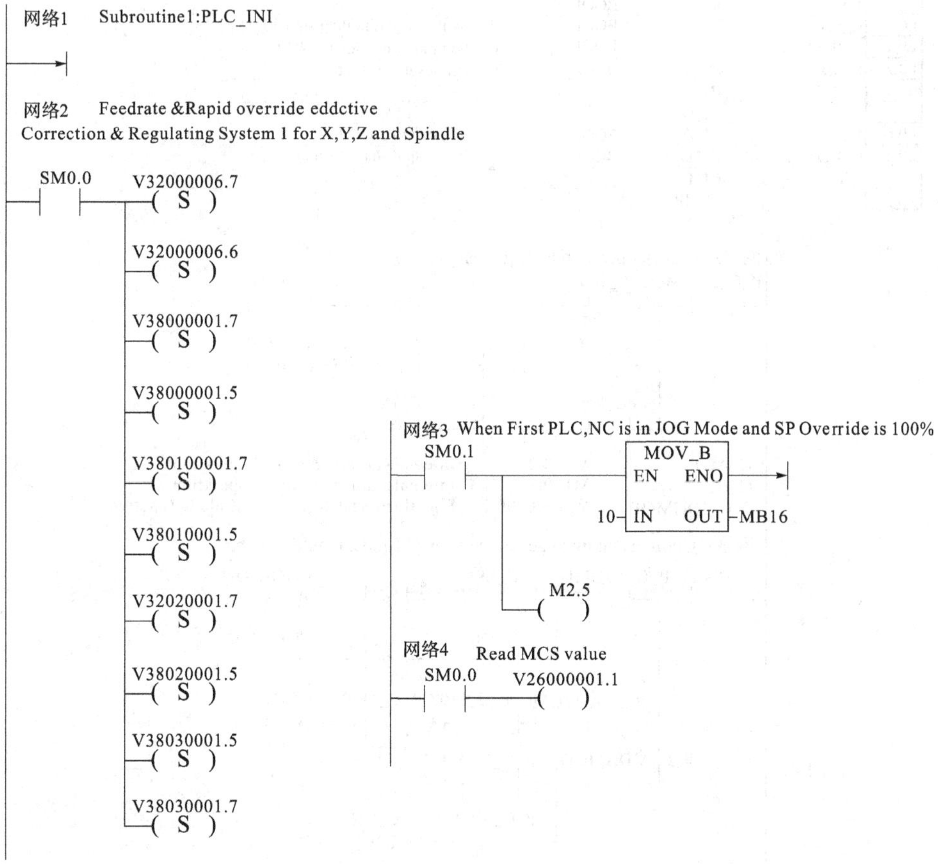

图 7-22　PLC 初始化子程序

三   任务训练

任务   使用 Programming Tool PLC802 软件阅读 SAMPLE_MILL 实例程序——
COOLING 子程序,冷却控制系统的 PLC 程序主要包括主程序(OB1)和子程序 COOLING,
主程序(OB1)的某个程序段网络 7 如图 7-23 所示,子程序 COOLING 如图 7-24 所示。

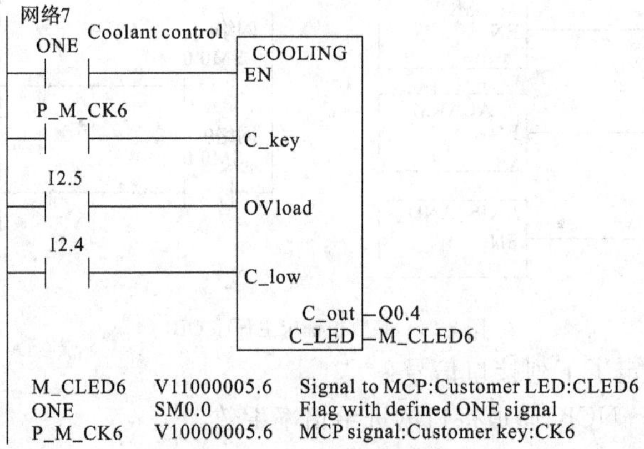

图 7-23 冷却主程序段

	名称	变量类型	数据类型	注释
	EN	IN	BOOL	
L0.0	C_key	IN	BOOL	The switch key（holding signal）
L0.1	OVload	IN	BOOL	Cooling motor overload（NC）
L0.2	C_low	IN	BOOL	Coolant level low（NC）
		IN		
		IN_OUT		
L0.3	C_out	OUT	BOOL	Cooling control output
L0.4	C_LED	OUT	BOOL	Cooling output status display
		OUT		
		TEMP		

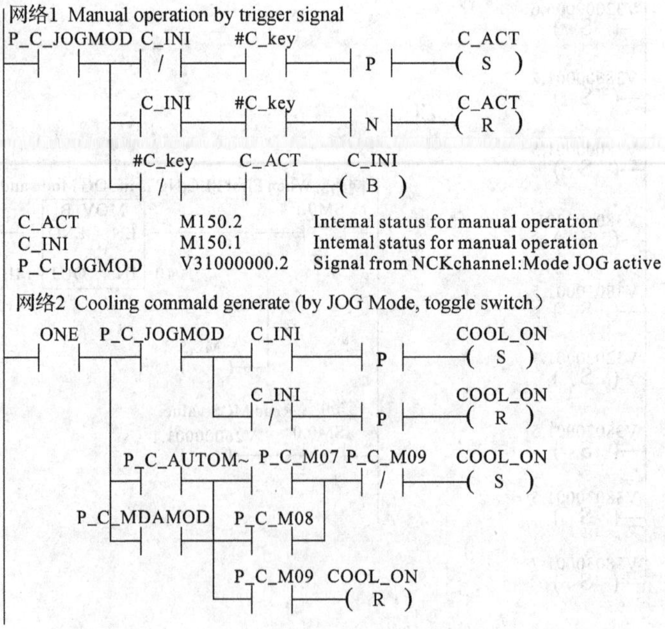

(a)

```
C_INI              M150.1       Internal status for manual operation
COOL_ON            M150.0       Status of cooling on
ONE                SM0.0        Flag with defined ONE signal
P_C_AUTOMOD        V31000000.0  Signal from NCK channel:Mode AUTO active

                                Signal from NCK channel:Mode JOG active
P_C_M07            V31000000.2  Signal from NCK channel:M07
P_C_M08            V25001000.7  Signal from NCK channel:M08
P_C_M09            V25001001.0  Signal from NCK channel:M09
P_C_MDAMOD         V31001000.1  Signal from NCK channel:Mode MDA active
```

网络3 By Emergency Stop/overload/PROGRAM TESTcoolntis canceled

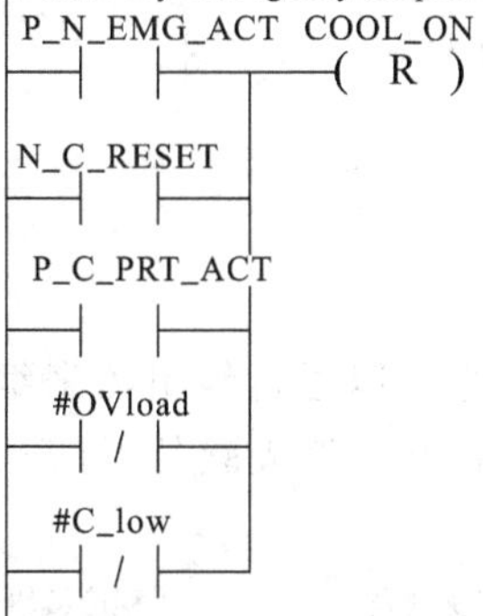

```
P_N_EMG_ACT  COOL_ON
  ┤ ├       ──┬──      ─( R )
             │
N_C_RESET    │
  ┤ ├       ──┤
             │
P_C_PRT_ACT  │
  ┤ ├       ──┤
             │
#OVload      │
  ┤ / ├     ──┤
             │
#C_low       │
  ┤ / ├     ──┘
```

```
COOL_ON            M150.0       Status of cooling on
N_C_RESET          V30000000.7  Signal to NCK channel:Reset
P_C_PRT_ACT        V33000001.7  Signal from NCK channel:PROGRAM TEST active
P_C_EMG_ACT        V27000000.1  Signal from NCK:Emergency Stop active
```

网络4   Control signal output and atarm activate
Alarm 19 (70000018) Cooling motor overioad
Alarm 20 (70000019) Coolant level low

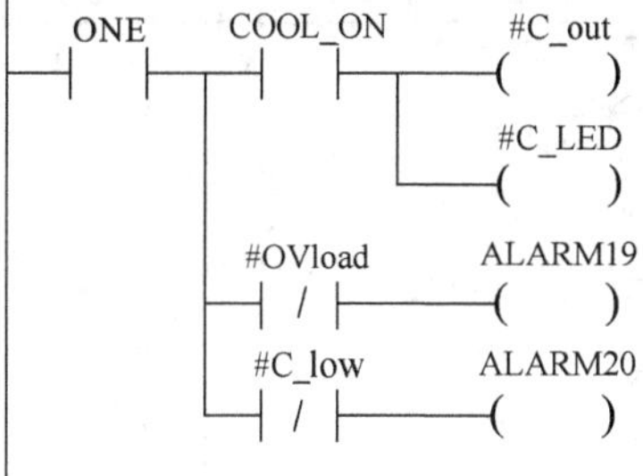

```
ONE     COOL_ON        #C_out
 ┤ ├     ┤ ├      ──┬──  ( )
                   │
                   │    #C_LED
                   └────  ( )

        #OVload         ALARM19
         ┤ / ├      ──────( )

        #C_low          ALARM20
         ┤ / ├      ──────( )
```

```
ALARM19   V16000002.2    700018 User Alarm 19:
ALARM20   V16000002.3    700019 User Alarm 20:
COOL_ON   M150.0         Status of cooling on
ONE       SM0.0          Flag with defined ONE signal
```

(b)

图 7-24   COOLING 子程序

1. 主程序 OB1。

2. COOLING 子程序。

3. 根据控制要求修改实例程序,下载修改好的程序并运行和调试程序。

在实训装置上添加冷却控制子程序,自动或 MDI 方式下执行 M08 冷却运转指示灯亮,执行 M09 冷却运转指示灯灭。在手动方式下,按下冷却启停按钮,指示灯亮;再次按下冷却启停按钮,指示灯灭。具体信号见表 7-26。

表 7-26   关于冷却的 PLC 输入和输出信号

PLC 地址	名称	PLC 地址	名称
X0025.4	冷却启停按键	Y0025.4	冷却运转指示灯

四 任务小结

本任务主要理解 SINUMERIK 802D SL 数控系统中 PLC 程序结构,借助数控系统调试手册,根据 NC 与 PLC 的地址信息交换,读懂数控铣床梯形图。

五 拓展提高——Programming Tool PLC802

1. Programming Tool PLC802 简介

SINUMERIK 802D SL 数控系统中 PLC 程序可以通过编辑器来编辑。Programming Tool PLC802 是 SINUMERIK 802D SL 数控系统 PLC 编程软件,打开 Programming Tool PLC802,出现如图 7-25 所示窗口。

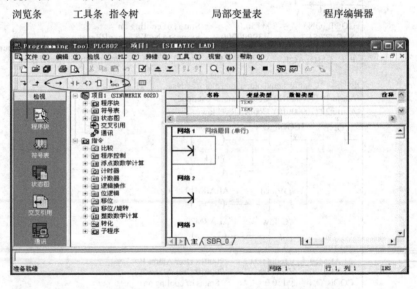

图 7-25 Programming Tool PLC802 窗口

2. PLC 程序的编辑

(1)新建项目

运行 Programming Tool PLC802 软件,通过菜单[开始]→[新建],新建一个项目文件。

(2)输入程序

指令的输入可以通过工具条或在指令树中选择指令。指令输入后,需要给指令指定一个绝对地址、符号地址或者常量。如果地址的下方出现红色波浪线,说明输入地址超出范围或与指令类型不匹配。

(3)添加注释

为了便于阅读和调试 PLC 程序,在编辑 PLC 程序时需要添加一些注释。单击指令树上的符号表,添加注释。

（4）编译和保存

通过菜单"PLC"→"编译"或者按钮图标完成程序的编译,如果程序有错误,则在"输出窗口"显示。错误根据位置及错误类别识别。

编译成功后,通过菜单"文件"→"保存"进行保存。

 课后练习

简述 SINUMERIK 802D SL 数控系统 PLC 与 NC 一般信息交换有哪些内容？

项目8

典型故障分析与维修实例

任务1 数控机床操作中常见故障分析

一 任务介绍

【任务环境】

FANUC 0i-D/Mate D 数控机床综合实训系统、常用钳工工具及电工工具一套、数字(指针)万用表一只以及 FANUC 数控系统的相关技术资料。

【任务目标】

根据系统提供的故障诊断与维修帮助以及技术资料,熟悉一些典型故障现象和分析方法。

【任务导入】

数控设备由于系统硬件配置、控制功能、使用操作、使用环境等不同情况,难免会出现各种各样的故障。故障是列举不完的,只有掌握数控系统故障诊断与维修的基本方法,才能快速进行故障排除。

二 必备知识

1. 机床锁住

FANUC 数控系统根据 G 信号来区分锁住功能,在维修时必须区分是信号作用引起的机床锁住还是电气故障引起的机床锁住。FANUC 数控系统涉及的机床锁住的 G 信号参见表 8-1。

表 8-1　　机床锁住 PMC→CNC 信号一览表

序号	信号名称	G 地址	符号	功能
1	启动锁停信号	G0007.1	STLK	在自动或 MDI 方式下,该信号为 1 时禁止机床任何轴移动,同时坐标显示不变
2	所有轴互锁信号	G0008.0	* IT	在参数 3003 #0 设置为 0 时,若该信号为 0,则移动轴减速停止,所有轴都停止,同时坐标显示不变

续表

序号	信号名称	G 地址	符号	功能
3	各轴互锁信号	G0130.0～G0130.4	*IT1～*IT5	在参数 3003#2 设置为 0 时,在手动方式下,若 *IT1～*IT5 中的任一信号为 0,则禁止对应轴运动;在自动方式下,若 *IT1～*IT5 中的任一信号为 0,则禁止所有轴运动
4	各轴各方向互锁信号	G0132.0～G1032.4 G0134.0～G0134.4	＋MIT1～＋MIT5 －MIT1～－MIT5	在参数 3003#3 设置为 0 时,在 JOG 方式下,CNC 仅对该轴该方向的运动执行互锁;在自动方式下,所有轴均停止运动
5	机床锁住信号	G0044.1	MLK	该信号为 1 时,所有轴都不运动,只更新绝对坐标和相对坐标
6	各轴机床锁住信号	G0108.0～G0108.4	MLK1～MLK5	当 MLK1～MLK5 中任意信号为 1 时,对应轴不运动,只更新绝对坐标和相对坐标

2. 其他机床坐标轴与运动相关的信号和参数

（1）急停和复位信号

急停信号为 G0008.4,符号为 *ESP,信号前加 * 表示该信号低电平有效,是 PMC 编制程序输出的地址。当故障产生急停报警时,若无伺服和主轴报警,则可结合梯形图分析急停报警原因。

FANUC 数控系统中的复位信号有两个,一个是 G0008.6,符号为 RRW,其功能是复位并使程序返回首行;一个是 G0008.7,符号为 ERS,外部复位信号,此信号使系统复位。

（2）操作方式信号

在维修机床动作过程中,若某个动作没有产生,则首先要分析动作所需的操作方式是否正确对照表 3-18,要使数控系统处于某一方式,PMC 逻辑输出 G 地址必须符合表 3-18 中的组合。若系统已处于某一操作方式,则 CNC 将输出相应的 F 地址信号。

（3）与 JOG 运动有关的信号

在维修时,JOG 方式进给轴没有运动且没有报警信息,就要考虑与 JOG 运动有关的信号。与 JOG 运动有关的信号见表 8-2。

表 8-2　　　　　　　　　　　　与 JOG 运动有关的信号

序号	信号名称	G 地址	符号	功能
1	进给轴方向选择信号	G0100.0～G0100.4 G0102.0～G0102.4	＋J1～＋J5 －J1～－J5	选择 JOG 方式后,进给轴方向选择信号由 0 变为 1,在方向信号为 1 期间,刀具就沿所选轴及方向根据速度倍率信号进行移动
2	手动进给速度倍率信号	G0010,G0011	*JV0～*JV15	进给的实际速度为 JOG 速度乘以手动进给倍率

查看参数 1423 的设置值,单位为 mm/min。

（4）与自动运行有关的信号和参数

若在自动运行时出现坐标轴不运动的状态且系统没有报警,则可从表 8-3 和表 8-4 中查找故障原因。

表 8-3　　　　　　　　　　　　　　　　与自动运行有关的信号

序号	信号名称	G 地址	符号	功能
1	自动运行启动信号	G0007.2	ST	将信号 ST 先置 1 再置 0,系统就处于自动运行状态
2	自动运行暂停信号	G0008.5	*SP	若将信号 *SP 置 0,系统就处于自动运行暂停状态,停止动作
3	单程序段信号	G0046.1	SBK	在自动运行方式下,若该信号有效,则正在执行的程序段一结束就停止动作,直到再按启动按钮
4	任选程序段跳过信号	G0044.0	BDT	该信号在自动运行方式下有效,信号为 1 后,从开始读入的程序段到程序段结束为止的信息被视为无效
5	空运行信号输入	G0046.7	DRN	选择空运行,此时自动运行的进给速度不是指令值,而是参数 1410 设定的空运行速度
6	自动进给速度倍率信号	G0012	*FV0~*FV7	在自动运行切削中,实际的进给速度为指令速度乘以该信号所选择的倍率值

表 8-4　　　　　　　　　　　　　　　与坐标轴自动运行有关的速度参数

序号	参数号	功能	备注
1	1420	各轴的快速移动速度	加工中 G0000 的速度
2	1430	每个轴的最大切削进给速度	若将信号 *SP 置 0,则系统就处于自动运行暂停状态,停止动作
3	1411	系统上电时的切削速度	此参数只在通电后到切削指令中 F 值出现为止

(5)与手轮有关的信号和参数

若手轮选择相应的坐标轴,坐标轴不运动,则从以下几方面来考虑:

①手轮硬件连接检测

首先从 PMC I/O LINK 连接中判断出手轮的连接地址,进入 PMC 地址输入界面,转动手轮,观察手轮的输入信号是否发生变化,若发生变化,则说明手轮硬件连接正常,否则检查手轮的硬件连接。

②与手轮有关的信号(见表 8-5)

表 8-5　　　　　　　　　　　　　　　　与手轮有关的信号

序号	信号名称	G 地址	符号	功能
1	手轮进给轴选择信号	G0018.0~G0018.3	HS1A~HS1D	由信号组合分别选择不同的手轮轴
2	手摇进给量选择信号	G0019.5,G0019.4	MP2,MP1	信号组合有四种最小设定单位:x1,x10,xm,xn

③与手轮有关的参数(见表 8-6)

表 8-6　　　　　　　　　　与手轮有关的 CNC 参数

序号	参数号	功能	备注
1	7113	手轮进给的倍率 m	
2	7114	手轮进给的倍率 n	
3	8131♯0	是否使用手轮进给	1 为使用,0 为不使用

三　任务训练

任务 1　在 FANUC 0i-Mate D 数控系统实训装置上产生如下故障现象:

在 JOG 方式下,按下[+X]或[−X]按键,坐标轴不运转,显示器上无故障显示。

故障分析步骤:

(1)系统是否处于急停和复位状态。

(2)确认工作方式并填写表 8-7。

表 8-7　　　　　　　　机床工作方式 PMC→CNC 信号状态

工作方式	ZRN G0043.7	DNCI G0043.5	MD4 G0043.2	MD2 G0043.1	MD1 G0043.0
手动					
手轮					

(3)是否有轴互锁。

(4)根据电气原理图,检查[X]按键和倍率开关的输入地址,填写表 8-8。

表 8-8　　　　　　　　　　PLC 输入地址

按键名称	+X	−X	JOG 倍率输入
输入地址			

(5)检查 PMC 是否有手动方向和进给倍率输出信号,并将输出信号状态填写在表8-9 中。

表 8-9　　　　　　　　手动方向和进给倍率输出信号

地址	♯7	♯6	♯5	♯4	♯3	♯2	♯1	♯0
G10								
G11								
G100								
G102								

(6)确认参数。

任务 2　在 FANUC 0i-Mate D 数控系统实训装置上产生如下故障现象:

选择手轮进给轴,旋转手轮,进给轴不运动,显示器上无故障显示。

请同学们自己设计故障查找记录表格。

四　任务小结

根据故障现象使用相关技术资料能正确查找数控系统接口信号,通过 PMC 界面监控接口信号状态或 PMC 梯形图来判断故障原因。

五　拓展提高——故障检修原则

1.先方案后操作(先静后动)

维修人员碰到机床故障后,应先静下心来,考虑解决方案后再动手。维修人员应先询问机床操作人员故障发生的过程及状态,阅读机床说明书、图样资料后,方可动手查找和处理故障。

2.先检查后通电

先在机床断电的静止状态下,通过观察、测试、分析,确定为非恶性循环性故障或非破坏性故障后,方可给机床通电;在机床运行状态下,进行动态观察、检验和测试,查找故障。对恶性的破坏性故障,必须先排除危险后方可通电,在运行的工况下进行动态诊断。

3.先软件后硬件

当发生故障的机床通电后,应先检查数控系统的软件是否正常工作。有些故障可能是软件的参数丢失或者是操作人员的使用方式、操作方法不当造成的。切忌一上来就大拆大卸,以免造成更严重的后果。

4.先外部后内部

数控机床是集机、电、液等为一体的机械设备,其故障必然要从机械、液压、电气这三项综合反映出来,维修时应由外向内逐一检查,尽量避免随意启封、拆卸。因为不恰当的大拆大卸往往会扩大故障,使机床元气大伤,丧失精度,降低性能。

5.先机械后电气

数控机床是一种自动化程度高、技术复杂的先进机械设备。一般来讲,机械故障容易察觉,而数控系统故障诊断则难度要大一些。大量的试验表明,数控机床故障中很大部分是由于机械运作失灵引起的。所以在检修前,先排除机械性的故障往往可以达到事半功倍的效果。

6.先公用后专用

公用性的问题往往会影响全局,而专用性的问题只影响局部,只有先解决影响面大的主要矛盾,局部的、次要的矛盾才有可能迎刃而解。

7.先简单后复杂

先解决容易的部分,后解决难度较大的部分。

8.先一般后特殊

先考虑最常见的问题,然后再分析很少发生的特殊原因。

课后练习

配备 FANUC 0i-Mate D 数控系统车床,系统参数重新设置后,发现在 X、Z 轴按下手动方向键后,机床非常缓慢地向给定方向运动,请写出可能的故障原因。

任务 2　数控车床电动刀架故障分析

一　任务介绍

【任务环境】

配置四刀位或六刀位电动刀架数控车床综合实训系统或数控车床、常用钳工工具及电工工具一套、数字(指针)万用表一只以及数控机床相关技术资料。

【任务目标】

通过对数控车床电动刀架换刀过程及电气原理的学习,能够对数控车床电动刀架故障进行分析与排除。

【任务导入】

数控车床在执行换刀指令时,会出现刀架不停地转或者刀架不转的现象,遇到这类问题,应该从何入手能快速、准确地判断故障原因?

二　必备知识

1. 数控机床 PLC 控制的故障诊断方法

数控机床 PLC 本身的故障率很低,即使发生故障也能通过自诊断检测并显示出来。其故障绝大部分在 PLC 的外部输入/输出环节和执行机构。此时 PLC 不会自动停机,多在故障或事故后发现,造成加工件报废或机床损坏。为此,可利用 PLC 的逻辑判断等功能,采用以下方法来实现外部输入/输出环节故障的诊断。

(1)通过报警号诊断故障

利用数控系统具有的自诊断功能在 CRT 上显示故障报警的信息,充分利用 CNC 系统提供的机床状态信息,能迅速、准确地查明和排除故障。

(2)通过动作顺序诊断故障

数控机床上刀具及托盘等装置的自动交换动作都是按照一定的顺序来完成的,观察机械装置的运动过程,比较正常和故障时的情况,根据发现的疑点,诊断出故障的原因。

（3）通过 PLC 梯形图诊断故障

理解数控机床的工作原理、动作顺序和连锁关系，利用 CNC 系统的自诊断功能或机外编程器，根据梯形图查看相应的输入/输出状态，实时观察 PLC 的运行情况，从而确认故障的原因。

（4）通过 PLC 的输入/输出接口信号来诊断故障

数控机床的接口信号状态可通过 CRT 进行显示，发生故障并初步确认是输入/输出信号有问题，则可借助接口信号的状态来分析故障部位，查清是数控装置方面的故障还是机床方面的故障。

如数控系统硬件无故障，则不用查看梯形图和有关电路图，直接通过查询输入/输出接口信号状态即可找出故障原因。也可通过数控机床的输入/输出状态列表，比较正常状态和故障状态，从而迅速诊断出故障的部位。这种方法需要熟悉控制对象输入/输出接口的正常状态和故障状态。

（5）通过控制对象的工作原理诊断故障

数控机床的 PLC 控制程序都是根据控制对象的工作原理来设计的，通过对控制对象工作原理的分析，结合输入/输出状态来有效地诊断故障。

（6）通过动态跟踪 PLC 梯形图诊断故障

部分数控机床 PLC 发生故障时，查看输入/输出及标志状态均为正常，此时必须通过动态跟踪，实时观察输入/输出及标志状态的瞬间变化，根据 PLC 的动作原理即可做出诊断。

2. 电动刀架原理

（1）电动刀架的机械结构

电动刀架的机械结构如图 8-1 所示。

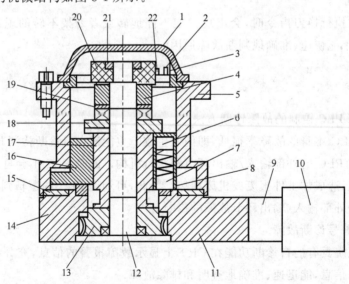

图 8-1　电动刀架机械结构

1—上盖；2—磁钢；3—磁钢座；4—大螺母；5—上刀体；6—离合销；7—反靠销；8—反靠盘；9—连接座；

10—电动机；11—蜗杆；12—中轴；13—蜗轮；14—下刀体；15—外端齿；16—销盘；17—螺杆；

18—离合器盘；19—止退圈；20—发信盘；21—小螺母；22—霍尔元件

以 LDB4 电动刀架为例,该刀架由电动机、上刀体、下刀体、蜗轮、蜗杆、离合器盘、反靠盘、反靠销、霍尔元件、发信盘等组成。使用 FANUC 系统的数控车床,电动刀架都是通过 PMC 的控制来实现信号的输入/输出的。电动刀架的机械结构实际是一个蜗轮蜗杆减速器,可以实现减速及增大输出转矩的目的。刀架机械结构中的核心是蜗轮蜗杆传动机构,该机构可以实现较大的传动比,传动平稳。

(2)刀架的电气控制原理图及动作顺序

刀架的电气控制通过 PLC 进行信号的输入、输出,PLC 输入和输出如图 8-2 和图 8-3 所示。电气控制回路通过中间继电器的常开触点来控制刀架正、反转的交流接触器线圈。电气控制原理图如图 8-4 所示。

输入端口		电源			数控车床刀台信号				
					T1	T2	T3	T4	
CB150	地址号	0 V	DICOMO	+24 V	X0024.0	X0024.1	X0024.2	X0024.3	X0024.4
	端子号	19~23	24	18,50	42	43	44	45	46

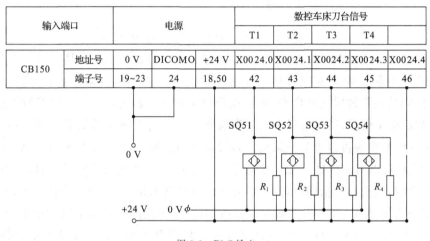

图 8-2　PLC 输入

输出端口		电源		刀架电动机	
				正转	反转
CB150	地址号	0 V	DOCOM	Y0010.7	Y0011.0
	端子号	19~23	01.33	41	02

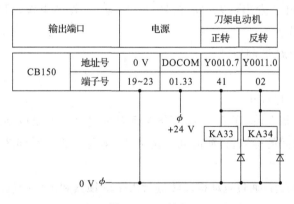

图 8-3　PLC 输出

当数控系统发出换刀指令,并把指令送给 PLC,PLC 收到该指令后,判断换刀位置是否在当前位,如果换刀位置是当前位,则刀架不动作;若不在当前位,则 PLC 发出换刀指令控制中间继电器 KA33 得电,刀架换位控制接触器 KM2 接通 220 V 交流电源,KM2 吸合,换刀电动机通入 380 V 正向旋转,驱动蜗杆减速机构、螺杆升降机构使上刀体上升。

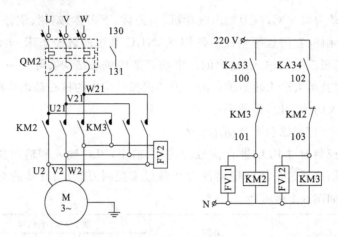

图 8-4 刀架电动机主电路及控制线路

蜗轮蜗杆机构带动上刀体上升到一定高度时,离合转盘带动上刀体旋转。刀架上每个刀位都安装一个霍尔元件,对应刀具号分别为 T1~T4,当刀架转动到某刀位时,该刀位上的霍尔元件向数控系统输入低电平,而其他刀位霍尔元件输出高电平。但 FANUC 数控系统只能接收高电平信号,所以通过继电器模块使刀架当前刀位的低电平信号转换为高电平信号,通过分线器模块再送给数控系统。刀架在转动过程中,四个霍尔元件不断检测刀架的位置并向 PLC 反馈刀位信号。数控系统将反馈刀位信号(当前刀位信号)与指令刀位(需换刀刀位)相比较,当两信号相同时,说明上刀架已在所选刀位,否则继续旋转。转到所选刀号后,PLC 控制使得 KA33 断开,而 KA34 接通,刀架反转控制接触器 KM3 接通 220 V 交流电源,KM3 吸合,换刀电动机反转,活动销反靠在反靠盘上初定位。在活动销的作用下,蜗轮蜗杆机构带动刀体下降,直至齿轮盘啮合,完成精定位,通过锁紧螺母锁紧刀架,刀架电动机反转延时时间到,PLC 发出换刀完成信号,KM3 断电,切断电源,电动机停转,换刀过程完成,可进行其他操作。

3. 电动刀架的 PLC 控制原理

刀架 PLC 框图中主要是 MDI 和自动方式的 PLC 控制逻辑关系,对于手动方式,只需通过按键即可实现,程序简单。

机床接收到换刀指令(程序的 T 码指令或换刀按键)后,刀架电动机正转进行选刀,选刀过程中要有转位时间的检测,检测时间设定为 10 s,每次选刀时间超过 10 s,系统就发出超时故障报警。

霍尔开关检测到位后,通过电动机反转进行刀架的锁紧和定位控制。为了防止反转时间过长导致电动机过热,要求电动机反转控制时间不得超过 0.7 s。在电动机正、反转控制过程中,还要求有正转停止延时时间控制和反转开始延时时间控制。自动换刀指令执行后,要进行刀架锁紧到位信号的检测,只有检测到该信号,才能完成 T 码功能。自动运行中,当程序的 T 码有错误($T=0$ 或 $T \geqslant 5$)时相应地有报警信息显示,PMC 控制流程图如图 8-5 所示。

4. 电动刀架的常见故障

分析电动刀架的结构及控制原理,可以看出电动刀架的故障主要分为两类:一是机械故障,二是电气故障。下面通过故障诊断实例来总结刀架电气故障的诊断思路、维修方法。

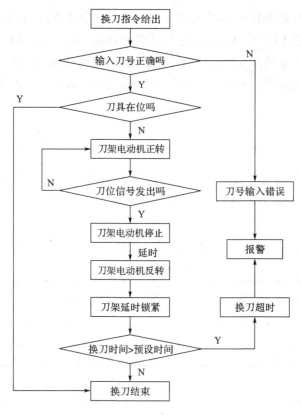

图 8-5　PMC 控制流程图

（1）故障诊断实例一

故障现象：一台应用 FANUC 0i 系统的四刀位数控车床，发生 3 号刀位找不到而其他刀位能正常换刀的故障现象。

故障分析：由于只有 3 号刀位找不到，所以可以在手动方式下再现故障现象，判断是机械故障还是电气故障。通过再现故障，确定是电气故障。调出 PMC 程序，查看刀架换刀是否有输出信号。

通过手动换刀，当到达 3 号刀位时，刀架正转输出继电器 Y0010.7 一直有输出，刀架刀位判断信号一直不输出"1"，说明刀架一直不到位。由此判断可能是刀位检测信号出了问题。检测 3 号刀位信号的转换继电器，发现继电器触点、线圈正常，判断可能是霍尔元件的线路或霍尔元件本身出了问题。用万用表检测，发现是霍尔元件本身出了故障。

解决措施：更换新的霍尔元件，再换刀，各种动作均正常，故障得以解决。

（2）故障诊断实例二

故障现象：执行换刀指令后，刀架电动机不运转。

故障分析：在分析这个故障时，从交流接触器是否吸合入手比较简便，第一种情况：若无交流接触器吸合，则观察控制线路中 KA33 线圈是否得电，如果 KA33 已经得电，那么可以测量一下 KM2 线圈有没有被烧坏，控制电缆有没有断线，KA33 的触点接触是否良好。如果 KA33 没有得电，则可以通过观察 PLC 的输出寄存器的状态来确定刀架正转信号

Y0010.7 是否有输出,如果有输出,则可以检测一下继电器 KA33 线圈是否被烧坏,PLC 输出板是否有问题,系统 PLC 到 KA33 的连线是否有问题。如果没有输出,则检查一下 PLC 梯形图,是否有些换刀条件没有满足。第二种情况:若交流接触器吸合,从刀架电动机主电路来分析,可能电动机电源缺相或相序接反或电动机故障,若主电路无问题则可能是刀架机械卡死。

三　任务训练

任务 1　四刀位电动刀架,执行换刀指令后,到达正确刀位后不能反转锁定。

任务 2　四刀位电动刀架,执行换刀指令后出现刀位错误,例如选 1 号刀具,实际是 3 号刀具。

根据所维修的机床,罗列电动刀架的故障可能原因及排除措施,填写在表 8-10 中。

表 8-10　　　　　　　　　　　　　　故障表

可能原因	检查步骤	排除措施

四　任务小结

刀架的故障种类很多,具体问题还要具体分析,但根据电动刀架的工作原理及故障诊断实例,还是可以总结出一些故障诊断的经验和规律。在电动刀架的故障诊断与维修中,可以从以下几个方面考虑:

(1)充分利用 PLC 来进行故障诊断。通过 PLC 程序可以快速地诊断出刀架输出信号是否正常,从而可以快速判断故障的来源。

(2)根据刀架控制原理及实践经验,刀架常见故障主要发生在刀架的位置检测元件、锁紧装置、继电器及接触器触点上。

(3)借助检测工具、电路图等进行检测和分析,对刀架故障进行定位。

(4)定位故障后,采用更换或其他措施解决故障。

五　拓展提高——常用故障诊断方法

1. 直观法

(1)问:机床的故障现象、加工状况等。

(2)看:CRT 报警信息、报警指示灯、熔丝断否、元器件是否被烟熏烧焦,电容器是否膨胀变形、开裂,保护器是否脱扣、是否有触点火花等。

(3)听:异常声响(铁芯、欠压、振动等)。

(4)闻:电气元件焦糊味及其他异味。

(5)摸:发热、振动、接触不良等。

2. CNC 系统的自诊断功能

(1)开机自诊断：系统内部自诊断程序通电后，对 CPU、存储器、总线和 I/O 等模块及功能板、CRT、软盘等外围设备进行功能测试，确保主要硬件能正常工作。

(2)运行中的故障信息提示：发生故障时在 CRT 上显示报警信息，查阅维修手册，确定故障原因及排除方法。

3. 数据和状态检查

CNC 系统的自诊断不但能在 CRT 上显示故障报警信息，而且还能以多页诊断地址和诊断数据的形式提供机床参数和状态信息。

(1)接口检查

系统与机床、系统与 PLC、机床与 PLC 的输入/输出信号，接口诊断功能可将所有开关量信号的状态显示在 CRT 上，"1"表示通，"0"表示断。

利用状态显示可以检查数控系统是否将信号输出到机床侧，机床侧的开关信号是否已输入到系统，从而确定故障是在机床侧还是在系统侧。

(2)参数检查

数控机床的参数是经过一系列的试验和调整而获得的重要参数，是机床正常运行的保证，包括增益、加速度、轮廓监控及各种补偿值等。若机床长期闲置不用或受到外部干扰，则会使数据丢失或发生数据混乱，机床将不能正常工作。可调出机床参数进行检查、修改或传送。

4. 报警指示灯显示故障

除 CRT 软报警外，还有许多"硬件"报警指示灯，分布在电源、主轴驱动、伺服驱动 I/O 装置上，由此可判断故障的原因。

5. 备板置换法(替代法)

用同功能的备用板替换被怀疑有故障的模板(故障被排除或范围缩小)。

注意 更换开关在断电状态下，注意备板选择开关的位置与端子跨线保持一致。

6. 交换法

将功能相同的模板或单元相互交换，观察故障的转移情况，就能快速判断故障的部位。

7. 敲击法

数控系统由各种电路板组成，电路板上、接插件等处有虚焊或接口槽接触不良等都会引起故障。可用绝缘物轻轻敲打疑点处，若故障消失或重现，则敲击处很可能就是故障部位。

8. 升温法

设备运行较长时间或环境温度较高时，机床就会出现故障，可用电吹风、红外灯照射可疑的元件或组件，确定故障点。

9. 功能程序测试法

当数控机床加工造成废品而无法确定是编程、操作不当还是数控系统故障时，或是闲置时间较长的数控机床重新投入使用时，将 G、M、S、T、F 功能的全部指令编写一个试验程序并运行在这台机床上，可快速判断哪个功能不良或丧失。

10. 隔离法

隔离法是将某些控制回路断开，从而达到缩小查找故障区域的目的。

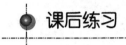 课后练习

一台配备 FANUC 数控系统的加工中心，产生报警，根据报警信息可知，工作台分度盘不回落。由电气原理图判断光电开关 SQ28 检测工作台分度盘是否转到位，SQ29 检测工作台是否落下到位，PLC 输入地址分别为 X0000.6、X0000.7。工作台分度盘落下由 Y0004.7 通过继电 KA32 驱动电磁阀 YV6 完成。写出你是如何通过 PLC 输入和输出点的状态来检测工作台故障原因的。

任务3 数控机床回参考点故障分析

一 任务介绍

【任务环境】

数控车床综合实训系统或数控车床、常用钳工工具及电工工具一套、数字(指针)万用表一只以及数控机床相关技术资料。

【任务目标】

能够利用回参考点工作原理，对数控机床回参考点故障进行分析。

【任务导入】

为什么有的数控机床断电后再送电，必须先进行回参考点操作呢？

二 必备知识

参考点即数控机床坐标系的原点，它在数控机床出厂时已确定，是一个固定的点。回参考点的目的是把数控机床的各轴移动到机床固定的点，使机床各轴的位置与 CNC 的机械位置吻合，从而建立机床坐标系，可以消除丝杠间隙的累计误差及丝杠螺距误差补偿对加工的影响。

1. 数控机床回参考点故障判断方法

数控机床回参考点不稳定，不但会直接影响零件加工精度，对于加工中心机床，还会影响到自动换刀。根据经验，数控机床回参考点的故障大多出现在机床侧，以硬件故障居多，但随着机床元器件的老化，软故障也时而发生，数控机床回参考点故障的维修思路如图 8-6 所示。

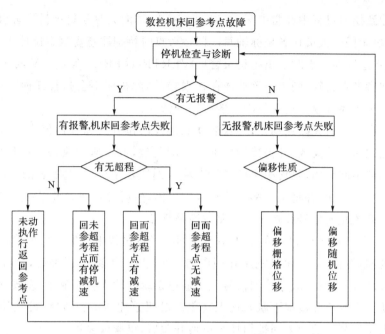

图 8-6 数控机床回参考点故障的维修思路

2. 回参考点故障分析

(1)机床能够执行回参考点操作

坐标轴找到参考点,但回参考点时出现停止位置漂移,且没有报警产生。该故障一般有两种情况:

①机床开机后首次手动回参考点时,偏离参考点一个或几个栅格距离,以后每次进行回参考点操作所偏离的距离是一定的。一般造成这种故障的原因是减速挡块的位置不正确;减速挡块的长度太短或回参考点用的接近开关的位置不当。该故障一般在机床首次安装调试后或大修后发生,可通过调整减速挡块的位置或接近开关的位置来解决,或者通过调整回参考点快速进给速度和时间常数来解决。

②偏离参考点任意位置,即偏离一个随机值或出现微小偏移,且每次进行回参考点操作所偏离的距离不等。这种故障可考虑下列因素并实施相应对策:外界干扰,如电缆屏蔽层接地不良,脉冲编码器的信号线与强电电缆靠得太近;脉冲编码器或光栅尺用的电源电压太低(低于 4.75 V)或有故障;速度控制单元控制板不良;进给轴与伺服电动机之间的联轴器松动;电缆连接器接触不良或电缆损坏。数控机床发生这类故障对用户来说是最可怕的,因为对于批量加工生产的数控机床,若机床每天所进行的回参考点操作所定位的位置不稳定,机床加工时的工件坐标系会随每次回参考点操作时参考点的漂移而产生漂移,机床所加工的批量零部件尺寸精度会出现不一致现象,易造成批量废品。

例如,某立式加工中心机床(配 FANUC 15MA 系统)在加工零件过程中,X 轴回参考点时常漂移,距离不等,且没有被及时发现,最后导致批量零件报废。经反复查找,故障原因在于 X 轴编码器信号电缆因长期磨损、失去屏蔽作用而导致 X 轴回参考点不稳定。

对于将各坐标轴参考点设为换刀点的加工中心机床,若回参考点位置不稳定,造成每次换刀位置不稳定,则会经常出现换刀故障。如某卧式加工中心自动换刀时,由于换刀点位置的不稳定而导致换刀过程中经常卡紧,换刀动作停止,同时刀具拉钉极易伤害机床主轴。因此,要求数控机床操作人员在各坐标轴每次回参考点时特别注意观察定位停止时的位置。

（2）机床在返回参考点时发出超程报警（OVERTROVERL＋X 或＋Y 或＋Z）

若机床回参考点失败,则由于该故障存在报警,因此机床不会执行任何程序,不会出现上述加工件批量废品现象。这种故障一般有四种情况:

①机床回参考点时无减速动作,一直运动到触及限位开关超程而停机。这种情况是因为返回参考点减速开关失效,开关接触压下后不能复位,或减速挡块松动而移位,机床回参考点时零点脉冲不起作用,致使减速信号没有输入到数控系统。解除机床的坐标超程应使用"超程解除"功能按钮,并将机床移回行程范围以内,然后检查回参考点减速开关是否松动及相应的行程开关减速信号线是否有短路或断路现象。

例如,某配套 FANUC 11M 的加工中心在回参考点过程中发生超程报警。

分析与处理:经检查,发现该机床在回参考点时,当压下减速开关后,坐标轴无减速动作,由此判断故障原因应在减速检测信号上。通过系统的输入状态显示,发现该信号在回参考点减速挡块压合与松开情况下状态均无变化。对照原理图检查线路,确认该轴的回参考点减速开关由于切削液的侵入而被损坏。更换开关后,机床恢复正常。

②回参考点过程中有减速,但直到触及极限开关报警而停机时还是没有找到参考点,回归参考点操作失败。产生该故障可能是减速后参考点的零标志位信号不出现。这有四种可能:可能是编码器（或光栅尺）在回归参考点操作中没有发出已经回归参考点的零标志位信号;可能是回归参考点零标志位失效;可能是回参考点的零标志位信号在传输或处理过程中丢失;可能是测量系统硬件故障,对回参考点的零标志位信号不识别。这些可使用信号追踪法,用示波器检查编码器回参考点的零标志位信号,从而判断故障。

例如,一台采用 SINUMERIK SYSTEM3 的数控磨床,Z 轴找不到参考点。观察寻找参考点过程,Z 轴首先快速运动,然后减速运动,一直压到极限开关,从而产生报警。

分析与处理:Z 轴能减速运动,说明零点开关没有问题,可能是数控系统接收不到零标志位信号。经检查,编码器内有油污,使零标志位信号不能输出。将编码器取下清洗,重新安装,故障得以消除。

③回参考点过程中有减速,且有回参考点的零标志位信号出现,也有制动到零的过程,但参考点的位置不准确,即返回参考点操作失败。该故障可能有三种原因:可能是回参考点的零标志位信号已被错过,只能等待脉冲编码器再转一周后,测量系统才能找到该信号而停机,使工作台停在距参考点一个选定间距的位置（相当于编码器一转的机床的位移量）;可能是减速挡块离参考点位置太近,坐标轴未移动到指定距离就接触到极限开关而停机;可能是由于信号干扰、挡块松动、回归参考点零标志位信号电压过低等因素致使工作台停止的位置不准确且无规律性。

例如,某台经济型数控车床（FANUC 0T 数控系统）的 X 轴经常出现原点漂移,且每次漂移量为 10 mm 左右。

分析与处理:由于每次漂移量基本固定,故怀疑与 X 轴回参考点有关。经检查,相关的参数没有发现问题。检查安装在机床上的减速挡块及接近开关,发现挡块与接近开关的距离太近。重新调整减速挡块的位置,将其控制在该轴丝杠螺距(该轴的螺距为 10 mm)6±1 mm 处,则故障排除。

④机床在返回基准点时,发出"未返回参考点"报警,机床不执行返回参考点动作,其原因可能是改变了设定参数所致。出现这种情况应考虑检查数控机床的如下参数:指令倍率比(CMR)是否设为零;检测倍乘比(DMR)是否设为零;回参考点快速进给速度是否设为零;接近原点的减速速度是否设为零;机床操作面板快速倍率开关及进给速度倍率开关是否设置了 0% 挡。

三　任务训练

任务　增量式编码器返回参考点故障分析。

故障现象:

1.手动返回参考点时进给轴不移动。

2.手动返回参考点时不减速,并有超程报警。

3.手动返回参考点有减速动作,但减速运动不停直至超程报警。

训练步骤:

1.确认操作方式。

如果操作方式不是返回参考点方式,利用 PMC 信息状态和梯形图页面检查操作方式。

2.确认轴方向键是否正确,减速开关是否完好,若减速开关完好,检查相应机械挡块是否有问题,如果外围器件及机械检查都没有问题,要考虑 I/O 模块是否有故障。

3.查看数控系统中有关增量编码器回参考点是否正确,具体参数见表 8-11。

表 8-11　　　　　　　　　　增量式编码器回参考点相关的参数

参数号	含　义
1240	坐标系上的各轴第一参考点的坐标值
1850	各轴的栅格偏移量参考点偏移量
1425	各轴返回参考点的 FL 速度
1005♯1	0:返回参考点使用挡块方式;1:返回参考点不使用挡块方式
1006♯5	设定各轴返回参考点的方向 0:寻找测量系统零标志脉冲时该轴正方向运动 1:寻找测量系统零标志脉冲时该轴负方向运动
1424	各轴手动快速进给速度
3003♯5	减速开关有效状态 0:减速开关为常闭点;1:减速开关为常开点

4.增量式编码器是否故障。

使用系统提供的故障诊断信息和部件交换法进行故障定位。

四　任务小结

当数控机床回参考点出现故障时,首先应由简单到复杂,进行全面检查。先检查原点减速挡块是否松动、减速开关固定是否牢固、开关是否损坏,若无问题,应进一步用千分表或激光测量仪检查机械相对位置的漂移量、检查减速开关位置与原点之间的位置关系,然后检查伺服电动机每转的运动量、指令倍率比(CMR)及检测倍乘比(DMR),再检查回参考点快速进给速度的参数设置及接近参考点的减速速度的参数设置。

课后练习

数控机床为什么要进行回参考点操作?

附表 1   FANUC 0i 系统信号名称及地址

	符号	信号名称	T	M	地址
*	*＋L1～*＋L5	超程信号	O		G0114.0～G0114.4
	－L1～－L5	超程信号	O	O	G0116.0～G0116.4
	*ESP,*ESP	紧急停止信号	O	O	X0008.4,G0008.4
	*ESPA,*ESPB	主轴紧急停止信号	O	O	G0071.1,G0075.1
	*FLWU	位置追踪信号			G0007.5
	*FV0～*FV7	进给速度倍率信号	O	O	G0012
	*HROV0～*HROV6	1%快速移动倍率信号		O	G0096.0～G0096.6
	*IT	所有轴互锁信号		O	G0008.0
	*IT1～*IT5	各轴互锁信号	O	O	G0130.0～G0130.4
	*JV0～*JV15	手动连续进给速度倍率信号	O	O	G0010,G0011
	*SP	自动运行停止信号	O	O	G0008.5
	*SSTP	主轴停止信号	O	O	G0029.6
＋－	＋J1～＋J5	进给轴方向选择信号	O	O	G0100.0～G0100.4
	＋LM1～＋LM5	行程极限外部设定信号	O	O	G0110.0～G0110.4
	－J1～－J5	进给轴方向选择信号	O	O	G0102.0～G0102.4
	－LM1～－LM5	行程极限外部设定信号	O	O	G0112.0～G0112.4
A	AFL	辅助功能闭锁信号	O	O	G0005.6
	AL	报警信号	O	O	F0001.0
	ALMA,ALMB	主轴报警信号	O	O	F0045.0,F0049.0
	ARSTA,ARSTB	报警复位信号	O	O	G0071.0,G0075.0
B	BAL	电池报警信号	O	O	F0001.2
	BDT1,BDT2～BDT9	任选程序段跳越信号	O	O	G0044.0,G0045
D	DEN	分配结束信号	O	O	F0001.3
	DM00		O	O	F0009.7
	DM01		O	O	F0009.6
	DM02	M 解码信号	O	O	F0009.5
	DM30		O	O	F0009.4
	DNCI	DNC 运行选择信号	O	O	G0043.5
	DRN	空运行信号	O	O	G0046.7
E	ERS	外部复位信号	O	O	G0121.7
F	FIN	结束信号	O	O	G0004.3

	符号	信号名称	T	M	地址
H	HROV	1%快速移动倍率选择信号	O	O	G0096.7
	HS1A～HS1D	手控手轮进给轴选择信号	O	O	G0018.0～G0018.3
K	KEYP	存储器保护信号	O	O	G0046.0
	KEY1～KEY4	存储器保护信号	O	O	G0046.3～G0046.6
M	M00～M31	辅助功能代码信号	O	O	F0010～F0013
	MA	准备就绪信号	O	O	F0001.7
	MD1,MD2,MD4	方式选择信号	O	O	G0043.0～G0043.2
	MF	辅助功能选通脉冲信号	O	O	F0007.0
	MFIN	辅助功能完成信号	O	O	G0005.0
	MH	手控手轮进给选择确认信号	O	O	F0003.1
	MINC	增量进给选择确认信号	O	O	F0003.0
	MJ	JOG进给选择确认信号	O	O	F0003.2
	MLK	所有轴机床锁住信号	O	O	O
	MLK1～MLK5	各轴机床锁住信号	O	O	G0108.0～G0108.4
	MMDI	手动数据输入选择确认信号	O	O	F0003.3
	MMEM	自动运行选择确认信号	O	O	F0003.5
	MMLK	所有轴机床锁住确认信号	O	O	F0004.1
	MP1,MP2	手摇进给量选择信号	O	O	G0019.4,G0019.5
	MREF	手动参考点返回选择确认信号	O	O	F0004.5
	MRMT DNC	运行选择确认信号	O	O	F0003.4
O	OP	自动运行中信号	O	O	F0000.7
	ORARA,ORARB	主轴定位完成信号(串行主轴)	O	O	F0045.7,F0049.7
	ORCMA,ORCMB	定向指令信号(串行主轴)	O	O	G0070.6,G0074.6
	OVC	倍率取消信号	O	O	G0006.4
R	R01I～R12I	主轴电动机速度指令信号		O	G0032.0～G0033.3
	R01O～R12O	S12位代码信号	O	O	F0036.0～F0037.3
	RGTAP	刚性攻丝信号	T	M	G0061.0
	ROV1,ROV2	快速移动倍率信号	O	O	G0014.0,G0014.1
	RRW	复位&倒带信号			G0008.6
	RST	复位中信号	O	O	F0001.1
	RT	手动快速移动选择信号	O	O	G0019.7

续表

	符号	信号名称	T	M	地址
S	S00~S31	主轴功能代码信号	O	O	F0022~F0025
	SA	伺服准备好信号	O	O	F0000.6
	SAR	主轴速度到达信号	O	O	G0029.4
	SARA,SARB	速度到达信号(串行主轴)	O	O	F0045.3,F0049.3
	SBK	单程序段信号	O	O	G0046.1
	SF	主轴功能选通脉冲信	O	O	F0007.2
	SFIN	主轴功能完成信号	O	O	G0005.2
	SFRA,SFRB	主轴正转指令信号	O	O	G0070.5,G0074.5
	SGN,SGN2	主轴电动机指令极性选择信号	O	O	G0033.5,G0035.5
	SIND,SIND2	主轴电动机速度指令信号	O	O	G0033.7,G0035.7
	SOR	主轴定向信号	O	O	G0029.5
	SOV0~SOV7	主轴速度倍率信号	O	O	G0030
	SPL	自动运行休止中信号	O	O	F0000.4
	SRN	程序再启动信号	O	O	G0006.0
	SRNMV	程序再启动中信号	O	O	F0002.4
	SSTA,SSTB	速度零信号(串行主轴)	O	O	F0045.1,F0049.1
	SRVA,SRVB	反向旋转指令信号(串行主轴)	O	O	G0070.4,G0074.4
	ST	自动运行启动信号	O	O	G0007.2
	STL	自动运行起动中信号	O	O	F0000.5
	STLK	起动锁停信号	O	O	G0007.1
T	T0~T31	刀具功能代码信号	O	O	F0026~F0029
	TF	刀具功能选通信号	O	O	F0007.3
	TFIN	刀具功能完成信号	O	O	G0005.3
	THRD	螺纹加工信号	O	O	F0002.3
Z	ZP1~ZP5	参考点返回完成信号	O	O	F0094.0~F0094.4
	ZRF1~ZRF5	参考点建立信号	O	O	F0120.0~F0120.4
	ZRN	方式选择信号 手动返回参考点选择信号	O	O	G0043.7

附表 2   FANUC 常见 CNC 报警表

报警号	报警信息	含义及处理方法
	请求切断电源的报警	
000	PLEASE TURN OFF POWER（请关闭电源）	输入了要求断电才生效的参数。请切断电源
001	X ADDRESS（＊DEC）NOT ASSIGNED（未定义 X 地址）	PMC 的 X 地址未能正确定义。在参数 No. 3013 设定过程中，返回参考点减速挡块信号（＊DEC）的 X 地址未能正确定义
	有关编程操作、通信的报警	
009	IMPROPER NC ADDRESS（NC 地址不对）	指定了不可在 NC 语句中使用的地址，或者尚未设定参数（No. 1020）
011	NO FEEDRATE COMMANDED（无进给速度指令）	没有指定切削进给速度 F 代码，或进给速度指令不当。请修改 NC 程序
070	NO PROGRAM SPACE IN MEMORY（无存储空间）	存储器的存储容量不够。请删除各种不必要的程序并再试
071	DATA NOT FOUND（未发现数据）	没有找到检索的地址数据，或者在程序号检索中，没有找到指定的程序号。请再次确认要检索的数据
072	TOO MANY PROGRAMS（程序太多）	登录的程序数超过 200 个。请删除不要的程序，再次登录
073	PROGRAM NUMBER ALREADY IN USE（程序号已被使用）	要登录的程序号与已登录的程序号相同。请变更程序号或删除旧的程序号后再次登录
074	ILLEGAL PROGRAM NUMBER（非法的程序号）	使用了程序号为 1～9999 以外的数字。请修改程序号
085	COMMUNICATION ERROR（通信错误）	用阅读机/穿孔机接口进行数据读入时，出现溢出错误，奇偶错误或成帧错误。可能是输入的数据的位数不吻合，或波特率的设定、设备的规格号不对
086	DR SIGNAL OFF（DR 信号关断）	用阅读机/穿孔机接口进行数据输入输出时，I/O 设备的动作准备信号（DR）断开。可能是 I/O 设备电源没有接通，电缆断线或印刷电路板出故障；也可能是存储卡通道没开通（20 号参数未设为 4）
087	BUFFER OVERFLOW（缓冲器溢出）	用阅读机/穿孔机接口读入数据时，虽然指定了读入停止，但超过了 10 个字符后输入仍未停止。I/O 设备或印刷电路板出故障
090	REFERENCE RETURN INCOMPLETE（返回参考点未完成）	（1）因起始点离参考点太近，或速度过低，而不能正常返回参考点。把起始点移到离参考点足够远的距离，再进行参考点返回。或提高返回参考点的速度，再进行参考点返回。 （2）使用绝对位置检测器进行参考点返回时，如出现此报警，除了确认上述条件外，还要进行以下操作：在伺服电动机转至少一转后，断电源再开机，再返回参考点
100	PARAMETER WRITE ENABLE（可写入参数）	参数设定界面 PWE（参数可写入）＝"1"。请设为"0"，再使系统复位。同时按下 RESET 和 CAN 键可消除此报警
224	ZERO RETURN NOT FINISHED（回零未结束）	在自动运行开始之前，未执行返回参考点。请执行返回参考点操作

报警号	报警信息	含义及处理方法
302	SETTING THE REFERENCE POSITION WITHOUT DOG IS NOT PERFORMED（不能用无挡块回参考点方式）	不能用无挡块返回参考点方式设定参考点,检查1005♯1（DLZ）。可能是下列原因引起的: (1)在JOG进给中,没有将轴朝着返回参考点方向移动 (2)轴沿着与手动返回参考点方向相反的方向移动
1807	PARAMETER SETTING ERROR（输入/输出参数设定错误）	指定了非法I/O接口。针对与外部输入/输出设备之间的波特率、停止位、通信协议选择,参数设定有误。请检查I/O通道参数（No.20）
1966	FILE NOT FOUND(MEMORY CARD)（文件未找到（存储卡））	存储卡上找不到指定的文件
1968	ILLEGAL FILE NAME（MEMORY CARD)（非法文件名（存储卡））	存储卡上的文件名非法,或DNC加工时存储卡上找不到指定的文件
1973	FILE ALREADY EXIST（文件已存在）	存储卡上已经存在同名文件
5009	PARAMETER ZERO（DRY RUN)（进给速度为0(空运行速度））	空运行速度参数（No.1410）或者各轴的最大切削进给速度参数（No.1430）被设定为0
5010	END OF RECORD（记录结束）	在程序段的中途指定了EOR（记录结束）代码。在读出NC程序的最后的百分比符号时也会发出此报警（NC程序结尾缺EOB符号）
5011	PARAMETER ZERO（CUT MAX)（进给速度为0(最大切削速度））	最大切削进给速度参数（No.1430）的设定值被设定为0
有关绝对编码器(APC)的报警		
300	APC ALARM：n AXIS ORIGIN RETURN（第n轴需回零）	参考点丢失,需对第n轴(1~4轴),进行参考点设定。请检查参数No.1815♯4（APZ）
301	APC ALARM：n AXIS COMMUNITCATION ERROR（APC报警；第n轴通讯错误）	由于绝对位置检测器的通信错误,机械位置未能正确求得。(数据传输异常)绝对位置检测器、电缆或伺服接口模块可能存在缺陷
306	APC ALARM：n AXIS BATTERY VOLTAGE 0（第n轴电池电压为0）	第n轴(1~4轴)绝对编码器用电池电压已降低到不能保持数据的程度(如2V以下),电池或电缆接触不良。请更换电池
307	APC ALARM：n AXIS BATTERY LOW 1（第n轴电池电压低）	第n轴(1~4轴)绝对编码器用电池电压降低到要更换电池的程度。请更换电池
5340	PARAMETER CHECK SUM ERROR（参数校验和错误）	由于参数的更改,使得参数校验和与参考校验和不匹配。请恢复参数,或者重新设定参考校验和,检查参数No.13730♯0（CKS）

报警号	报警信息	含义及处理方法
	有关串行脉冲编码器(SPC)的报警	
368	SERIAL DATA ERROR(INT)串行数据错误(内装)	不能接收内装脉冲编码器的通讯数据。 相关编码器报警的原因有： (1)电动机后面的编码器有问题,如果客户的加工环境很差,有时会有切削液或液压油浸入编码器中导致编码器故障。 (2)编码器的反馈电缆有问题,电缆两侧的插头没有插好。由于机床在移动过程中,坦克链会带动反馈电缆一起动,这样就会造成反馈电缆被挤压或磨损而损坏,从而导致系统报警。尤其是偶然的编码器方面的报警,很大可能是反馈电缆磨损所致。 (3)伺服放大器的控制侧电路板损坏。 解决方案： (1)把此电动机上的编码器跟其他电动机上的同型号编码器进行互换,如果互换后故障转移,说明编码器本身已经损坏。 (2)把伺服放大器跟其同型号的放大器互换,如果互换后故障转移说明放大器有故障。 (3)更换编码器的反馈电缆,注意有的时候反馈电缆损坏后会造成编码器或放大器烧坏,所以最好先确认反馈电缆是否正常。
	有关伺服的报警	
401	SERVO ALARM：n AXIS VRDY OFF(第n轴 VRDY 信号关断)	第n轴(1～4轴)的伺服放大器的准备好信号 VRDY 为 OFF
410	SERVO ALARM：n AXIS EXCESS ERROR(STOP)(第n轴超差(停止时))	第n轴停止中的位置偏差量的值超过了参数(No.1829)设定的值
411	SERVO ALARM：n AXIS EXCESS ERROR(MOVE)(第n轴超差(移动时))	第n轴移动中的位置偏差量的值超过了参数(No.1828)设定的值,可能的原因有： (1)参数设定不准确,检查 No.1828,No.1825 (2)电动机侧动力电缆连接不良 (3)机械卡死
417	SERVO ALARM：n AXIS ILLEGAL DIGITAL SERVO PARAMETER INCORRECT(伺服参数设定不正确)	数字伺服参数设定不正确。伺服软件检测到非法参数。当第n轴处在下列状况之一时发生此报警(数字伺服系统报警) (1)No.2020(电动机形式)设定在特定限制范围以外 (2)No.2022(电动机旋转方向)没有设定正确值(111 或 -111) (3)No.2023(电动机1转的速度反馈脉冲数)设定了非法数据(例如小于0的值) (4)No.2024(电动机一转的位置反馈脉冲数)设定了非法数据(例如小于0的值) (5)No.2084 和 No.2085(柔性齿轮比)没有设定 (6)No.1023(伺服轴数)设定了超出范围(1到伺服轴数)的值或是设定了范围内不连续的值,或设定隔离的值(例如没有3轴,而设定4) (7)参数 No.1825(伺服环增益)没有设定

报警号	报警信息	含义及处理方法
430	n AXIS：SV. MOTOR OVERHEAT（第 n 轴伺服电动机过热）	第 n 轴伺服电动机过热
431	CONVERTER OVERLOAD（整流器回路过载）	电源模块:过热 伺服放大器:过热
432	CONVERTER LOW VOLTAGE CONTROL（整流器控制电压低）	电源模块:控制电源的电压下降 伺服放大器:控制电源的电压下降 经常是模块之间互连线连接不良
433	CONVERTER LOW VOLTAGE DC LINK（整流器直流母线电压低）	电源模块:DC LINK 电压下降 伺服放大器:DC LINK 电压下降 经常是模块之间连线连接不良
434	INVERTER LOW VOLTAGE CONTROL（逆变器控制电压低）	伺服放大器:控制电源的电压下降 经常是模块之间互连线连接不良
435	INVERTER LOW VOLTAGE DC LINK（逆变器直流母线电压低）	伺服放大器:DC LINK 电压下降 经常是模块之间互连线连接不良
436	n AXIS：SOFT THERMAL(OVC)（第 n 轴软件过热）	数字伺服软件检测到软件热态(OVC)。 预警性过热过载报警,即伺服电动机在当前的负载状态下长期工作,将会过热、过载,而不是目前伺服电动机出现过热过载报警。 应当把更多的注意力放在检查伺服电动机的机械负载上,如,检查重力轴制动器回路、伺服电动机绝缘状况、与丝杠联轴器的连接等
438	n AXIS：INVERTER ABNORMAL CURRENT（第 n 轴逆变器电流异常）	伺服放大器:电动机电流过大。 参数设定不合适,请按标准设定伺服参数,SERVO SET-TING 时,设定正确的电动机代码;也有可能硬件连接不良,检查放大器电源连接
445	SOFT DISCONNECT ALARM（软断线报警）	数字伺服软件检测到脉冲编码器断线
446	HARD DISCONNECT ALARM（硬断线报警）	通过硬件检测到内装脉冲编码器断线。 请检查反馈电缆是否有断线,或更换一根新的编码器电缆再测试
449	n AXIS：INVERTER IPM ALARM（第 n 轴逆变器 IPM 报警）	伺服放大器:IPM(智能功率模块)检测到报警。通常有电缆松动的现象,请重新连接放大器电缆
456	n AXIS：ILLEGAL CURRENT LOOP（第 n 轴非法的电流环回路）	指定了非法的电流控制周期。 使用的放大器脉冲模块不匹配高速 HRV。或者系统不满足使用高速 HRV 控制的限制条件。正确设定 SERVO SETTING,即可消除此报警
459	HI HRV SETTING ERROR（高速 HRV 设定错误）	伺服轴号(参数 No.1023)相邻的奇数和偶数的 2 个轴中,一个轴能够进行高速 HRV 控制,另一个轴不能进行高速 HRV 控制
465	READ ID DATA FAILED（读 ID 数据失败）	接通电源时,未能读出放大器的初始 ID 信息。通常重新进行 SERVO SETTING 设定,即可消除此报警

报警号	报警信息	含义及处理方法
466	n AXIS：MOTOR/AMP. COMBINATION（第 n 轴电动机/放大器组合不对）	检查 ID 界面上的放大器最大电流值，对应参数 No.2165 的设定；再次检查放大器、电动机的匹配情况。 n 轴：ID 数据读取失败。电源接通时，不能读取放大器初始 ID 信息。 n 轴：电动机/放大器组合。放大器的最大额定电流与电动机的最大额定电流不匹配。 通常重新进行 SERVO SETTING 设定，即可消除此报警
607	n AXIS：CNV. SINGLE PHASE FAILURE（第 n 轴变频器主电源缺相）	共同电源：输入电源缺相
1026	ILLEGAL AXIS ARRANGE（轴的分配非法）	伺服的轴配置的参数没有正确设定。 参数 No.1023"每个轴的伺服轴号"中设定了负值、重复值或者比控制轴数更大的值
	有关超程的报警	
500	OVER TRAVEL：+n（SOFT）（第 n 轴正向超程（软件））	超过了第 n 轴的正向存储行程检查 I 的范围（参数 1320）
501	OVER TRAVEL：−n（SOFT）（第 n 轴负向超程（软件））	超过了第 n 轴的负向存储行程检查 I 的范围（参数 1321）
506	OVER TRAVEL：+n（HARD）（第 n 轴正向超程（硬件））	启用了正向端的行程极限开关。机床到达行程终点时发出报警。发出此报警时，若是自动运行，所有轴的进给都会停止。若是手动运行，仅发出报警的轴停止进给
507	OVER TRAVEL：−n（HARD）（第 n 轴负向超程（硬件））	启用了负向端的行程极限开关。机床到达行程终点时发出报警。发出此报警时，若是自动运行，所有轴的进给都会停止。若是手动运行，仅发出报警的轴停止进给
	有关主轴的报警	
1240	DISCONNECT POSITION CODER（位置编码器断线）	模拟主轴的位置编码器断线。检查 3716♯0 的设定是否符合实际配置
1982	SERIAL SPINDLE AMP. ERROR（串行主轴放大器错误）	在从串行主轴放大器端 SIC-LSI 读出数据时发生了错误。请切断主轴电源，重启
9001	SSPA：01 电动机过热	电动机内部温度超过指定水准，超过额定值使用，或冷却元件异常。请检查风扇、周围温度、负载情况等
9012	SSPA：12 DC LINK 电路过流	电动机电流过大，电动机参数与电动机型号不一致，电动机绝缘不良。检查主轴参数，检查电动机绝缘状态，更换主轴放大器
9031	MOTOR LOCK OR DISCONNECT DETECTOR（电动机锁住或检测器断线）	电动机不能在指定的速度下旋转 (1)检查并修改负载状态 (2)更换电动机传感器电缆（JYA2）
9034	SSPA：34 ILLEGAL DATA（参数非法）	设定了超过允许值的参数数据
	有关系统的报警	
900	ROM PARITY CNC（ROM 奇偶校验错误）	宏程序、数字伺服等的 ROM 奇偶错误。修改所显示号码的 FROM 的内容

续表

报警号	报警信息	含义及处理方法
910	SRAM PARITY：(BYTE 0) (SRAM 奇偶校验错误)	在零件程序存储 RAM 中发生奇偶校验错误。清除存储器，或者更换 SRAM 模块或主板，然后重新设定参数和数据
911	SRAM PARITY：(BYTE 1) (SRAM 奇偶校验错误)	
926	FSSB ALARM (FSSB 报警)	更换轴控制卡(轴/显卡)
930	CPU INTERRUPT (CPU 中断)	CPU 报警(非正常中断)，主板或者 CPU 卡有故障
有关 FSSB 总线的报警		
5136	FSSB：NUMBER OF AMPS IS SMALL (放大器数量不足)	与控制轴的数量比较，FSSB 识别出的放大器的数量不够。请确认光纤连接正常，放大器模块无故障
5137	FSSB：CONFIGURATION ERROR (FSSB 配置错误)	FSSB 检测到配置错误
5138	FSSB：AXIS SETTING NOT COMPLETE (轴设定未完成)	在自动设定方式，还没完成轴的设定。 请在 FSSB 设定界面进行轴的设定
5139	FSSB：ERROR	伺服初始化没有正常结束。光缆可能失效，或者与放大器或别的模块的连接有误。请检查光缆和连接状态

参考文献

[1] FANUC Series 0i Mate-MODEL D 连接说明书(功能篇)[C].北京发那科机电有限公司,2008.

[2] FANUC Series 0i Mate-MODEL D CONNECTION MANUAL (HARDWARE) [C].北京:北京发那科机电有限公司,2008.

[3] FANUC Series 0i 硬件连接说明书[C].北京:发那科机电有限公司,2006.

[4] 刘永久.数控机床故障诊断与维修技术(FANUC 系统)[M].北京:机械工业出版社,2009.

[5] 龚仲华.数控机床故障诊断与维修 [M].北京:高等教育出版社,2012.

[6] 李宏胜,等.FANUC 数控系统维护与维修[M].北京:高等教育出版社,2011.

[7] 曹智军,肖龙.数控 PMC 编程与调试[M].北京:清华大学出版社,2010.

[8] SINUMERIK 802D solution line T/M V1.4 简明调试手册[C].北京:SIEMENS 公司,2008.

[9] 德西数控公司.NNC-RTF-AE 数控车床综合实训指导书[C],2012.

[10] 宋松,李兵.FANUC0i 数控系统调试与维修诊断[M].北京:化学工业出版社,2010.

[11] 刘江,等.FANUC 数控系统 PMC 编程[M].北京:高等教育出版社,2011.

[12] 黄文广,等.FANUC 数控系统连接与调试[M].北京:高等教育出版社,2011.

[13] 李继中.数控机床调试与维修[M].北京:高等教育出版社,2009.

[14] 亚龙 YL-558 型 0i mateTD 数控车床实训设备实训指导手册[C],浙江:中国亚龙科技集团,2011.

[15] 曹健.数控机床装调与维修[M].北京:清华大学出版社,2011.

[16] SINUMERIK 802D solution line 设计手册[C].北京:SIEMENS 公司,2006.